JÄKEL
KERNPHYSIKALISCHE EXPERIMENTE MIT DEM PC

PRAXIS-Schriftenreihe · Abteilung Physik · Band 53
Herausgeber: StD Max-Ulrich Farber

Kernphysikalische Experimente mit dem PC

Der PC als universelles Meß- und Registriergerät in der Kernphysik und angrenzenden Gebieten

Von
Dr. CHRISTIAN E. JÄKEL
Beringstedt

AULIS VERLAG DEUBNER & CO KG
Köln

Die Deutsche Bibliothek – CIP-Einheitsaufnahme

Jäkel, Christian E.:
Kernphysikalische Experimente mit dem PC :
der PC als universelles Meß- und Registriergerät in der Kernphysik und angrenzenden Gebieten /
von Christian E. Jäkel. – Köln : Aulis-Verl. Deubner, 1997
(Praxis-Schriftenreihe : Abteilung Physik ; Bd. 53)
ISBN 3-7614-1979-1

Best.-Nr. 1052

Druck und Bindung: Druckerei DAN, Ljubljana/Slowenien
ISSN 0938-5517
ISBN 3-7614-1979-1

Inhalt

1 Einleitung

Im Verlaufe der Geschichte der Kernphysik sind eine Vielzahl von Detektoren zum Nachweis und zur Vermessung radioaktiver Strahlung entwickelt worden. Bild 1 gibt eine Übersicht über die gebräuchlichen Typen. Allen Detektoren ist gemeinsam, daß die zu beobachtende Strahlung im empfindlichen Volumen des Detektors eine direkte oder indirekte Ionisation hervorrufen muß, die dann auf verschiedene Weise ausgewertet wird. Neben verschiedenen nichtelektrischen Verfahren (z.B. Szintillationsschirm) hat vor allem der bekannte Geiger-Müller-Zähler Eingang in die Schulphysik gefunden. Dagegen sind energiesensitive Detektoren weniger verbreitet, obwohl gerade sie eine Vielzahl von interessanten Versuchen ermöglichen.

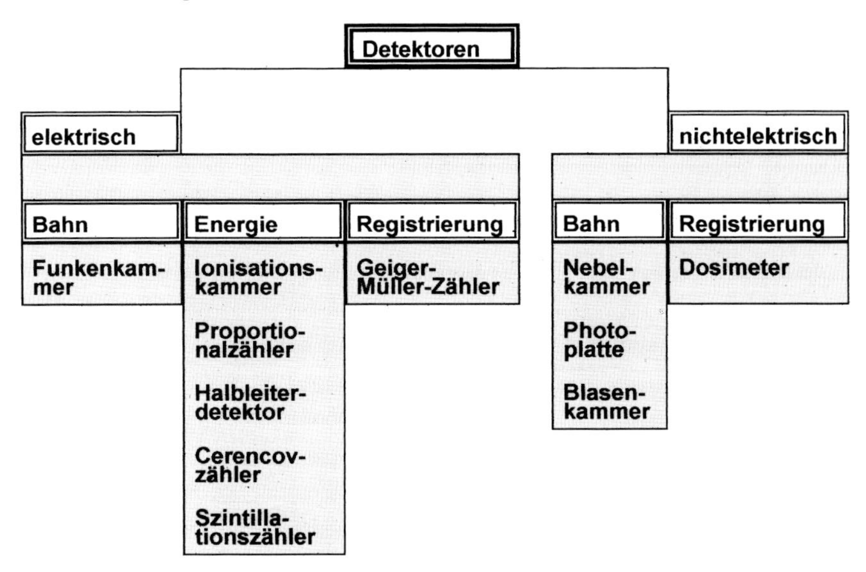

Bild 1 : Übersicht über gebräuchliche Strahlungsdetektoren

Nachfolgend wird von zwei Arten von energiesensitiven Detektoren die Rede sein, nämlich vom Halbleiterdetektor und vom Szintillationsdetektor.

Der Betrieb energiesensitiver Detektoren ist umständlich, wenn mit einem Einkanalanalysator das Energiespektrum sukzessive abgetastet werden muß, und er ist kostenintensiv, wenn ein Vielkanalanalysator verwendet wird. Die Verwendung eines PC zur Vielkanalanayse reduziert den Hardwareaufwand auf die reine

Registrierung der einzelnen Detektorsignale. Verwendet man zudem die an jedem Rechner vorhandene serielle Schnittstelle zur Datenübertragung, so rückt die Messung von Energiespektren in den Bereich des auch mit bescheidenem Aufwand Machbaren.

In dieser Arbeit wird zunächst gezeigt, wie energiesensitive Detektoren arbeiten, und wie ihre Signale erfaßt und an den PC übertragen werden; sodann wird dargestellt, wie sie softwareseitig in ein Spektrum umgesetzt werden; und endlich wird aufgeführt, welche Versuchsmöglichkeiten sich dadurch dem Physikunterricht neu eröffnen.

PC-gestützte Vielkanalanalysatoren sind seit einiger Zeit im Lehrmittelhandel zu haben, sodaß man sich sofort den Versuchen zuwenden kann; wer zwar viel Zeit, aber wenig Geld hat, kann sich diese Meßtechnik aber auch durch Selbstbau und Selbstprogrammierung erschließen.

2 Aufbau und Funktion energiesensitiver Detektoren

2.1 Halbleiterdetektor für Alphastrahlung

2.1.1 Funktionsweise

Halbleiterdetektoren sind im Prinzip Halbleiterdioden; die p-n-Grenzschicht stellt das empfindliche Volumen dar. Wie etwa von der Photodiode her bekannt, kann dem p-n-Übergang Strom entnommen werden, wenn in ihm durch Energiezufuhr Elektron-Loch-Paare erzeugt werden.

Nun stellt auch eine ionisierende Strahlung eine Energiezufuhr dar, durch ihre Wechselwirkung mit der Materie des Halbleiterkristalls verliert sie Energie, die teilweise zur Erzeugung von Elektron-Loch-Paaren aufgewandt wird, teilweise aber auch zur Anregung von Gitterschwingungen. Letzteres erkennt man daran, daß die Energie w zur Erzeugung eines Elektron-Loch-Paares z.B. in Silizium $w \approx 3{,}6$ eV beträgt [1], während der Bandabstand in Silizium bei 1,1 eV liegt. Nur rund ein Drittel der Energie geht also in die Erzeugung von Ladungsträgern.

Nichtsdestoweniger ist die Zahl der Ladungsträgerpaare, die durch ein Primärteilchen der Energie W erzeugt wird, zu dieser Energie proportional, nämlich $N=W/w$. Die in der Grenzschicht freigesetzte Ladungsmenge ist also ein Maß für die Energie des Primärteilchens, solange dieses seine gesamte Energie in der Grenzschicht deponiert. Ob dies der Fall ist, hängt entschieden von der Reichweite der zu untersuchenden Strahlung ab. Bei α-Strahlung reichen bereits kleine Schichtdicken aus, um die Energie vollständig zu absorbieren. Für β-Strahlung benötigt man voluminösere Detektoren.

2.1.2 Ausgangssignal

Eine günstige Eigenschaft von Ionisationsdetektoren besteht darin, daß sie die freigesetzte Ladung in einen Spannungsimpuls umsetzen, dessen Höhe zur Ladungsmenge und damit zur Energiedeposition des Teilchens proportional ist.

Sei nämlich C die Kapazität des aus den Elektroden gebildeten Kondensators und U die angelegte Spannung (Bild 2). Durch Ionisation werde das Ladungspaar q und $-q$ im Feld dieses Kondensators erzeugt, und zwar befinde sich die Ladung zunächst auf der Äquipotentialfläche Φ. Es sei ferner angenommen, die Zeitkonstante RC, über die der Kondensator nachgeladen werden kann, sei groß gegen die Zeiträume, in denen sich die Vorgänge im Detektor abspielen (adiabatischer Vorgang). Dann kann im folgenden der Energieinhalt des Kondensators $W = \frac{1}{2}CU^2$ als konstant angenommen werden.

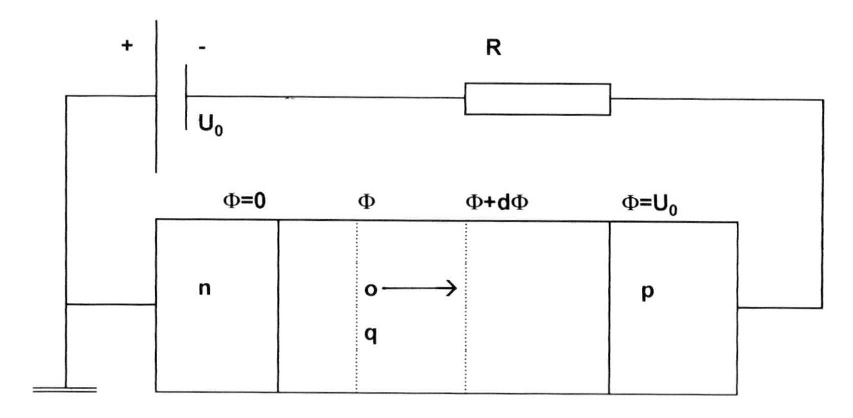

Bild 2 : Ladungsverschiebung im elektrischen Feld

Indem nun q von der Äquipotentialfläche Φ nach $\Phi+d\Phi$ fällt, verliert der Kondensator $q{\cdot}d\Phi$ an potentieller Energie, d.h. für die konstante Gesamtenergie gilt

$$W = \tfrac{1}{2}\, C\, U^2 = \tfrac{1}{2}\, C\, (U+dU)^2 + q\, d\Phi = \tfrac{1}{2}\, C\, U^2 + C\, U\, dU + q\, d\Phi \quad ,$$

wobei dU^2 als von zweiter Ordnung klein vernachlässigt wurde. Dann ist also die Spannungsänderung des Kondensators, wenn sich q von Φ nach $\Phi+d\Phi$ bewegt,

$$dU = -\frac{q}{C\,U}\, d\Phi \quad .$$

Setzt man $t = 0$ als den Zeitpunkt, in dem das Ionenpaar entstand, so ist die zeitliche Entwicklung des Spannungsverlaufes am Kondensator gegeben durch

$$\Delta U_+ = \int_0^t dU = -\frac{q}{CU} \int_{\Phi(0)}^{\Phi(t)} d\Phi \quad .$$

Hierin wird angenommen, daß ΔU klein gegen U ist, so daß in q/CU die Spannung U als konstant angenommen werden kann. $\Phi(0)$ ist dabei das Potential, auf dem sich die Ladung q bei der Entstehung befand, $\Phi(t)$ dasjenige, bei dem sie sich zur Zeit t befindet. $\Phi(t)$ hängt nun von der speziellen Feldgeometrie ab, jedoch ist klar, daß nach einer gewissen Zeit (formal für $t \rightarrow \infty$) die Ladungen zu den Elektroden abgeflossen sein werden: $\Phi(\infty) = U$. Folglich gilt für die resultierende Höhe des Spannungspulses nach völligem Abfließen der Ladung

$$\Delta U_+ = \Delta U_+(\infty) = -\frac{q}{C\,U}(U - \Phi(0)) \ .$$

Nun ist gleichzeitig mit q die Ladung $-q$ entstanden, die zur anderen Elektrode abfließt. Für sie ist $\Phi(\infty) = 0$, und folglich

$$\Delta U_- = \Delta U_-(\infty) = -\frac{-q}{C\,U}(0 - \Phi(0)) = -\frac{q}{C\,U}\Phi(0) \ .$$

Als Gesamthöhe des Spannungspulses ergibt sich dann

$$\Delta U = \Delta U_+ + \Delta U_- = -\frac{q}{C\,U}U = -\frac{q}{C} \ ,$$

was auch so interpretiert werden kann, daß effektiv der Kondensator um die Ladung $q = C\cdot\Delta U$ entladen wurde, denn der negativen Elektrode wurde $+q$ zugeführt, der positiven wurde $-q$ zugeführt ($+q$ entnommen).

Da der Kondensator über den Widerstand R mit einer Spannungsquelle verbunden ist, wird er sich im Anschluß mit der Zeitkonstanten $R\cdot C$ wieder auf die Ausgangsspannung aufladen.

Anmerkung: Praktisch wird die oben berechnete Pulshöhe nicht ganz erreicht, da das Diffusionsverfahren zur Herstellung von p-n-Übergängen eine unsymmetrische Feldverteilung bewirkt, in der das Elektron stärker beschleunigt wird als das Loch. Damit wird die äußere Zeitkonstante wirksam, bevor das Signal die endgültige Höhe erreicht hat.

Ein Primärteilchen der Energie W, das seine Energie komplett in der Grenzschicht des Detektors abgibt, wird insgesamt $N = W/w$ Elektron-Loch-Paare und damit einen Puls der (theoretischen) Höhe

$$U(W) = \frac{e}{C}\cdot N = \frac{e}{C\cdot w}\cdot W$$

erzeugen ($w = 3{,}6$ eV für Silizium).

2.1.3 p-i-n-Technik

In der praktischen Ausführung wird für Halbleiterdetektoren die Bauform der p-i-n-Diode bevorzugt. Bei dieser Diode ist durch nachträgliches Eindiffundieren von Lithium in n-leitendes Silizium eine raumladungsfreie Zone erzeugt worden, in der die von den Donatoren abgegebenen Elektronen vom Akzeptor Lithium wieder aufgenommen werden, so daß die Raumladungen sich kompensieren und der Kristall diesem Bereich zwischen p-Leiter und n-Leiter nur eigenleitend (i-leitend, von "intrinsic") ist. Der Kristallaufbau p-i-n gibt der Diode ihren Namen.

Mit der p-i-n-Technik können Halbleiterdetektoren hergestellt werden, deren strahlungsempfindliche Schicht 10...15 mm tief ist [1], und die sich daher auch für ß-Strahlung und niederenergetische Gammastrahlung eignen.

2.2 Szintillationsdetektor für Gammastrahlung

2.2.1 Funktionsweise

Ein Szintillationsdetektor besteht aus einem Material, das bei Energiezufuhr fluoresziert, d.h. die zugeführte Energie wird zunächst in Anregungszustände der Atomhüllen und von dort in Licht umgewandelt. Da ein bestimmter Anteil der Anregungszustände strahlungslos in den Grundzustand zurückfällt (z.B. Übergang der Energie in Gitterschwingungen), wird nur ein gewisser Anteil der primär deponierten Energie in Licht verwandelt. Die Lichtmenge ist aber der Primärenergie portional.

Die Registrierung der Lichtmenge und damit der Energie erfolgt elektrisch, meist mit einem Sekundärelektronenvervielfacher (SEV, Photomultiplier), es gibt jedoch auch Anordnungen mit einer Photodiode [2]. Als Szintillator kommen verschiedene Materialien in Frage; in schulüblichen Detektoren werden aber nur anorganische Kristalle verwendet.

Zur Erklärung der Fluoreszenz (Szintillation) eines anorganischen Kristalls bezieht man sich auf das Bändermodell der Energieniveaus in einem Kristall (Bild 3). Der Bandabstand zwischen Leitungs- und Valenzband beträgt ca. 7 eV [3]. Wie beim Halbleiterdetektor ist allerdings wieder ein Vielfaches hiervon als Anregungsenergie aufzuwenden, bei Natriumjodid z.B. 25 eV.

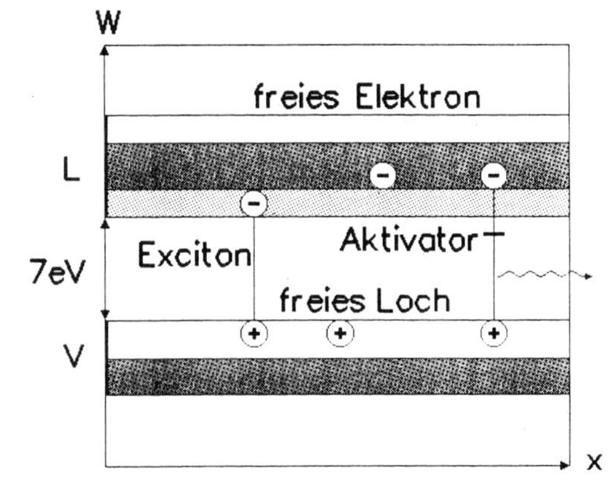

Bild 3 : Energiebänder in einem Szintillator

Unterhalb des Leitungsbandes gibt es im Energieschema eines solchen Kristalls noch ein Excitonenband. Elektronen, die ins Excitonenband angeregt sind, bleiben an ein Loch gebunden, sind aber mit diesem zusammen frei beweglich (der gebundene Elektron-Loch-Zustand wird als Exciton bezeichnet). Excitonen können ihre Anregungsenergie spontan unter Lichtaussendung wieder abgeben [3].

Nun liegt jedoch das Minimum des Leitungsbandes bei einem anderen Impuls als das Maximum des Valenzbandes. Das bedeutet, daß wegen der Impulserhaltung ein Elektron des Leitungsbandes nicht mit einem Loch des Valenzbandes rekombinieren kann (verbotener Übergang). Solange sich die Elektronen und Löcher frei im Kristall bewegen können, können sie ihren Impuls aber nicht ändern. Daher werden gezielt Störstellen, sogenannte Aktivatorzentren, in den Kristall eingebaut, an denen die Ladungen gestreut werden und somit Impuls auf den Kristall übertragen können. An diesen Aktivatorzentren ist daher die Rekombination und damit die Lichtaussendung möglich. Als Aktivator dient beispielsweise Thallium. Der Kristall wird dann als Thallium-aktiviert bezeichnet, zum Beispiel CsJ (Tl) für einen Thallium-aktivierten Caesiumjodid-Kristall. Bei fehlendem Aktivator erfolgt die Rekombination ledig an Gitterfehlstellen.

2.2.2 Ausgangssignal

Das registrierbare Signal ist zunächst der Lichtblitz aus dem Kristall. Dieser setzt praktisch sofort mit maximaler Intensität ein und klingt dann exponentiell ab, da Anregungszustände von Atomhüllen der üblichen Zerfallsstatistik gehorchen. Damit gilt zunächst für die Anzahl der ausgesendeten Lichtquanten zur Zeit t:

$$N(t) = N(0) \cdot e^{-t/\tau} ,$$

wenn τ die mittlere Lebensdauer des Anregungszustandes ist. Sie liegt je nach Material in Bereich von Mikrosekunden bis Nanosekunden. Mit einer gewissen - konstanten - Wahrscheinlichkeit löst ein Lichtquant in der Photokathode des Multipliers ein Photoelektron aus, dieses wird im Multiplier beschleunigt, an den Dynoden vervielfacht und führt schließlich zu einem elektrischen Signal an der Anode (Bild 4). Es wird daher ebenfalls eine exponentielle Form

$$U(t) = U(0) \cdot e^{-t/\tau}$$

haben. Durch die Laufzeitunterschiede der Elektronen verliert das Signal allerdings an Schärfe.

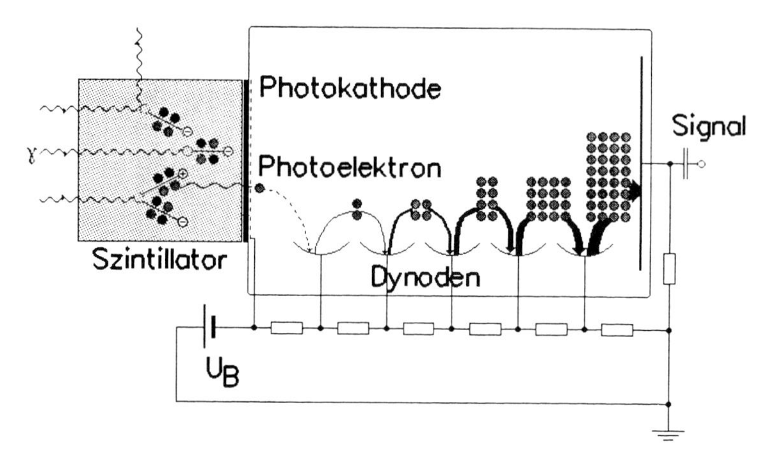

Bild 4 : Szintillationsdetektor und Photomultiplier

Manche Szintillatoren haben zwei Arten von Zuständen mit deutlich unterschiedlichen Lebensdauern. In diesem Falle erhält man ein zusammengesetztes Signal. Bei hinreichender Zeitauflösung können die "schnelle" und die "langsame" Komponente getrennt werden und liefern Aufschluß über die Art des registrierten Primärteilchens.

Die externe Zeitkonstante wird dementsprechend dem Anwendungszweck angepaßt: eine kleine Zeitkonstante verhindert ein Anwachsen des Pulses auf den Maximalwert, führt aber zu einer hohen Zeitauflösung der Signale. Kommt es auf die Energiemessung an (Spektroskopie), so ist eine große Zeitkonstante erforderlich, die die Signalhöhe sich möglichst unbeeinflußt aufbauen läßt.

2.2.3 Interpretation von Gamma-Spektren

Der Hauptanwendungsbereich des Szintillationsdetektors in den in hier beschriebenen Versuchen ist die Gammaspektroskopie. Als Folge der drei Wechselwirkungskanäle von Gamma-Strahlung mit Materie (Photoeffekt, Comptonstreuung, Paarbildung) gibt ein so gewonnenes Spektrum jedoch nicht das Energiespektrum der primären Strahlungsteilchen wieder.

Dem Wechselwirkungsmechanismus von Gammaquanten zufolge wird ein Gammaquant den Detektor entweder wechselwirkungslos passieren, oder es wird in einem einzigen Einzelprozeß seine Energie (bei der Comptonstreuung nur teilweise) auf ein Elektron übertragen. Dieses Elektron erst verliert auf dem Weg durch den Kristall seine Energie in einer Reihe von Wechselwirkungsprozessen an Elektron-Loch-Paare und damit an niederenergetische Lichtquanten.

Handelt es sich um ein Photoelektron, so enthält es die gesamte Primärenergie. Im Falle der Paarbildung teilt sich die Energie auf ein Elektron und ein Positron. Das Elektron gibt seinen Anteil wie oben ab, das Positron zerstrahlt mit einem anderen Elektron zu zwei Gammaquanten, die mit einer gewissen Wahrscheinlichkeit wieder absorbiert werden. In diesem Falle bleibt die gesamte Energie im Kristall und wird als Licht registriert. Bei einer monoenergetischen Primärstrahlung erhält man im Energiespektrum also eine scharfe Linie an der Stelle der Primärenergie (Photolinie). Sekundärlinien mit 511 keV und mit 1022 keV geringerer Energie zeugen davon, daß eines oder beide Gammaquanten unregistriert entkommen sind.

Bei der Comptonstreuung hingegen trägt das ausgelöste Elektron von Anfang an nur einen (vom Streuwinkel abhängigen) Bruchteil der Gammaenergie W, während das gestreute Gammaquant den Rest W' unregistriert mitnimmt. Im Spektrum erhält man daher (bei monoenergetischer Primärstrahlung) ein Kontinuum von Energien (Comptonkontinuum), das im Prinzip bei 0 beginnt (für den Streuwinkel 0°) und sich (bei 180°) bis zu

$$W_C = W \cdot \frac{2\, W/mc^2}{1 + 2\, W/mc^2}$$

erstreckt (Comptonkante). Für steigende Primärenergie W rückt die Comptonkante immer näher an die Photolinie heran. Gleichzeitig verteilt sich allerdings das Comptonkontinuum auf einen breiten Energiebereich, so daß die Intensität pro Intervall der Energie gering bleibt.

Ferner kann es vorkommen, daß ein Primärquant zwar im Detektor nicht wechselwirkt, jedoch von Teilen des Versuchsaufbaus, etwa dem Präparathalter, der Detektorabschirmung usw., via Comptonstreuung in den Detektor zurückgestreut und dann registriert wird. Diese Rückstreuquanten haben eine Maximalenergie beim Rückstreuwinkel 180°, nämlich

$$W_R = \frac{W}{1 + 2\, W/mc^2} \quad .$$

wobei logischerweise die Beziehung gilt:

$$W_C + W_R = W \quad ,$$

denn bei der 180°-Streuung im Detektor registriert man das Elektron, bei der 180°-Rückstreuung registriert man dagegen (indirekt) das rückgestreute Quant. Beide Energien zusammen ergeben die Energie des Primärquants.

Ein mit einem Szintillationsdetektor gewonnenes Gammaspektrum einer monoenergetischen Strahlungsquelle sieht daher üblicherweise so aus, wie in Bild 5 schematisch dargestellt. Enthält die primäre Strahlung bereits mehrere Energien, so wird es entsprechend schwieriger, das Spektrum noch hinsichtlich der ursprünglichen Energien zu analysieren.

Die obigen Beziehungen sind dabei nützlich, ein echtes Kontinuum von einem Comptonkontinuum zu unterscheiden (letzteres bricht an der Comptonkante mit einer wohldefinierten Maximalenergie ab) oder einen Rückstreupeak und eine echte Photolinie auseinanderzuhalten (ersterer liegt bei einer wohldefinierten Energie in bezug auf eine echte Photolinie).

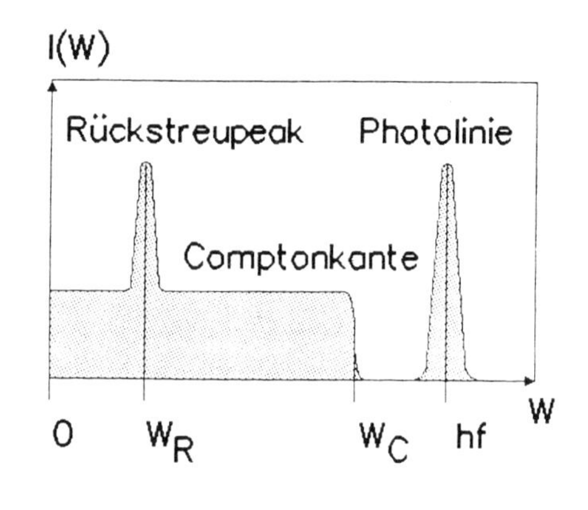

Bild 5: Zur Interpretation von Gamma-Spektren

2.3 Selbstbau eines Halbleiterdetektors

2.3.1 Detektordiode

Wie oben beschrieben, handelt es sich beim Halbleiterdetektor im Prinzip um eine Halbleiterdiode, deren Grenzschicht der zu untersuchenden ionisierenden Strahlung ausgesetzt wird. In [2] wird daher der naheliegende Gedanke aufgegriffen, eine normale Halbleiterdiode für diesen Zweck zu verwenden. Da solche Dioden nur eine geringe Ausdehnung der Grenzschicht besitzen, eignen sie sich nicht für β-Strahlung mit ihrer großen Reichweite, wohl aber für α-Strahlung. Da deren Reichweite wiederum gering ist, ihre Energie aber vollständig in der Grenzschicht absorbiert werden muß, muß die Grenzschicht der verwendeten Diode praktisch unmittelbar an deren Oberfläche liegen. Diese Forderung wird nun von Photodioden zwangsläufig erfüllt, da ihre Lichtempfindlichkeit zur gleichen Anforderung führt.

Die hier verwendete Photodiode BPX 61 hat eine empfindliche Fläche A von 7,6 mm^2. Die Sperrschichtdicke d errechnet sich aus der vom Hersteller angegebenen Sperrschichtkapazität von $C = 13$ pF bei 12 V Sperrspannung zu

$$d = \epsilon \cdot \epsilon_0 \cdot \frac{A}{C} \approx 60 \ \mu\text{m} .$$

In dieser Schichtdicke Silizium geben α-Teilchen mit bis zu ca. 8,7 MeV ihre Energie vollständig ab, d.h. bis zu dieser Energie ist mit einem energieproportionalen Ausgangssignal zu rechnen.

Da die Photodiode gegen mechanische Beschädigung durch ein Gehäuse mit Glasfenster geschützt ist, dieses aber ein Eindringen von α-Strahlung verhindern würde, muß das Gehäuse entfernt werden. Dies ist durch Abdrehen des Gehäuserandes auf einer Drehbank zu bewerkstelligen; es ist aber auch möglich, den Rand des Gehäuses abzufeilen, worauf es sich entfernen läßt. Es versteht sich von selbst, daß in beiden Fällen sehr vorsichtig zu Werke gegangen werden muß, um den Halbleiter nicht zu beschädigen.

Bei einigen Bauserien der Diode ist der Halbleiterkristall zusätzlich mit einem Schutzlack überzogen. Dieser kann mit einem Skalpell oder Federmesser entfernt werden, nachdem man ihn einige Stunden mit Aceton angelöst hat. Der als feiner Golddraht ausgeführte Anodenanschluß muß durch einen Lacktropfen gegen Beschädigung geschützt werden.

2.3.2 Betriebsschaltung

Es wird ein Operationsverstärker in Elektrometerschaltung benutzt, bei der der Gegenkopplungszweig vom Meßeingang getrennt ist. Der Meßeingang ist dann hochohmig, und der Detektor wird praktisch unbelastet betrieben, d.h. sein Ausgangssignal bleibt unverfälscht. Da der Ausgang des OP niederohmig ist, ist die nachfolgende Schaltung dann unkritisch. Die Gesamtschaltung zeigt Bild 6.

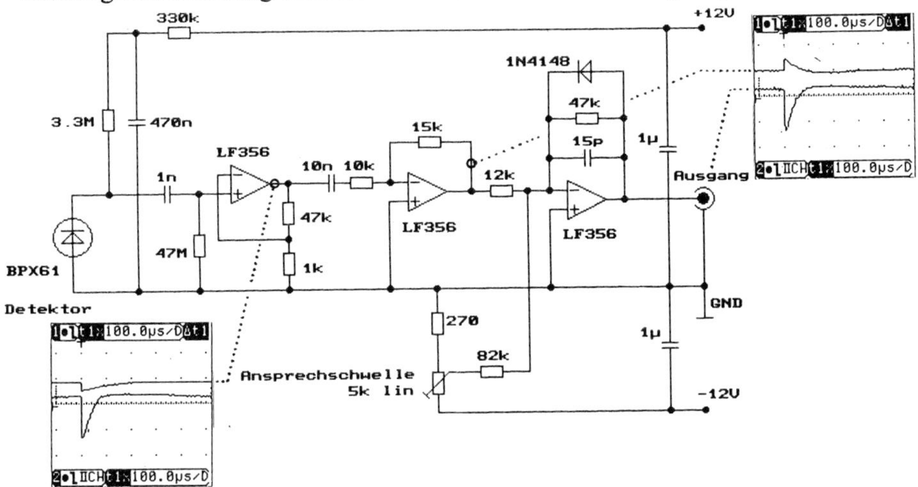

Bild 6 : Schaltung des Betriebsgerätes zum Halbleiterdetektor (Oszillogramme 1V/Div)

Die Detektordiode wird mit 12 V in Sperrichtung vorgespannt, um eine große Grenzschichtdicke zu erreichen. Die Spannung wird durch einen Tiefpaß 330kΩ · 470nF = 0,15s gegen Störungen abgeblockt. Das Signal des Detektors gelangt über einen Hochpaß 1nF · 47MΩ = 0,05s (Gleichspannungsabkopplung) an den OP-Eingang. Hier erfolgt eine Verstärkung um den Faktor 48. Der nachfolgende Umkehrverstärker verstärkt nochmals um den Faktor 1,5. Die dritte Stufe ist ein Diskriminator. Er addiert eine am Trimmer 5kΩ zwischen ≈0V und -12V einstellbare Hilfsspannung mit dem Gewichtsverhältnis 12kΩ/82kΩ zur Signalspannung, d.h. die Signalspannung wird um eine einstellbare Konstante vermindert. Der Rückkopplungszweig ist durch die Diode 1N4148 nichtlinear gemacht. Dadurch werden die negativen Teile des Gesamtsignals abgeschnitten. Nur die noch positiv gebliebenen Teile erscheinen (invertiert) am Ausgang. Effektiv werden hierdurch alle Teile des Signals, die unterhalb einer einstellbaren Schwelle liegen (und daher nach Subtraktion der Hilfsspannung nicht mehr positiv sind), unterdrückt. Das Eigenrauschen des Detektors kann auf diese Weise von der nachfolgenden Auswertungselektronik ferngehalten werden, um diese nicht zu "blenden", d.h. durch Verarbeitung des Rauschens von der Erfassung des Nutzsignals abzuhalten.

Das Ausgangssignal fällt mit einer Zeitkonstante von 3,3MΩ · 13pF ≈ 40µs ab; d.h. innerhalb von ca. 80µs klingt der Impuls ab. Das bedeutet, daß 1/80µs = 12500 Impulse pro Sekunde voneinander klar getrennt werden können.

2.3.3 Praktische Ausführung

Platinenlayout und Bestückungsplan sind im Anhang zu finden. Die gesamte Schaltung ist auf einer Platine vereinigt, auch die Detektordiode ist an Lötstiften dieser Platine angelötet. Dadurch werden die Leitungen kurz und die Störeinstrahlung gering gehalten.

Die Schaltung befindet sich in einem Aluminiumgehäuse, aus dem auf einer Stirnseite der Detektor herausgeführt ist, auf der anderen Stirnseite das Kabel für die Betriebsspannungsversorgung und eine BNC-Buchse zur Abnahme des Signals (Bild 7). Auf dem Platinenlayout ist die Verbindung der Platine zum Gehäuse mit einer einzelnen Schraube vorgesehen, sie stellt gleichzeitig die Masseverbindung des Gehäuses dar. Eine Masseverbindung an mehreren Punkte sollte vermieden werden (Erdschleife). Zu beachten ist auch, daß die Photodiode in dieser Schaltung mit der Anode an Masse liegt. Ihr Gehäuse (Kathode) darf daher das Gehäuse der Schaltung nirgends berühren.

Die Einstellung der Ansprechschwelle muß nur einmal erfolgen, daher reicht ein versenkter Spindeltrimmer hierfür aus und bietet gleichzeitig Schutz gegen unbeabsichtigte Verstellung (die eine Neukalibrierung der Energieskala erforderlich machen würde). Er wird unter einer Bohrung in der Mitte der hinteren Stirnplatte angeordnet und ist so einzustellen, daß bei Abwesenheit aller Präparate und Störquellen gerade kein Signal mehr am Ausgang erscheint. Bei Bestrahlung des Detektors mit einem α-strahlenden Präparat muß am Ausgang ein Signal negativer Polarität mit ca. 0,4 V pro MeV Strahlungsenergie erscheinen.

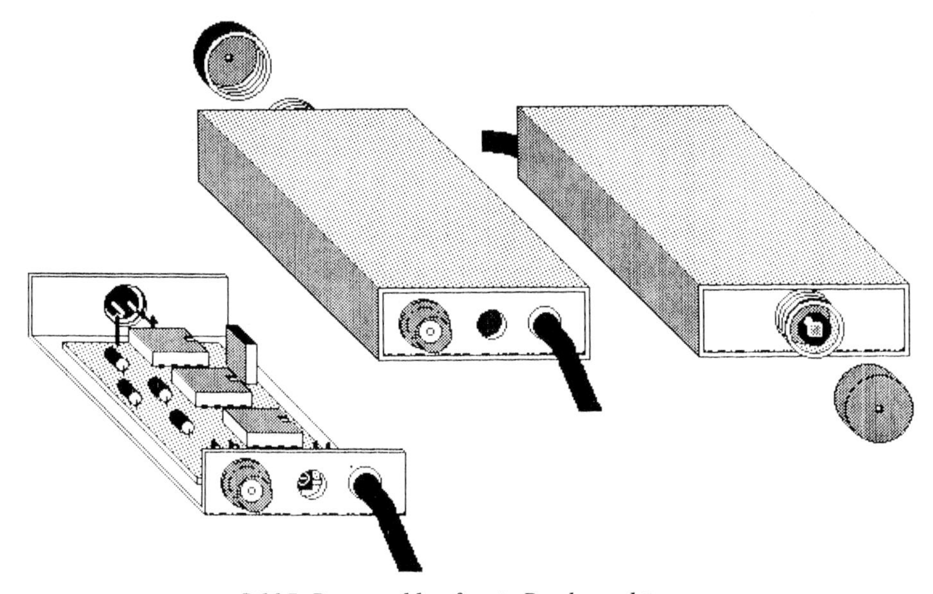

Bild 7: Bauvorschlag für ein Detektorgehäuse

Vor dem Detektor ist eine abnehmbare (z.B. abschraubbare) Lochblende (Bohrung 1 mm) vorzusehen, die in aufgesetztem Zustand elektrischen Kontakt zum Gehäuse hat. Sie erfüllt mehrere Zwecke:

Verringerung der Strahlungsintensität bei zu hohen Impulsraten, um eine Übersteuerung der Auswertungselektronik zu vermeiden. Hohe Impulsraten treten bei starken Präparaten bzw. bei sehr kleinen Präparatabständen auf.

Abschirmung gegen Störstrahlung, da die Elektronik naturgemäß dort am empfindlichsten ist, wo das Nutzsignal am kleinsten ist. Die gesamte Betriebsschaltung des Detektors befindet sich in einem geerdeten Aluminiumgehäuse. Der Detektor selbst ragt aber aus dem Gehäuse heraus und ist somit Störstrahlungen ausgesetzt. Die aufgeschraubte metallene Lochblende liegt an Masse und wirkt als FARADAYscher Käfig, der den Detektor abschirmt. Die Erfahrung hat gezeigt, daß ein Computermonitor den Detektor bis in 1 m Entfernung noch spürbar stören kann, die Lochblende unterdrückt dies wirksam.

Abschirmung gegen Licht, da der Detektor in seiner Eigenschaft als Photodiode natürlich lichtempfindlich ist. Bei abgenommener Blende können Versuche daher nur in einem abgedunkelten Raum oder einer geschlossenen Experimentierkammer durchgeführt werden. Die aufgesetzte Lochblende verringert den Lichteinfall derart, daß eine Vielzahl von Versuchen (außer bei sehr schwachen Präparaten) auch bei (gedämpftem) Licht durchgeführt werden kann, solange es nicht direkt in die Blendenöffnung einfällt.

Versieht man das Gehäuse der Detektorschaltung mit einem Gewinde zum Anbringen eines kleinen Stativstabs, so lassen sich eine Reihe von Versuchen einfach auf einer optischen Bank aufbauen.

2.3.4 Experimentierkammer

Für solche Versuche, die bei völliger Dunkelheit durchgeführt werden müssen, oder bei denen mit verschiedenen Gasen experimenteirt wird (als Absorber oder als Präparat), wird die Anfertigung einer Experimentierkammer empfohlen. In diese muß sich einerseits der Detektor und andererseits ein Präparat bequem einsetzen lassen, d.h. gegenüber dem Detektor ist eine Bohrung vom Durchmesser der verwendeten Strahlerstifte anzubringen. Auch die übrigen Maße richten sich nach dem verwendeten Detektorgehäuse und dem übrigen eingesetzten Zubehör.

Eine Vorrichtung zum Einfügen von Absorberfolien (die am einfachsten in glaslosen Diarähmchen gehaltert werden können), sowie Schlauchstutzen zum Einleiten von Gasen sollten nicht fehlen. Bild 8 zeigt einen Vorschlag für eine solche Experimentierkammer. Das Detektorgehäuses aus Bild 7 kann in die Kammer eingeschoben werden. Gegenüber befindet sich eine Bohrung für Strahlerstifte auf 4mm-Stecker. Die Kammer hat einen abnehmbaren Deckel zur raschen Änderung von Versuchsanordnungen.

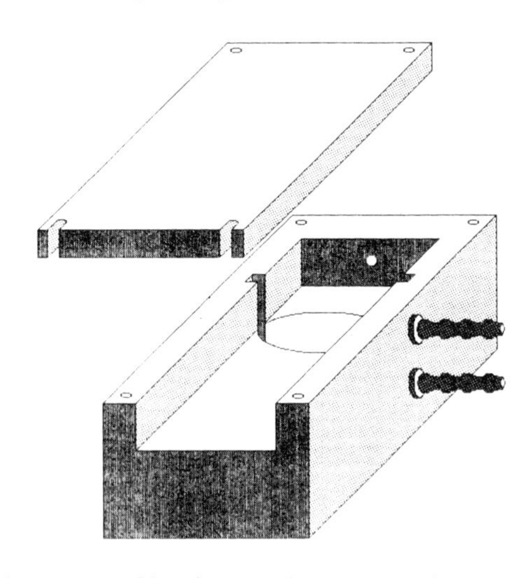

Bild 8 : Bauvorschlag für eine Experimentierkammer

3 Elektrische Auswertung des Detektorsignals

3.1 Spitzenwerterkennung

Ein energiesensitiver Detektor liefert am Ausgang einen Spannungspuls, der rasch auf den Maximalwert ansteigt und dann mit der spezifischen Zeitkonstante der Detektorschaltung wieder abfällt. Der Maximalwert ist zur Teilchenenergie proportional. Die Aufgabe der Auswertungselektronik besteht somit darin, das Auftreten eines Pulses zu registrieren und die Maximalspannung zu messen. Der Spannungswert wird dann digitalisiert und zur Weiterverarbeitung an den Computer übertragen.

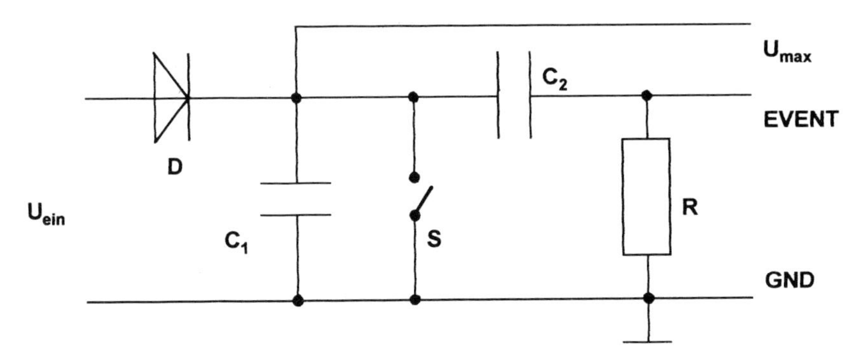

Bild 9 : Prinzip der Spitzenwerterkennung

Das Konzept zur Spitzenwerterkennung zeigt Bild 9. Die Signalspannung U_{ein} lädt über eine Diode D den Kondensator C_1. Solange U_{ein} steigt, folgt die Spannung an C_1 ihrem Verlauf. Wenn U_{ein} wieder sinkt, sperrt jedoch die Diode, und C bleibt auf den Spitzenwert der Spannung geladen. Am Ausgang U_{max} wird als der Spitzenwert zur Verfügung gestellt. C_2 und R bilden zusammen ein Differenzierglied. Solange U_{ein} und damit die Spannung an C noch steigt, liegt über R und damit am Ausgang EVENT eine Spannung an. Wenn die Spannung an C_1 den Maximalwert erreicht hat, liegt eine Gleichspannung vor, d.h. C_2 wird nichtleitend. Die Spannung EVENT fällt daher auf Null ab.

Die Ausgänge dieses Spitzenwerterkenners werden also wie folgt ausgewertet: man wartet eine fallende Flanke des Ausgangs EVENT ab. Nun weiß man, daß ein Signalereignis vorgelegen hat und kann dessen Spitzenwert am Ausgang U_{max} ablesen. Anschließend muß durch Schließen des Schalter S der Kondensator C_1 entladen werden, um die Schaltung wieder "scharf" zu machen.

In der praktischen Realisierung werden Operationsverstärker für Differenzierer und Treiber verwendet, wie in 3.4 näher beschrieben.

3.2 Analog-Digital-Wandlung

3.2.1 Wandlungsprinzip

Das Prinzip der Analog-Digital-Wandlung (AD-Wandlung) besteht darin, eine vorgelegte Spannung mit einer Referenzspannung zu vergleichen, die stufenweise verändert wird (Digital-Analog-Wandlung), bis die vorgelegte Spannung zwischen zwei Werten der Stufung eingegrenzt wurde. Dies geht am schnellsten nach der Methode der sukzessiven Approximation oder "Halbierungsmethode".

Hierbei wird wie bei der Wägung einer unbekannte Masse mit einer Balkenwaage vorgegangen, indem, ausgehend von großen Spannungen (Wägestücken) immer kleinere Werte addiert (und bei Übergewicht wieder entfernt) werden, bis der vorgelegte Wert auf die Genauigkeit des kleinsten Spannungsintervalls (Wägestücks) eingegrenzt ist. Indem von einem Schritt zum nächsten die Spannungen jeweils halbiert werden, ergibt sich somit sofort ein binäres Wort, wenn man 1 für jede benutzte und 0 für jede nicht benutzte Gewichtsstufe setzt.

3.2.2 Wandlung mit Widerstandsleiter

Eine bekannte elektrische Realisierung des Verfahrens besteht darin, die "Gewichte" als elektrische Ströme zu realisieren, indem man an eine Referenzspannung U Widerstände R, $2R$, $4R$, ... (Widerstandsleiter) anschließt und so Ströme $I = U/R$, $\frac{1}{2}I = U/2R$, $\frac{1}{4}I = U/4R$, ... erhält, die an einem Knotenpunkt summiert werden. Mittels eines Operationsverstärkers erhält man aus dieser Stromsumme eine Spannung, die dann mit der zu messenden Spannung verglichen wird (Bild 10).

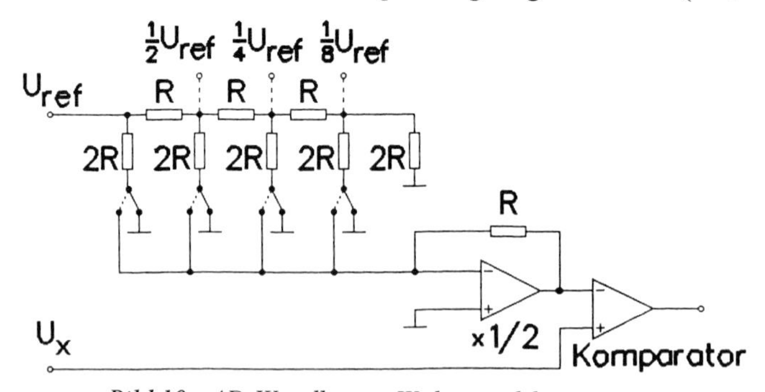

Bild 10 : AD-Wandler mit Widerstandsleiter

3.2.3 Wandlung mit Kondensatorleiter

Ein in der Praxis verwendetes Verfahren benutzt jedoch eine Kondensatorleiter anstelle der Widerstandsleiter, z.B. bei dem im folgenden verwendeten AD-Wandler MAX 187. Der Wandlungsteil dieses Schaltkreises besteht aus einer Kondensatorleiter der Abstufung *C, C, 2C, 4C, 8C, ... 2048C,* die an einer Seite an einer Summationsleitung zusammengeführt und mit dem Eingang eines Schwellendetektors (d.h. ein Komparator mit 0V als Vergleichsspannung) verbunden sind, während der zweite Anschluß über Analogschalter wahlweise mit der vorgelegten Spannung U_x , der positiven Referenzspannung (nominell +5V) oder der negativen Referenzspannung (nominell 0V) verbunden wird (Bild 11).

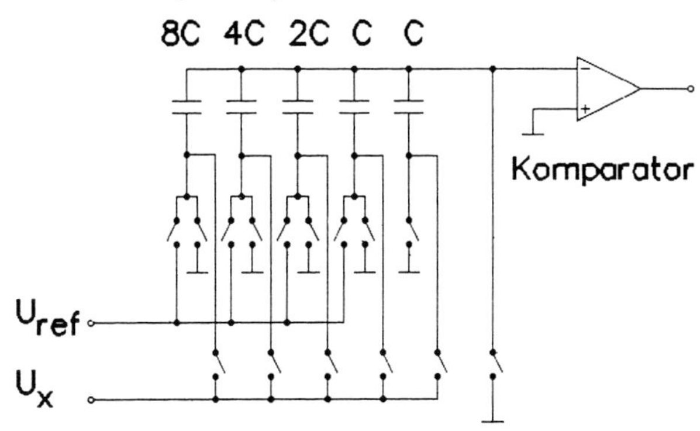

Bild 11 : AD-Wandler mit Kondensatorleiter

Zu Beginn werden alle Kondensatoren auf die vorgelegte Spannung U_x aufgeladen, und zwar positiv gegenüber der Summenleitung. Im weiteren Verlauf werden jedoch alle Kondensatoreingänge zunächst mit 0V verbunden, so daß die Summenleitung zunächst das Potential $-U_x$ führt. Danach werden die Kondensatoren sukzessive, beginnend beim höchstwertigen (2048*C*) von 0V auf +5V umgeschaltet. Hierdurch erfolgt eine Umladung, die das Potential u auf der Summenleitung in u' ändert.

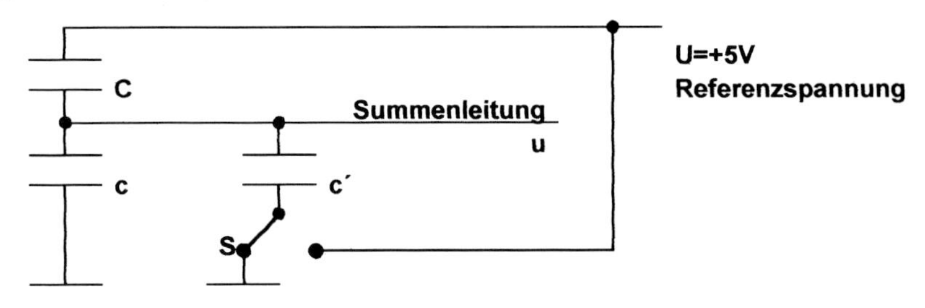

Bild 12 : Zur Wirkungsweise der Kondensatorleiter

Es sei zu irgendeinem Zeitpunkt u die Spannung auf der Summenleitung, und es sei c' die Kapazität, die im nächsten Approximationsschritt von 0V auf +5V umgeschaltet wird. Die Ladungen auf den Kondensatoren seien q auf c, q' auf c' und Q auf C. Folglich gilt

$$(U\text{-}u) \cdot C = Q \quad , \quad u \cdot c = q \quad , \quad u \cdot c' = q' \quad .$$

Wird nun c' von 0 V auf U umgeschaltet, so wird die mit U verbundenen Kapazität nunmehr $C+c'$ mit der Ladung $Q\text{-}q'$. Da die Referenzspannung U konstant gehalten wird, fließt ein Umladestrom, der eine Ladung ΔQ sowohl in $C+c'$ als auch in c transportiert. Folglich gilt nach erfolgter Umladung:

$$(U\text{-}u') \cdot (C+c') = Q - q' + \Delta Q \quad ,$$

$$u' \cdot c = q + \Delta Q \quad .$$

Daher kann

$$\Delta Q = u' \cdot c - q = u' \cdot c - u \cdot c = (u'\text{-}u) \cdot c$$

in die erste Gleichung eingesetzt werden, also wird

$$(U\text{-}u') \cdot (C+c') = Q - q' + \Delta Q$$

$$= (U\text{-}u) \cdot C - u \cdot c' + (u\text{-}u') \cdot c \quad .$$

Löst man diese Gleichung nach u' auf, so findet man

$$u' = u + \frac{c'}{C + c + c'} \cdot U \quad .$$

Hierin ist $C+c+c'$ die konstante Gesamtkapazität C_{ges} der Kondensatorleiter. Die Spannung auf der Summenleitung ändert sich also beim Umschalten von c' um $U \cdot c'/C_{ges}$.

Jedes Umschalten eines Kondensators c' von 0 nach $+U$ erhöht also die Spannung auf der Summenleitung um den Bruchteil c'/C_{ges} der Referenzspannung U. Da die Kondensatoren in Zweierpotenzen gestuft sind (2048C, ... 4C, 2C, C, C), und da die Gesamtkapazität demnach 4096C beträgt, erhöht das Umschalten des höchstwertigen Kondensators den Pegel der Summenleitung um 2048/4096 von U, also ½U, das Umschalten des nächsten um 1024/4096 von U, also ¼U, usw. Wie oben erwähnt, beginnt die Summenleitung mit dem Potential $-U_x$. Der erste Approximationsschritt addiert hierzu ½U. Bleibt der Pegel ≤ 0, so war die vorgelegte Spannung $\geq$½U. Der Komparator gibt dann eine 1 aus, und das Gewicht ½U bleibt eingeschaltet. Wird der

Pegel >0, so war die vorgelegte Spannung kleiner als ½*U*. Der Komparator gibt 0 aus, und das Gewicht ½*U* wird wieder ausgeschaltet.

Im nächsten Schritt wird ¼*U* zum vorherigen Pegel addiert, und der Komparator meldet wieder, ob die vorgelegte Spannung ¼*U* bzw. ¾*U* überschritt oder nicht. Die benötigten Gewichte bleiben jeweils eingeschaltet, die nicht benötigten werden wieder abgeschaltet, bis alle 12 Gewichte durchlaufen sind und der Komparator das der vorgelegten Spannung entsprechende Binärwort ausgegeben hat.

3.3 Datenübertragung zum Computer

3.3.1 Datenprotokoll des Wandlers

Die Anschlüsse des MAX 187 (8-poliges DIL-Gehäuse) sind gemäß Tabelle 1 belegt [4]. Die positive Referenzspannung ist mit der Betriebsspannung VCC (=5V) identisch, als negative Referenzspannung REF- dient normalerweise das Massepotential (GND); der Anschluß REF- wird dann intern stabilisiert und benötigt extern einen Kondensator 4,7µF gegen Masse. Der Anschluß Shutdown (-SHDN) liegt im Betrieb ständig auf logisch 1. Man kann ihn auf logisch 0 legen, um den Wandler auszuschalten.

Pin	Beschreibung	Abkürzung	Richtung
1	Betriebsspannung und Referenzspannung(+)	VCC	Eingang
2	Analogsignal	ANIN	Eingang
3	- Shutdown	-SHDN	Eingang
4	interne Referenzspannung(-)	REF-	Eingang
5	Masse	GND	-
6	Binäre Daten	DATA	Ausgang
7	- Chipselect	-CS	Eingang
8	Takt	CLC	Eingang

Tabelle 1 : Anschlußbelegung des AD-Wandlers MAX 187

Die Schaltung wird durch den Übergang von -CS von logisch 1 auf logisch 0 aktiviert (Der Strich in "-CS" kennzeichnet die invertierte Logik: aktiv bei 0-Pegel). Sie beginnt dann mit einer (8,5µs dauernden) AD-Wandlung. Der Datenausgang liegt während der Wandlung auf logisch 0; danach geht er auf logisch 1 zum Zeichen, daß die Wandlung abgeschlossen ist. Der Takteingang (CLC) muß dann abwechselnd auf 1 und 0 gelegt werden. Nach jedem Übergang von logisch 1 auf logisch 0 erscheint (mit ca. 200ns Verzögerung) das nächste Datenbit am Datenausgang (DATA). Das höchstwertige Bit (MSB = "most significant bit") erscheint nach der ersten fallenden Flanke von CLC. Nach dem 13. Taktimpuls ist die Datenübertragung also mit dem niederwertigsten Bit (LSB = "least significant bit") abgeschlossen (Bild 13). Eventuelle weitere Taktimpulse führen dann nur noch zu Nullen ("trailing zeros") auf der DATA-Leitung.

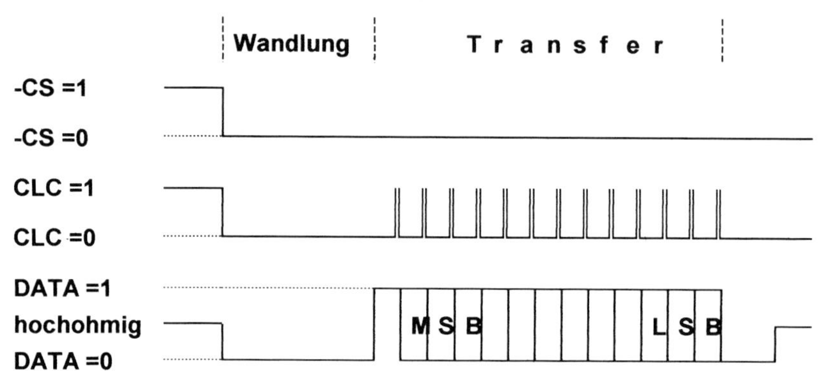

Bild 13 : Datenprotokoll des MAX 187

Die Datenübertragung vom Wandler zum PC spielt sich also mittels dreier Kanäle ab: DATA, CLC und -CS. Vom Computer aus gesehen sind CLC und -CS Ausgänge, DATA ist ein Eingang. Bei der Auswertung der Signale kann nach dem Aktivieren des Wandlers mittels -CS entweder die Wandlungszeit (8,5µs) abgewartet werden; oder es wird auf die steigende Flanke der DATA-Leitung gewartet, bevor der Takt zum Auslesen der Daten gesendet wird.

3.3.2 Schnittstellentreiber

Zur Verwendung der seriellen PC-Schnittstelle müssen die Signale in beiden Richtungen von TTL-Pegel (logisch 0 = 0V, logisch 1 = 5V) in V24-Pegel (logisch 0 = -12V, logisch 1 = +12V) bzw. umgekehrt umgewandelt werden. Dies erledigt ein Schnittstellentreiber.

Der Treiber MAX 232 hat je Richtung 2 Kanäle. Seine Anschlußbelegung (16-poliges DIL-Gehäuse) ergibt sich aus Tabelle 2. Die Begriffe "Sender" und "Empfänger" beziehen sich dabei auf die Richtung zum PC, d.h. ein Sender bekommt am Eingang ein TTL-Signal und liefert am Ausgang ein V24-Signal, ein Empfänger bekommt am Eingang ein V24-Signal und liefert am Ausgang ein TTL-Signal. Die Hilfsspannungen +10V und -10V werden vom Treiberbaustein intern mittels Ladungspumpen aus der zugeführten 5V-Spannung erzeugt; dazu sind 4 Kondensatoren extern anzuschließen (Schaltplan siehe 3.4).

Pin	Beschreibung	Abkürzung	Richtung
1	Kondensator C1 (positiver Pol)	C1+	-
2	positive Hilfsspannung +10 V	V+	Ausgang
3	Kondensator C1 (negativer Pol)	C1-	-
4	Kondensator C2 (positiver Pol)	C2+	-
5	Kondensator C2 (negativer Pol)	C2-	-
6	negative Hilfsspannung -10V	V-	Ausgang
7	Sender 2 Ausgang	T2OUT	Ausgang
8	Empfänger 2 Eingang	R2IN	Eingang
9	Empfänger 2 Ausgang	R2OUT	Ausgang
10	Sender 2 Eingang	T2IN	Eingang
11	Sender 1 Eingang	T1IN	Eingang
12	Empfänger 1 Ausgang	R1OUT	Ausgang
13	Empfänger 1 Eingang	R1IN	Eingang
14	Sender 1 Ausgang	T1OUT	Ausgang
15	Masse	GND	-
16	Betriebsspannung +5V	VCC	Eingang

Tabelle 2 : Anschlußbelegung des Schnittstellentreibers MAX 232

3.3.3 Datenprotokoll der PC-Schnittstelle

Ein PC besitzt standardmäßig zumindest zwei Schnittstellen, die dem Benutzer zur Kommunikation mit Peripheriegeräten zur Verfügung stehen [5]: eine parallele Schnittstelle (Centronics-Port) und eine serielle Schnittstelle (RS232-Port, auch V24-Port genannt).

Der RS232(V24)-Port ist für die serielle Datenein- und Ausgabe vorgesehen, z.B. kann ein serieller Drucker oder Plotter oder eine Maus angeschlossen werden. Es kann davon ausgegangen werden, daß an den meisten Computern zumindest ein RS232-Port unbelegt ist, weshalb er sich zum Anschluß eines Meßinterface anbietet. Das reguläre Übertragungsprotokoll sieht vor, daß jede Gruppe von (7 oder 8) Bits durch ein Startbit (logisch 0) eingeleitet wird, dann folgen die Datenbits, beginnend mit dem niederwertigsten. Den Abschluß bilden ein oder zwei Stopbits (logisch 1). Bild 14 zeigt das Schema.

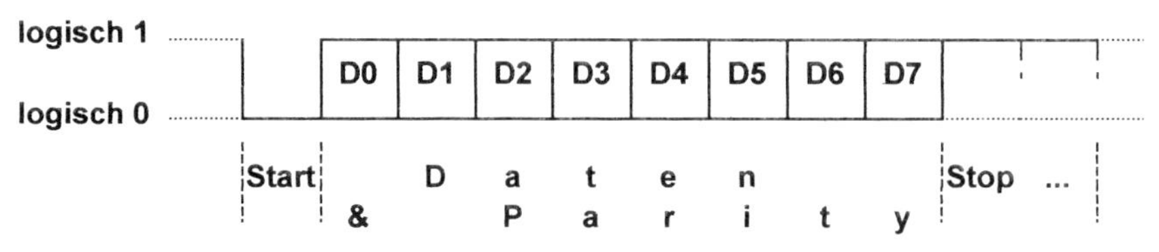

Bild 14 : Serielle Datenübertragung

Danach sind für eine serielle Datenübertragung nur die zwei Leitungen eines Stromkreises (drei Leitungen bei Verkehr in beiden Richtungen) erforderlich. Der RS232-Port stellt jedoch eine Reihe von Hilfssignalen zur Verfügung, die die korrekte Abwicklung des Datenverkehrs gewährleisten sollen. Die komplette Schnittstelle belegt daher einen 25-poligen oder bei Beschränkung auf die wichtigsten Leitungen immer noch einen 9-poligen Stecker.

Zur Messung eines Impulshöhenspektrum ist das reguläre Datenprotokoll allerdings zu langsam: Geht man von einem 8-Bit-Wort für eine zu übertragende Impulshöhe aus, so erfordert die Übertragung eines Wertes mit Start- und Stopbit zumindest 10 Bit. Bei einer üblichen Übertragungsrate von 9600 Bit/s (9600 baud) können also maximal 960 Werte pro Sekunde erfaßt werden.

Bei der folgenden Lösung wird daher nicht das genormte Protokoll verwendet, sondern es werden einige der Steuerleitungen direkt zur Datenübertragung verwendet. Dies ermöglicht insbesondere eine parallele Übertragung mehrerer Bits, so daß die gesamte Steuerung des Interface vom Computer übernommen werden kann. Hierbei werden RTS (request to send) und DTR (data terminal ready) als Ausgabeleitungen, sowie DSR (data set ready) und CTS (clear to send) als Eingabeleitungen verwendet, d.h. in jeder Richtung zwei Kanäle. Dies ermöglicht die Steuerung und Abfrage eines seriellen Analog-Digital-Wandlers, und es bleibt noch genau ein Kanal für die EVENT-Leitung frei. Die Leitungen entsprechen einzelnen Bits in den Kontrollregistern, so daß vom Programm aus direkt auf sie zugegriffen werden kann (vgl. Abschnitt 4.1). Für den Übertragungsweg ergibt sich dann die Zuordnung der Signale und Anschlüsse nach Tabelle 3.

Je nach Schnittstellenstecker am PC gilt dort die erste oder zweite Spalte für die Anschlußbelegung. Bei Verwendung anderer Bausteine für den Wandler bzw. Treiber muß deren Pinbelegung ihrem Datenblatt entnommen werden.

Wandler MAX 187	Pin		Pin	Treiber MAX 232	Pin		Pin	Pin	Name	RS-232- Port Adresse	Bit
GND	5	----	15	GND	15	----	7	5	GND	-	-
-CS	7	←	12	R1	13	←	4	7	RTS	Basis+4=MCR	1
CLC	8	←	9	R2	8	←	20	4	DTR	Basis+4=MCR	0
DATA	6	→	11	T1	14	→	5	8	CTS	Basis+6=MSR	4
EVENT		------→	10	T2	7	→	6	6	DSR	Basis+6=MSR	5
							25-polig	9-polig	←	Stecker	

Tabelle 3 : Anschlußbelegung des Signalweges

3.4 Selbstbau eines Interfaces

3.4.1 Funktionsprinzip

Das Eingangssignal wird zunächst verstärkt, dann gleichgerichtet, um beide möglichen Polaritäten zu erfassen. In einem Spitzenwertmesser gemäß 3.1 lädt sich über eine Diode ein Kondensator auf den Maximalwert des Spannungsimpulses auf, so daß dieser gehalten wird. Ein Treiber stellt den so ermittelten Peakwert für den AD-Wandler bereit. Ein Differenzierer leitet aus dem Spannungsmaximum die Leseanforderung READ=EVENT für den PC ab. Dieser aktiviert über Chipselect den Wandler und liest die Daten durch einen externen Takt aus. Das Rücksetzen von Chipselect löst über einen Differenzierer die Löschung des Kondensators aus. Nachfolgend werden die einzelnen Schaltungskomponenten besprochen.

3.4.2 Eingangsverstärker

Der Eingangsverstärker (Bild 15) besteht aus einem Operationsverstärker (OP), dessen Rückkopplungszweig mit einem Schalter S umschaltbar und mit einem Potentiometer P variierbar ist. Der Kondensator C_1 koppelt eine eventuelle Gleichspannungskomponente ab. Die Eingangsimpedanz des Eingangsverstärkers ist durch R_1 bzw. durch $R_1 \| R_2$ gegeben. Entsprechend niederohmig muß der Ausgang der anzuschließenden Schaltung sein. Indem das Potentiometer P im Rückkopplungszweig liegt, hat es auf die Eingangsimpedanz keinen Einfluß, so daß diese innerhalb des mit S eingestellten Bereiches konstant ist Die Verstärkung überstreicht bei offenem Schalter S etwa den Bereich 0,5 bis 10, bei geschlossenen Schalter S den Bereich 5 bis 100.

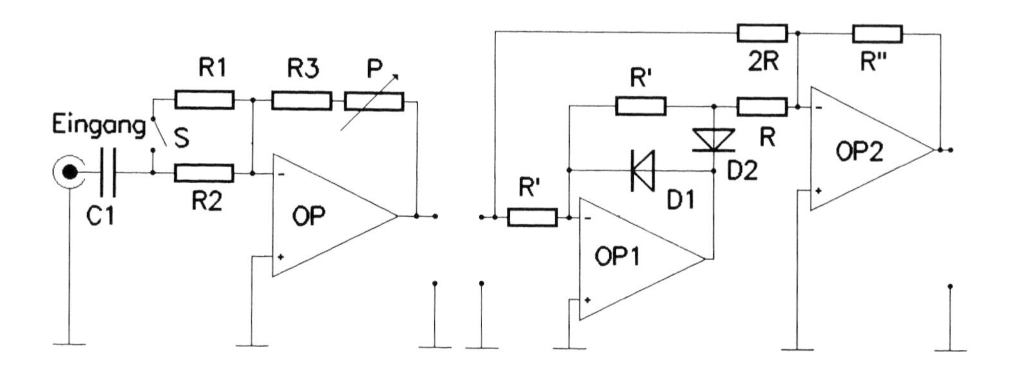

Bild 15 : Eingangsverstärker des Interfaces *Bild 16: Vollweggleichrichter*

3.4.3 Zweiwege-Gleichrichter

Um Unabhängigkeit von der Signalpolarität zu erlangen, wird das verstärkte Eingangssignal im nächsten Schritt gleichgerichtet. Zur Anwendung gelangt die Schaltung nach Bild 16 (nach [6]). Der mit OP_1 gebildete Verstärker verstärkt nur den positiven Anteil des Eingangssignals im Verhältnis $R'/R' = 1$. Der negative Anteil wird durch die Gegenkopplung über D_1 unterdrückt. Der von OP_1 verstärkte - und invertierte - Anteil und das Gesamtsignal werden von OP_2 weiterverstärkt, jedoch mit unterschiedlichem Gewicht: Das Gesamtsignal wird mit dem Faktor $R''/2R$ verstärkt, die invertierte positive Halbwelle jedoch mit R''/R, also doppelt so hoch. Hierdurch erscheint am Ausgang der positive Anteil des Signals mit dem Faktor $R''/2R$, der negative hingegen mit $-R''/2R$. Beide Signalanteile haben also am Ausgang das gleiche Gewicht, aber der negative Anteil wird invertiert. Damit ist eine Gleichrichtung erreicht.

3.4.4 Spitzenwertmesser

Diese Baugruppe stellt den Kern des Peakdetektors dar (Bild 17), sie soll den Spitzenwert eines Spannungspulses halten und zur Messung zur Verfügung stellen.

Die Schaltung wurde nach [6] entworfen und nach [7] abgewandelt. OP_1 ist durch D_1 so gegengekoppelt, daß nur negative Signalanteile verstärkt werden und invertiert am Ausgang von OP_1 erscheinen. Über D_2 und D_3 wird der Kondensator C auf den jeweiligen Wert der Signalspannung geladen. R_2 verhindert dabei, das OP_1 rein kapazitiv belastet wird, was eine Phasendrehung und Schwingneigung zur Folge haben könnte [6]. Die Spannung auf C liegt am (hochohmigen!) nichtinvertierenden Eingang von OP_2, der durch eine direkte Verbindung gegengekoppelt ist, d.h. die Kondensatorspannung erscheint unverändert auch am Ausgang von OP_2, hier aber niederohmig, so daß der Kondensator bei der Messung nicht belastet wird. R_5 schließt die Gegenkopplung der ganzen Schleife. Dies ist möglich, da OP_2 nicht invertiert. Die Eingangsspannung wird damit im Verhältnis R_5/R_1 verstärkt.

Sobald das Signal unter den Maximalwert abfällt, koppeln D_1 und D_2 den Kondensator C vom Ausgang des OP_1 ab, so daß der Maximalwert gehalten wird. Durch R_3 wird die Ausgangsspannung (also die Kondensatorspannung) vor D_3 eingekoppelt. Hierdurch wird D_3 stromlos gehalten [7], so daß keine Kondensatorentladung durch einen Diodenleckstrom eintreten kann.

Nach erfolgter Messung wird der Kondensator durch Schließen des Schalters S entladen (in der praktischen Ausführung ist S ein Transistor, siehe 3.4.7). R_4 ist sehr hochohmig und ermöglicht ein langsames Entladen von C auch dann, wenn S nicht geschlossen wurde. Dies ist von Bedeutung, wenn der angeschlossene Rechner einen Spannungspuls "verpaßt" hat, also auch kein Löschsignal sendet. Die Schaltung gerät dann auch ohne Schließen von S nach einer Wartezeit der Größenordnung $C \cdot R_4$ (ca. 3,3ms) wieder in den sensitiven Zustand.

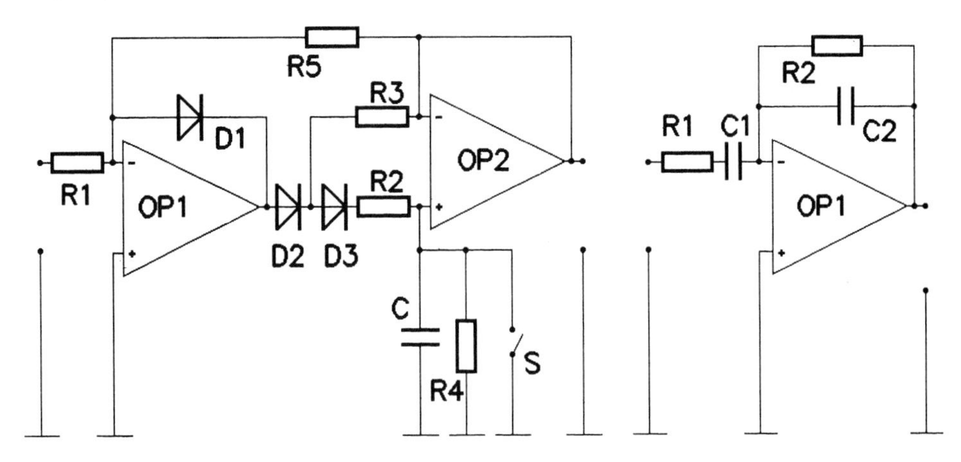

Bild 17 : Spitzenwertmesser

Bild 18: Differenzierer

3.4.5 Differenzierer

Am Ausgang der Schaltung nach Bild 17 steht die zu messende Pulshöhe zur Verfügung. Damit dieser Wert durch den Rechner abgeholt werden kann, muß das Vorliegen eines Ereignisses erkannt werden. Dies leistet die Schaltung nach Bild 18. Mit C_1 und R_2 allein stellt sie einen Differenzierer dar.

Ein solcher Differenzierer stellt aber wiederum eine rein kapazitive Last für die vorangehende Stufe dar, für hohe Frequenzen ist er außerdem nicht gegengekoppelt, da C_1 dann praktisch eine leitende Verbindung darstellt. Hochfrequentes Rauschen würde also mit der Leerlaufverstärkung weiterverstärkt [6]. R_1 stellt daher einen zusätzlich ohmschen Anteil der Eingangsimpedanz dar, C_2 stellt für hohe Frequenzen die Gegenkopplung her.

Erfolgt nun ein Signalereignis, so steigt die Spannung am Eingang (mit Laden des Kondensators in Bild 17) rasch auf den Spitzenwert an, um dann dort zu verharren. Differenziert bedeutet dies eine hohe Ausgangsspannung während der Steigung, nach Erreichen des Maximums ist die Steigung und damit die Ausgangsspannung Null. Damit kann die fallende Flanke des Differenziererausgangs als Kriterium für das Vorliegen eines Ereignisses verwendet werden.

3.4.6 Pegelwandler

Diese Schaltung (Bild 19) hat lediglich die Aufgabe, den Pegel des OP-Ausgangs (fallende Flanke von +12V auf 0V) auf TTL-Pegel zu wandeln, damit das Signal über den Schnittstellentreiber an den PC gesendet werden kann. R_3 und R_4 bilden einen Spannungsteiler für die Betriebsspannung $+U$. Ist der Transistor aufgesteuert, so ist die Ausgangsspannung 0, ist der Transistor gesperrt, so ist die Ausgangsspannung $U \cdot R_4/(R_3+R_4)$. Damit wird der Pegel des OP-Ausgangs auf einen entsprechenden Bruchteil reduziert. R_2 stellt den Arbeitspunkt des Transistors ein.

3.4.7 Löschglied

Nach erfolgter Auslesung des Spitzenwertes muß der Kondensator C des Spitzenwertmessers entladen werden. Nun steht hierfür bei Verwendung des Standard-Schnittstellentreibers MAX 232 keine Leitung mehr zur Verfügung, darum wird der Löschimpuls aus dem Chipselect-Signal abgeleitet. -CS geht auf logisch 1 (+5V), wenn die Datenübertragung beendet ist. Diese Spannungsflanke wird durch C_1 und R_1 in Bild 20 differenziert, d.h. der Transistor T_1 wird kurzfristig aufgesteuert. T_1 ist als Emitterfolger mit einem Arbeitswiderstand R_3 geschaltet, d.h. das Signal wird über R_4 an T_2 weitergegeben. Der Emitterfolger bewirkt keine Spannungsverstärkung, nur eine Stromverstärkung, d.h. das Differenzierglied wird durch T_2 nicht mehr belastet. T_2 stellt den eigentlichen Entladeschalter dar und entlädt C über R_5. Die Zeitkonstante des Differenzierers muß so bemessen sein, daß während des Abklingens des Löschpulses C sicher entladen wird.

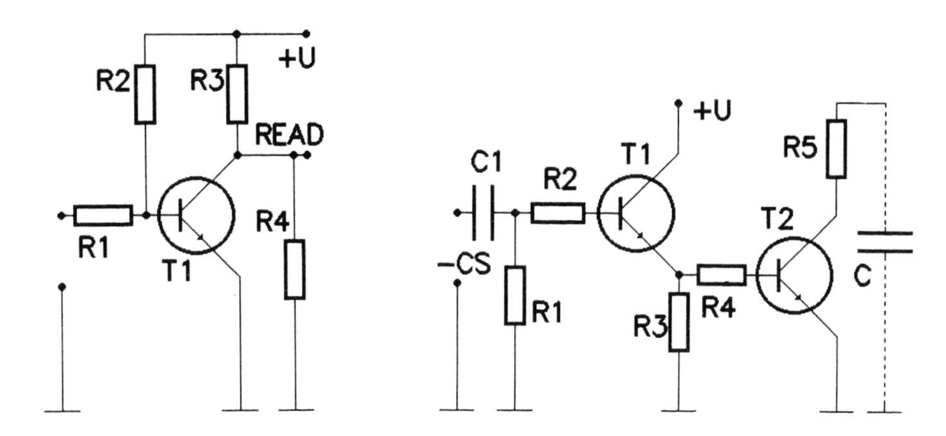

Bild 19 : Pegelwandler

Bild 20: Löschglied

3.4.8 Gesamtschaltung

Bild 21 zeigt den Gesamtaufbau der Schaltung. Das Signalverhalten ist aus den Oszillogrammen abzulesen; das Eingangssignal bzw. das verstärkte Eingangssignal ist in allen Oszillogrammen als Referenz wiederholt.

Zur vorstehenden Beschreibung der einzelnen Baugruppen ist folgendes anzumerken: Der Zweiwege-Gleichrichter nach Bild 16 erfordert einen zweiten OP (OP_2) zur Ausführung der Summation. Die Signalsumme steht aber am Eingangsknoten (invertierender Eingang) von OP_2 bereits als Stromsumme zur Verfügung. Daher kann die Funktion von OP_2 aus Bild 16 von OP_1 aus Bild 17 (Ladetreiber des Spitzenwertmessers) übernommen werden. Auf diese Weise können zwei Operationsverstärker (der Summierer aus dem Gleichrichter, sowie ein Inverter für das dann umgekehrt gepolte Signal) eingespart werden. Der Gegenkopplungswiderstand des Spitzenwertmessers ist damit identisch mit dem Widerstand R" des Gleichrichters. Er ist als Trimmer 2,5MΩ ausgeführt, um die Gesamtverstärkung kalibrieren zu können. Die Verbindung mit der seriellen PC-Schnittstelle erfolgt wie bereits in 3.3 beschrieben. Der Eingang des AD-Wandlers ist durch eine Zenerdiode 5,1V vor Überspannung geschützt.

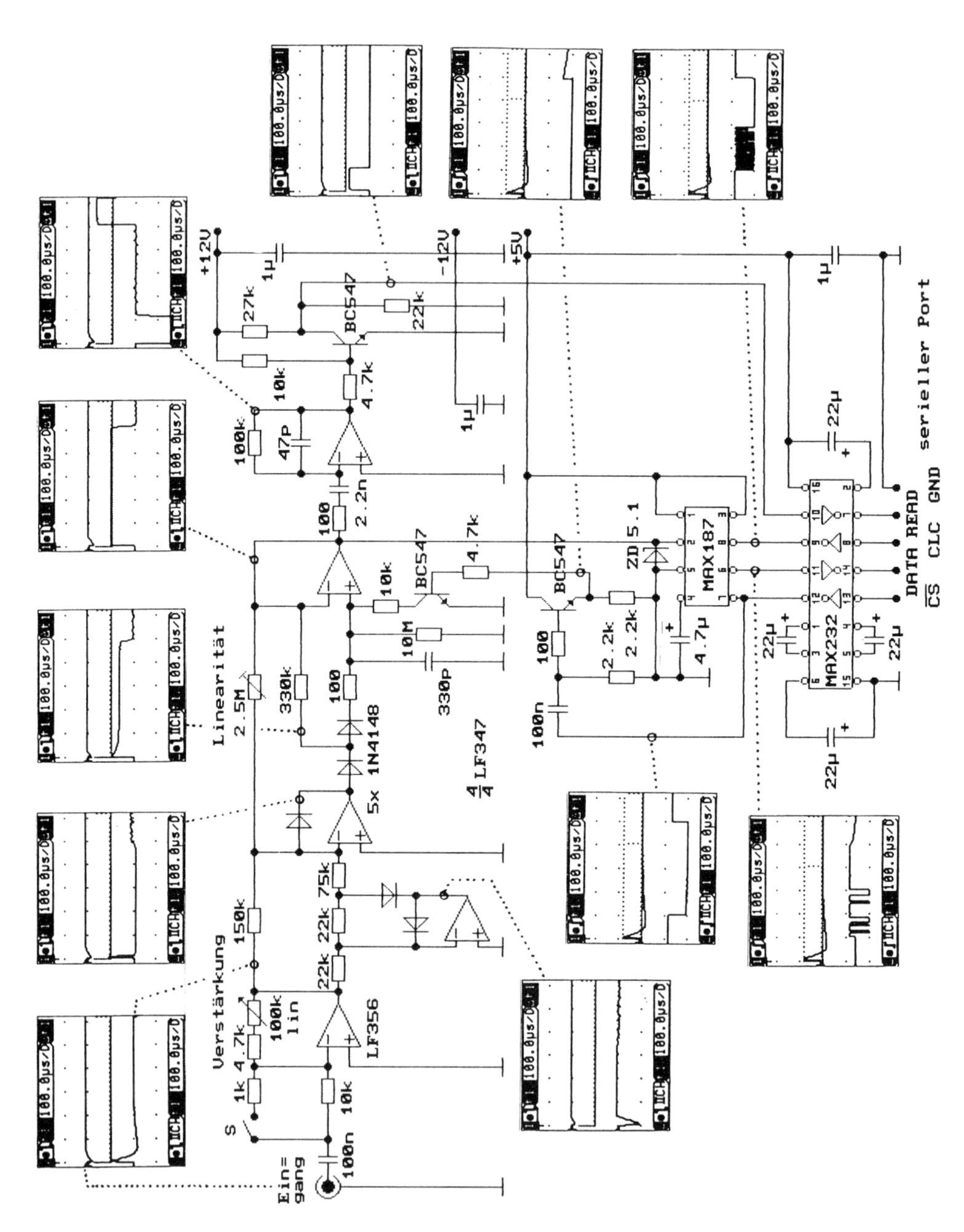

Bild 21 : Gesamtschaltbild des Interfaces mit Oszillogrammen (5V/Div)

Wie aus den Oszillogrammen in Bild 21 zu entnehmen ist, dauert eine komplette Registrierung eines Ereignisses vom Auftreten bis zum Löschen den Kondensators im Spitzenwertmesser ca. 500µs, wobei die meiste Zeit für die Datenübertragung verwendet wird. Das entspricht einer Zeitauflösung von 2000 Impulsen pro Sekunde. Eine Fehlmessung ist auch bei höheren Impulsraten im Prinzip ausgeschlossen, da bei Mehrfachimpulsen innerhalb der Auflösungszeit jeweils nur ein Impuls registriert wird. Allerdings ist dann die Wahrscheinlichkeit für die Registrierung von der Impulshöhe abhängig, da ein höherer Impuls einen kleineren bei der Registrierung überdeckt. Dieser Fall sollte also im Betrieb doch vermieden werden (z.B. durch Vergrößern des Präparatabstandes oder Einfügen einer Blende).

3.4.9 Praktische Ausführung und Einstellung

Platinenlayout und Bestückungsplan sind im Anhang gegeben. Als Gehäuse eignet sich ein Kunststoffgehäuse 10cm x 10cm x 6cm. Der Bereichsschalter und das Potentiometer zur Einstellung der Verstärkung sind herausgeführt. Der Kalibriertrimmer befindet sich innen, da er normalerweise nur einmal eingestellt werden muß. Das Signal wird über eine BNC-Buchse zugeführt. Die Versorgung mit ±12V und +5V erfolgt über eine 5-polige DIN-Buchse, die gemäß Tabelle 4 belegt ist.

Pin	Bedeutung
1	GND
2	-12V
3	+12V
4	+5V
5	GND

Tabelle 4 : Anschlußbelegung der Spannungsversorgung

Der Kalibriertrimmer im Innern des Gehäuses stellt die interne Gegenkopplung so ein, daß die dem Verstärker nachfolgenden Stufen mit der Verstärkung 1 arbeiten. Er wird einmalig so eingestellt, daß bei Verstärkungsfaktor 0,5 ein Sinussignal von 5 Vss am Eingang zu einem registrierten Spannungswert von 2,5 V führt. Erhöht man dann das Eingangssignal bis zur Übersteuerung, so muß der registrierte Wert gerade bis 5 V ansteigen; ggf. ist der Trimmer entsprechend nachzustellen. Diese Einstellung wird am besten in Verbindung mit einem Auswertungsprogramm (vgl. Abschnitt 4) durchgeführt; bei Übersteuerung muß die sichtbare Spektrallinie dann gerade eben rechts aus dem Bild wandern.

3.5 Anschluß von Detektoren

3.5.1 Selbstbau-Halbleiterdetektor

Das Interface verarbeitet Eingangssignale von ca. 50 mV bis 5 V Signalpegel beliebiger Polarität; die Eingangsimpedanz beträgt 1 kΩ bzw. 10 kΩ je nach Verstärkungsbereich. Damit ist der Anschluß von fast allen üblichen Detektoren möglich.

Der in 2.3 beschriebene Halbleiterdetektor wird mit einem BNC-Kabel direkt mit dem Eingang des Interfaces verbunden. Als Verstärkungsbereich ist 0,5 bis 10 einzustellen. Es empfielt sich, für die Kernspektroskopie-Versuche ein eigenes Netzteil (±12 V und +5 V) bereitzustellen. Wenn man dieses mit zwei parallelgeschalteten DIN-Buchsen mit der Anschlußbelegung nach Tabelle 4 ausrüstet, kann über DIN-Kabel sowohl der Detektor als auch das Interface mit seiner Betriebsspannung versorgt werden (Bild 22).

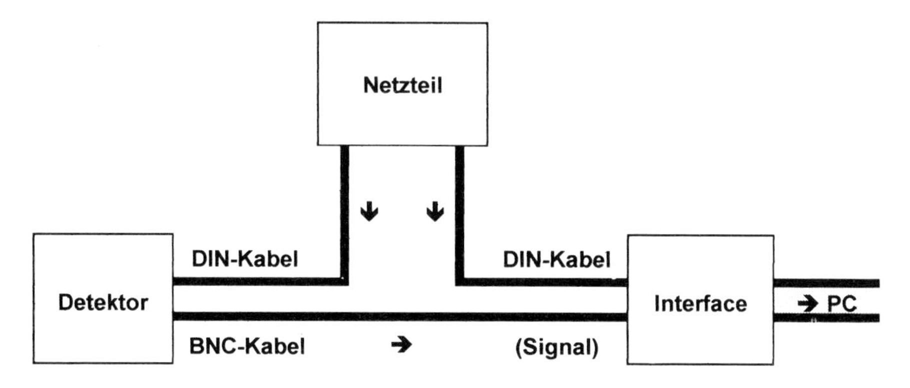

Bild 22 : Anschluß des Selbstbau-Halbleiterdetektors

3.5.2 NEVA-Kernstrahlungsmeßgerät 7140,00

Die nachfolgende Konfiguration ermöglicht den Betrieb des Kernstrahlungsmeßgerätes 7140,00 von NEVA (ELWE): Der Ladungsverstärker 7142,00 wird mit seinem Betriebsgerät 7143,00 verbunden und erhält von dort auch seine Betriebsspannung. Der Ausgang "Osz." des Betriebsgerätes wird mit dem Signaleingang des Interface über ein Leitung verbunden, die auf einer Seite einen BNC-Stecker und auf der anderen zwei 4mm-Stecker besitzt (Bild 23). Der einzustellende Verstärkungsbereich ist 0,5...10.

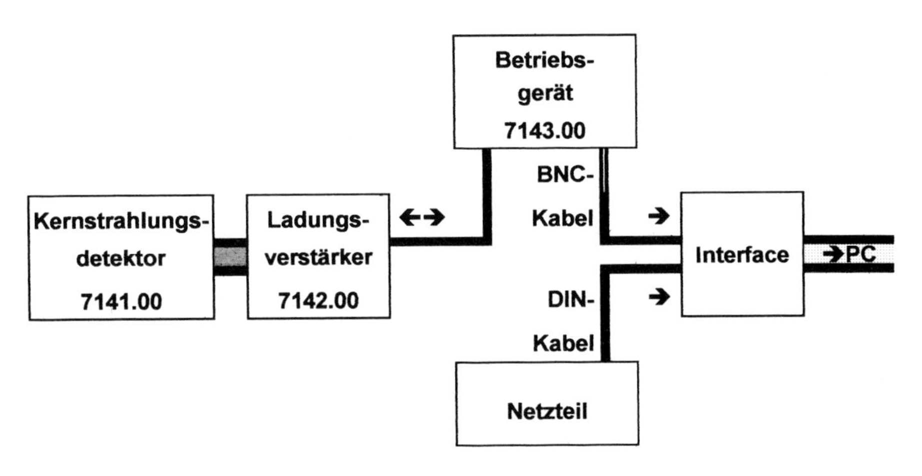

Bild 23 : Anschluß des NEVA-Kernstrahlungsmeßgerätes

3.5.3 NEVA-Szintillationsdetektor mit Verstärker 7151,00

Der Szintillationsdetektor 7151,50 (= NaJ(Tl)-Kristall+Photomultiplier+Verstärker) erhält seine Betriebsspannung (Hochspannung HV und Niederspannung ±12 Volt) aus dem Netzteil 5250,00. Das Signalkabel (BNC-Stecker) wird an den Eingang des Interfaces geführt (Bild 24). Der einzustellende Bereich hängt von der Energie der zu untersuchenden Strahlung ab.

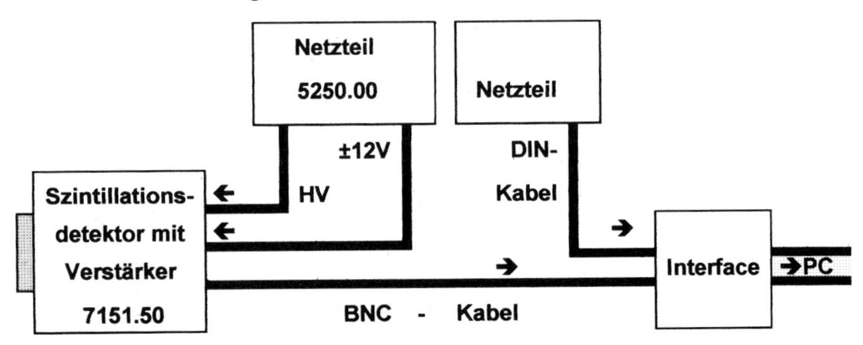

Bild 24 : Anschluß des NEVA-Szintillationsdetektors

3.5.4 LEYBOLD-Szintillationsdetektor 55990 mit Verstärker 55991

Der Aufbau entspricht weitgehend dem in 3.5.3 beschriebenen; jedoch liefert das LEYBOLD-Hochspannungsnetzteil 52236 keine ±12V für den Verstärker, diese können über einen Steckeradapter aus dem Netzteil des Interfaces entnommen werden (Anschlußbelegung des LEYBOLD-Kabels siehe Tabelle 5). Weitere Betriebsgeräte für den LEYBOLD-Szintillationsdetektor entfallen damit. Die Signalleitung wird direkt mit dem Interface verbunden (Bild 25). Der einzustellende Verstärkungsbereich hängt von der Energie der zu untersuchenden Strahlung ab.

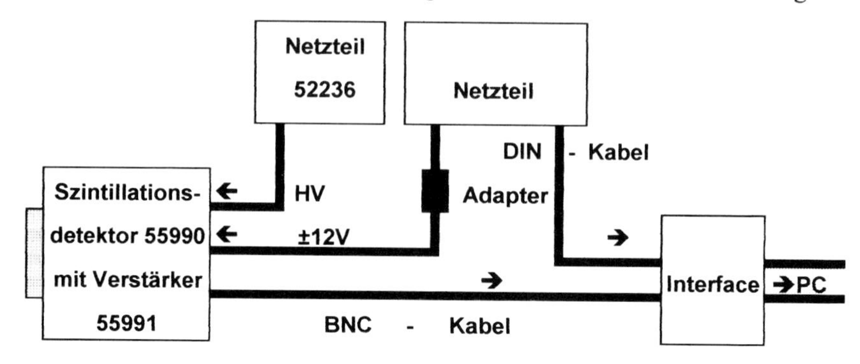

Bild 25 : Anschluß des LEYBOLD-Szintillationsdetektors

Da die Konzepte industrieller Detektoren bisweilen geändert werden, kann für die genannten Anschlußbelegungen und Steckertypen nicht garantiert werden. Im Einzelfall sollte man sich durch Nachmessen von der tatsächlichen Anschlußbelegung überzeugen und ggf. entsprechende Adapter anfertigen. Mit den vorstehend aufgeführten Konfigurationen wurde das Interface erprobt. Der sinngemäße Anschluß anderer Detektoren ist sicherlich möglich.

Pin	Bedeutung	Lage (Buchse von außen)
1	keine	unten links
2	+12V	oben links
3	GND	oben Mitte
4	-12V	oben rechts
5	keine	unten rechts
6	keine	Mitte

Tabelle 5 : Anschlußbelegung der LEYBOLD-Spannungsversorgung

4 Programmierung in PASCAL

Nachfolgend wird schrittweise ein einfaches Programm zur Bedienung des in Abschnitt 3.4 beschriebenen Interfaces entwickelt. Die beschriebenen Funktionen bzw. Prozeduren können am Schluß zu einem Gesamtprogramm zusammengesetzt werden; oder sie können als Anregungen zur Erstellung eines eigenen Programms dienen, das mit einer komfortableren Bedienung und mehr Funktionen ausgestattet werden soll, als es hier bei der Beschränktheit des Raumes vorgestellt werden kann.

4.1 Abfrage des Interfaces

4.1.1 Anforderungen

Für die Interface-Abfrage ergeben sich aus den in Abschnitt 3 ausgeführten Merkmalen für die rechnerseitige Behandlung die folgenden Erfordernisse:

Das Vorliegen eines Meßwertes wird daran erkannt, daß READ (EVENT) auf HIGH (logisch 1) geht. Es wird nun -CS auf LOW (logisch 0) gelegt, um eine Wandlung zu starten. Der Wandlungszeitraum von 8,5µs muß abgewartet werden. Zur Abfrage werden dann 13 Takte auf der CLC-Leitung an das Interface gesendet und die auf der DATA-Leitung ankommenden Signale ausgewertet. Indem -CS am Schluß der Datenübertragung wieder auf HIGH gelegt wird, wird der Spitzenwertmesser gelöscht. Die Löschung des Spitzenwertmessers dauert, bedingt durch seine Zeitkonstante, ca. 20 µs. Mindestens diese Zeit muß nach der Abfrage also gewartet werden, ehe ein neues Ereignis akzeptiert werden kann. Bei schnellen Rechnern (über 20 MHz) ist eine weitere Verzögerung (200 ns) nötig, bis nach der Taktflanke das Datenbit anliegt. Abhängig vom Rechnertakt sind daher hier Warteschleifen einzusetzen.

4.1.2 Realisierung

Für die Realisierung der obigen Erfordernisse gibt es nur wenig programmtechnischen Spielraum. Die nachfolgende PASCAL-Funktion, die die Werte aus dem Interface liest und als Funktionswert zurückliefert, dürfte also in dieser Form Kern jedes Programms zur Vielkanalanalyse sein (alternativ kann allerdings zur Erkennung der fertigen Wandlung die DATA-Leitung ausgewertet werden).

Die beiden Schleifen, die auf ein Ereignis warten, können zu Endlosschleifen werden, wenn der Detektor keine Ereignisse registriert, oder wenn die Datenübertragung aus irgendeinem Grunde gestört ist. Das Programm "hängt" dann. Bei genügend schnellem Rechner wäre zu erwägen, die Abbruchbedingungen dieser Schleifen durch "OR keypressed" zu ergänzen, so daß auch durch Tastendruck abgebrochen werden kann. Auf einem langsamen Rechner kostet diese zusätzliche Abfrage jedoch spürbar Rechenzeit und verringert das zeitliche Auflösungsvermögen.

```
FUNCTION peak_wert:INTEGER;        {Wert vom Interface lesen}
VAR i,j,wert:INTEGER;                 {Zähler,Zwischenwert}
    bits    :ARRAY[1..8]OF BYTE;                   {Puffer}
BEGIN
 REPEAT UNTIL (PORT[msr] AND 32= 0);  {Warten auf Ereignis}
 REPEAT UNTIL (PORT[msr] AND 32=32);
 PORT[mcr]:=3;                             {Chipselect low}
 FOR j:=0 TO delta_t DO;           {Warten auf AD-Wandlung}
  wert:=0;
  PORT[mcr]:=2;                                {Clock high}
  FOR j:=0 TO dt DO;              {Warten auf Taktreaktion}
  PORT[mcr]:=3;                                 {Clock low}
  FOR i:=1 TO 8 DO BEGIN      {Meßabfrage, 8 Bit Auflösung}
    PORT[mcr]:=2;                              {Clock high}
    FOR j:=0 TO dt DO;            {Warten auf Taktreaktion}
    bits[i]:=PORT[msr];         {Register in Puffer lesen}
    PORT[mcr]:=3;                               {Clock low}
  END;
  FOR i:=1 TO 4 DO BEGIN {4 niederwertigste Bits verwerfen}
    PORT[mcr]:=2;                              {Clock high}
    FOR j:=0 TO dt DO;            {Warten auf Taktreaktion}
    PORT[mcr]:=3;                               {Clock low}
  END;
  PORT[mcr]:=0;                {Chipselect und Clock high}
  FOR i:=0 TO delta_t*3 DO;  {Kondensatorlöschung abwarten}
  FOR i:=1 TO 8 DO wert:=wert*2+(bits[i] XOR 255) AND 16;
  peak_wert:=wert DIV 16;                {Puffer auswerten}
END;
```

Im Hauptprogramm müssen die Konstanten DELTA_T und DT für die Warteschleifen sowie die Adressen MSR und MCR der Kontrollregister deklariert sein. Für einen 16MHz-Rechner und Anschluß des Interface an den seriellen Port COM 2 ist

```
CONST delta_t=10; {Wandlerverzögerung, Wert für 16MHz-Takt}
      dt=0;          {Taktverzögerung, Wert für 16MHz-Takt}
      com=$2F8; {Schnittstellenadresse COM2, $3F8 für COM1}
```

zu setzen; die Kontrollregister sind dann als

```
mcr:=com+4;              {Ausgaberegister = Controlregister}
msr:=com+6;               {Eingaberegister = Statusregister}
```

zu berechnen. In einem komfortableren Programm sollten DELTA_T und DT automatisch beim Programmstart durch eine Messung des Rechnertaktes bestimmt werden.

4.2 Darstellung

4.2.1 Darstellungsprinzip

Die Meßwerte werden graphisch dargestellt, indem waagerecht die Kanalnummer (entsprechend dem registrierten Spannungsmaximum, Kanal 0 für 0V, Kanal 255 für 5V) und senkrecht die Zahl der in diesen Kanal fallenden Ereignisse aufgetragen werden. Das Spektrum wird im Speicher in einem 256 Komponenten großen Feld gehalten. Bei Eintreten eines Ereignisses wird der vom Interface gelesene Wert als Kanalnummer interpretiert und die Feldkomponente mit dieser Nummer um 1 inkrementiert (Bild 26).

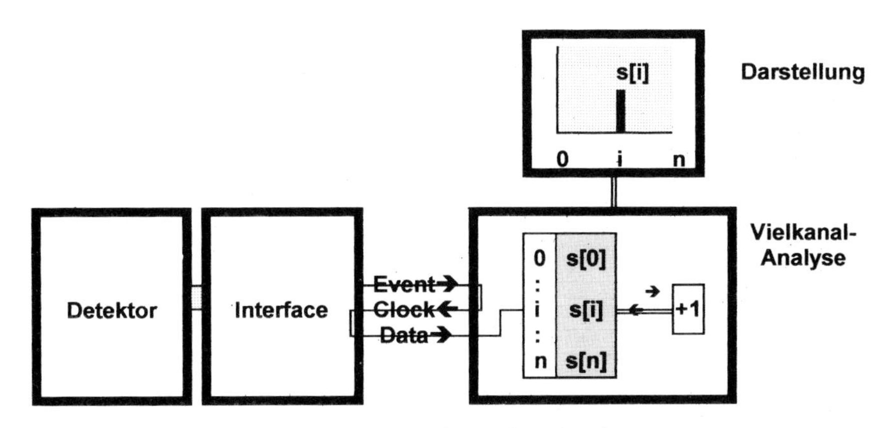

Bild 26 : Prinzip der Vielkanalanalyse

Im folgenden wird von einer Auflösung von 8 Bit (d.h. 256 Kanälen) ausgegangen. Bei Verwendung des 12-Bit-Wandlers MAX 187 lassen sich zwar 4096 Kanäle unterscheiden, dies bringt allerdings keine meßtechnischen Vorteile, da die Energieauflösung der Detektoren nicht groß genug ist, um diese Auflösung zu nutzen.

4.2.2 Realisierungsvorschlag

Die folgende Prozedur führt eine Messung durch und stellt das gemessene Spektrum graphisch dar. Die Prozedur kann je Kanal maximal 190 Ereignisse registrieren.

Diese Einschränkung ergibt sich aus der Höhe des Bildschirms, da die Möglichkeit einer Neuskalierung bei Erreichen des Bildrandes nicht vorgesehen ist, um das Programm hinreichend einfach zu halten. Für das Feld reicht daher der Variablentyp BYTE aus. Für eine automatische Neuskalierung müßte ein Skalierungsfaktor SKAL eingeführt werden, dessen Wert zunächst 1 ist. Dargestellt wird dann nicht die Koordinate 190-S[Y], sondern 190-(S[Y] DIV SKAL). Sobald in irgendeinem Kanal der Wert von S[Y] DIV SKAL die 190 überschreitet, wäre dann SKAL (z.B. um den Faktor 10) zu vergrößern, das Bild zu löschen und das Spektrum neu zu zeichnen. Der Datentyp muß dann natürlich von BYTE auf INTEGER geändert werden.

```
PROCEDURE messung;                            {Messung durchführen}
BEGIN
  name:='<Neu>';                         {Dateiname noch undefiniert}
  HIRES; FOR y:=0 TO 255 DO s[y]:=0; {Schirm&Daten löschen}
  rahmen;                       {Rahmen zeichnen und beschriften}
  REPEAT
    y:=peak_wert;                                     {Wert holen}
    if s[y]<190 then s[y]:=s[y]+1;              {Wert speichern}
    DRAW(2*y+127,190-s[y],2*y+127,190-s[y],1);      {Zeichnen}
    DRAW(2*y+128,190-s[y],2*y+128,190-s[y],1);
  UNTIL keypressed;                         {Ende durch Tastendruck}
END;
```

Die hier aufgerufene Prozedur RAHMEN zeichnet einen Rahmen mit Koordinatensystem.

```
PROCEDURE rahmen;        {Umrahmung und Dateinamen darstellen}
BEGIN
  IF NOT vergl THEN BEGIN
    FOR i:=0 TO 3 DO BEGIN            {Linien für 0,50,100,150}
      FOR y:=0 TO 255 DO
      DRAW(127+2*y,190-50*i,127+2*y,190-50*i,1);
      GOTOXY(14,24-6*i); WRITE(50*i:3);{Linien beschriften}
    END;
  END;
  DRAW(127,190,639,190,1); DRAW(127,0,639,0,1);          {Rand}
  DRAW(127,190,127,0,1); DRAW(639,0,639,190,1);
  GOTOXY(18,25); write(round(lr),'          ');     {Abszissen}
  GOTOXY(75,25); write(round(rr):5);
  GOTOXY(1,14); WRITELN('DATEI:'); WRITE('------');
  GOTOXY(1,17); IF NOT vergl THEN WRITE(name);   {Dateiname}
END;
```

Die Koordinaten LR und RR des linken und rechten Randes können für den Fall einer Kalibrierung geändert werden. Der Name der Messung wird neben dem Spektrum angezeigt. VERGL ist eine logische (boolesche) Variable, die zwischen zwei Darstellungsmodi unterscheidet: Einzelspektrum und Vergleich mehrerer

Spektren. Im Vergleichsmodus erfolgt keine Einteilung der Ordinatenachse. Außerdem wird eine Zählvariable I benutzt. Die Deklaration enthält dazu die Komponenten:

```
VAR   s       :ARRAY[0..255] OF BYTE;         {Energiespektrum}
      y       :INTEGER;                           {Kanalnummer}
      lr,rr   :REAL; {Linker&rechter Rand d. Abszissenachse}
      name    :STRING[8];                   {Name der Messung}
      vergl   :BOOLEAN;                {Vergleichsmodus an/aus}
      i       :INTEGER;       {Zähler für verschiedene Zwecke}
```

In diesem Programm werden die Graphikroutinen von TURBO-PASCAL 3 benutzt, weil sie in der Handhabung besonders einfach sind. Im Programmkopf muß dazu bei Version 4 ff das entsprechende Unit angemeldet sein:

```
PROGRAM vka_base;                 {Vielkanalanalyse, TURBO 4 ff}
USES crt,graph3,turbo3;                 {fällt weg bei Version 3}
```

Anmerkung: Die mir bekannten TURBO-PASCAL-Versionen oberhalb von Version 3 enthalten im Unit GRAPH3 einen Fehler, der bei häufiger Verwendung des PLOT-Befehls zu einem Stack-Überlauf führt. Der PLOT-Befehl wird daher in den obigen Prozeduren nicht verwendet, sondern durch einen DRAW-Befehl ersetzt, bei dem Anfangs- und Endpunkt identisch sind.

Aus dem Hauptprogramm, das mitsamt dem kompletten Deklarationsteil in Abschnitt 4.6 abgedruckt wird, und den vorstehenden Prozeduren bzw. Funktionen PEAK_WERT (Abschnitt 4.1), MESSUNG und RAHMEN kann bereits ein erstes lauffähiges Testprogramm gebildet werden, wenn man die übrigen Prozeduren vorläufig durch "Dummies" ersetzt, die nur aus dem Namen und BEGIN END; bestehen.

4.3 Kalibrierung

4.3.1 Vorgehensweise

Zur absoluten Energiemessung ist es erforderlich, die Kanäle 0 bis 255 anhand eines Kalibrierpräparates tatsächlichen Energiewerten zuzuordnen. Da man sich nicht darauf verlassen kann, daß zu Kanal 0 auch die Energie 0 gehört (z.B. kann an der Betriebsschaltung des Halbleiterdetektors eine Ansprechschwelle eingestellt werden!), ist eine Zweipunktkalibrierung vorzuziehen. Zu zwei markanten Spektrallinien eines Kalibrierpräparates werden daher die absoluten Energien E_1 und E_2 eingegeben, die den betreffenden Kanalnummer K_1 und K_2 zuzuordnen sind. Für alle übrigen Kanäle K kann dann die zugehörige Energie $E(K)$ durch lineare Interpolation nach der Zweipunkteform berechnet werden:

$$E(K) = E_1 + (K - K_1) \cdot \frac{E_2 - E_1}{K_2 - K_1} \quad .$$

Insbesondere ergeben sich die Energien für Anfang und Ende der Abszissenachse, indem man für den Kanal $K = 0$ bzw. $K = 255$ einsetzt.

4.3.2 Realisierungsvorschlag

Die folgende Prozedur ermöglicht eine Zweipunktkalibrierung; es sind zwei Kanalnummern und die zugehörigen absoluten Energien einzugeben. Die genauen Kanalnummern der zur Kalibrierung verwendeten Spektrallinien lassen sich mit der Prozedur ABTASTEN (siehe Abschnitt 4.5) ermitteln. Durch eine einleitende Messung am Kalibrierpräparat kann somit jede Versuchsreihe mit einer absoluten Energieskala durchgeführt werden. Die Variable

```
VAR   calib  :BOOLEAN;                     {Kalibrierung an/aus}
```

markiert im Programm, ob die Messung kalibriert ist oder nicht.

```
PROCEDURE kalibrieren;                   {Energieskala festlegen}
VAR k1,k2,e1,e2:REAL; {Kanalnummern & zugeordnete Energien}
    okay        :BOOLEAN;         {Plausibilitätskontrollflag}
BEGIN
  IF calib THEN BEGIN                         {Kalibrierung aus}
    lr:=0; rr:=255;                       {Abszisse=Kanalnummer}
    calib:=FALSE; rahmen;                 {Rahmen aktualisieren}
  END ELSE BEGIN                              {Kalibrierung ein}
    calib:=TRUE;
    REPEAT
      okay:=TRUE;
      GOTOXY(1,21); WRITE('Kanal='); input(k1);    {Energien}
      GOTOXY(1,22); WRITE('->keV='); input(e1);
      GOTOXY(1,23); WRITE('Kanal='); input(k2);
      GOTOXY(1,24); WRITE('->keV='); input(e2);
      IF k1=k2 THEN okay:=FALSE;   {Plausibilitätskontrolle}
      IF (k1<0) OR (k1>255) THEN okay:=FALSE;
      IF (k2<0) OR (k2>255) THEN okay:=FALSE;
      IF (e1<0) OR (e1>30000) THEN okay:=FALSE;
      IF (e2<0) OR (e2>30000) THEN okay:=FALSE;
      IF NOT okay THEN WRITE(CHR(7));             {Fehlersignal}
    UNTIL okay;                         {bis sinnvolle Eingabe}
    lr:=e1-k1*(e2-e1)/(k2-k1);            {Energie linker Rand}
    rr:=e1+(255-k1)*(e2-e1)/(k2-k1); {Energie rechter Rand}
    rahmen;                               {Rahmen aktualisieren}
  END;
  GOTOXY(1,21);
  FOR i:=1 TO 4 DO WRITELN('                 ');         {Löschen}
END;
```

Aus den beiden Kalibrierpunkten werden die Energien LR und RR zum linken und rechten Rand der Abszissenachse berechnet. Um Fehler bei der Eingabe numerischer Werte abzufangen, wird eine Prozedur INPUT verwendet:

```
PROCEDURE input(VAR z:REAL); {Eingabe mit Fehlerbehandlung}
VAR zz:STRING; code,x,y:INTEGER;         {Eingabe,Fehlercode}
BEGIN                                    {und Cursorposition}
  x:=wherex; y:=wherey;              {Cursorposition fixieren}
  REPEAT
    GOTOXY(x,y); WRITE('         ');             {Feld löschen}
    GOTOXY(x,y); READLN(zz);                 {Zeicheneingabe}
    VAL(zz,z,code); IF code>0 THEN WRITE(CHR(7)); {wandeln}
  UNTIL code=0;                              {bis fehlerfrei}
END;
```

Sie wiederholt das Einlesen so lange, bis eine gültige Zeichenfolge eingetippt wurde.

4.4 Meßdatenverwaltung

4.4.1 Anforderungen

Um sinnvoll mit den aufgenommenen Energiespektren arbeiten zu können, muß die Möglichkeit des dauerhaften Abspeicherns und Wiedereinlesens gegeben sein. Die hier vorgestellte Minimallösung kennt nur Intensitätswerte bis 190, mit dem Datentyp BYTE. Bei der Datenspeicherung können die Werte als ein ASCII- Zeichen je Kanal behandelt werden; die Dateilänge für eine Messung beträgt dann 256 Byte, und als Dateityp kann die einfache Struktur TEXT benutzt werden. In einem leistungsfähigeren Programm würde man ein RECORD für eine Messung deklarieren und hätte dann die Möglichkeit, neben dem reinen Spektrum auch noch einen Kommentar, die zugehörige Kalibrierung, die Skalierung der Ordinatenachse sowie weitere Parameter mit abzuspeichern. Eine Datei wird anhand des Dateinamens identifiziert, der maximal 8 Zeichen lang sein darf. Er sollte auf dem Bildschirm immer zusammen mit der Graphik des Spektrums angezeigt werden.

4.4.2 Realisierungsvorschlag

Die nachfolgenden Prozeduren SCHREIBEN und LESEN beziehen sich auf die Minimalversion.

Die Leseprozedur enthält einen Algorithmus zum Abfangen des Fehlers "Datei nicht gefunden". Als Dateiname ist jeweils nur der Dateivorname (Präfix) anzugeben, er wird automatisch mit dem Nachnamen (Suffix) ".VKA" ergänzt.

```
PROCEDURE schreiben;                        {Datei auf Disk schreiben}
VAR t:text; d:STRING[8];                         {Textfile, Dateiname}
BEGIN
  GOTOXY(1,23);WRITELN('Dateiname ?');READLN(d);          {Name}
  GOTOXY(1,23);WRITELN('           ');WRITE('              ');
  IF d>'' THEN BEGIN                     {Nur wenn sinnvoller Name:}
    ASSIGN(t,d+'.vka'); REWRITE(t);          {Öffnen/Schreiben}
    FOR y:=0 TO 255 DO WRITE(t,CHR(s[y]));{Daten schreiben}
    CLOSE(t); HIRES;        {Datei schließen, Graphik löschen}
  END ELSE WRITE(CHR(7));         {Fehlersignal: Dateiname leer}
END;

PROCEDURE lesen;                                {Datei von Disk lesen}
VAR t:TEXT; a:CHAR; d:STRING[8];        {Textfile,Zeichen,Name}
BEGIN
  GOTOXY(1,23);WRITELN('Dateiname ?');READLN(d);          {Name}
  GOTOXY(1,23);WRITELN('           ');WRITE('              ');
  {$I-} ASSIGN(t,d+'.vka'); RESET(t); {$I+}  {Öffnen/Lesen}
  IF ioresult=0 THEN BEGIN            {Nur wenn Datei gefunden:}
    HIRES; name:=d;  {Graphik löschen, Dateiname definiert}
    rahmen;                    {Rahmen zeichnen und beschriften}
    FOR y:=0 TO 255 DO BEGIN
      READ(t,a); s[y]:=ORD(a);                     {Daten lesen}
      DRAW(2*y+127,190,2*y+127,190-s[y],1);     {Darstellen}
      DRAW(2*y+128,190,2*y+128,190-s[y],1);
    END;
    CLOSE(t);                                  {Datei schließen}
  END ELSE WRITE(CHR(7));        {Fehlersignal: nicht gefunden}
END;
```

4.5 Auswertung von Meßdaten

4.5.1 Auswertungsarten

Um neben der reinen Betrachtung des gemessenen Spektrums ein Minimum an Auswertungsmöglichkeiten zu besitzen, benötigt man zumindest eine Funktion zur kanalweisen Abtastung eines Spektrums, um etwa die genaue Lage eine Spektrallinie zu ermitteln. Dazu wird ein Cursor durch das Spektrum bewegt, während fortlaufend die Energie (bzw. Kanalnummer) und die Zahl der in diesem Kanal registrierten Ereignisse ausgeworfen wird. Ferner werden Möglichkeiten benötigt, zwei oder mehrere gemessene Spektren zum Vergleich übereinanderzulegen. Dabei hat man die Wahl, ob man sie wie zwei Folien mit deckungsgleichen Achsen aufeinanderlegt, oder ob man sie abgesetzt untereinander darstellt. Zu jedem der so verglichenen Spektren muß zur Identifizierung der Dateiname sichtbar sein.

4.5.2 Abtasten eines Spektrums

Die nachfolgende Prozedur ABTASTEN blendet einen Cursor in Form einer senkrechten Linie in das dargestellte Spektrum ein, der mit den Cursortasten bewegt werden kann. Kanal bzw. Energie und Intensitätswert zur jeweiligen Cursorposition werden angezeigt.

```
PROCEDURE abtasten;     {Werte der einzelnen Kanäle auslesen}
VAR taste:CHAR; t:INTEGER; {Gedrückte Taste und Tastencode}
BEGIN
  y:=128;                               {Mitte des Spektrums}
  REPEAT
    DRAW(2*y+128,189,2*y+128,190-s[y],0);  {Marke zeichnen}
    DRAW(2*y+128,189-s[y],2*y+128,1,1);
    GOTOXY(1,24); WRITELN('x=',round(lr+y*(rr-lr)/255):6);
    WRITE('y=',s[y]:6);                        {x- und y-Wert}
    READ(kbd,taste);
    IF keypressed THEN READ(kbd,taste);  {Taste gedrückt ?}
    DRAW(2*y+128,189,2*y+128,190-s[y],1);   {Marke löschen}
    IF s[y]<189 THEN DRAW(2*y+128,189-s[y],2*y+128,1,0);
    t:=ORD(taste);                               {Tastencode}
    CASE t OF 75: IF y> 0 THEN y:=y-1;        {Cursor links}
              77: IF y<255 THEN y:=y+1;      {Cursor rechts}
              79: y:=255;                  {Cursor zum Anfang}
              71: y:=0;                      {Cursor zum Ende}
    END;
  UNTIL ORD(taste) in [13,27,32]; {Abbruch:Enter,Esc,Space}
  GOTOXY(1,24);
  WRITELN('           '); WRITE('           '); {Werte löschen}
END;
```

Für x wird die Kanalnummer oder - bei kalibrierter Messung - die Energie angezeigt; y ist die Zahl der im jeweiligen Kanal registrierten Ereignisse. Der Abtastmodus kann mit der Eingabetaste, der Leertaste oder der Escapetaste verlassen werden.

Die Cursor- und Funktionstasten liefern einen zweiteiligen Tastencode, der erste Teil ist - je nach PASCAL-Version - 0 oder 27, der zweite Teil identifiziert die tatsächlich gedrückte Taste. Daher wird in obiger Prozedur mit

```
READ(kbd,taste); IF keypressed THEN READ(kbd,taste);
```

auf einen zweiteiligen Tastencode gewartet, von dem nur der zweite Teil weiter ausgewertet wird. In die Fallunterscheidung CASE t OF können weitere Tastencodes einbezogen werden, z.B. um den Cursor in Zehnerschritten zu bewegen.

4.5.3 Überlagerung, Addition bzw. Subtraktion zweier Spektren

Um zwei Spektren gegenüberzustellen, können sie übereinandergelegt werden. Dazu wird in der folgenden Prozedur das momentane Spektrum durch Schraffur (nur jede zweite Linie wird gezeichnet) optisch in den Hintergrund gerückt, und ein zweites, von Diskette gelesenes Spektrum darübergezeichnet.

```
PROCEDURE ueberlagern;                {Datei von Disk überlagern}
VAR t:TEXT; a:CHAR; d:STRING[8];      {Textfile,Zeichen,Name}
BEGIN
  GOTOXY(1,23);WRITELN('Dateiname ?');READLN(d);        {Name}
  GOTOXY(1,23);WRITELN('          ');WRITE('              ');
  {$I-} ASSIGN(t,d+'.vka'); RESET(t); {$I+}  {Öffnen/Lesen}
  IF ioresult=0 THEN BEGIN           {Nur wenn Datei gefunden:}
    HIRES;                                  {Graphik löschen}
    GOTOXY(1,16); write(name);  {Alter Name: Sekundärdatei}
    name:=d;                    {Neuer Dateiname: Primärdatei}
    rahmen;                  {Rahmen zeichnen und beschriften}
    FOR y:=0 TO 255 DO BEGIN
      DRAW(2*y+127,190,2*y+127,190-s[y],1);     {Alte Daten}
    END;
    FOR y:=0 TO 255 DO BEGIN
      READ(t,a); s[y]:=ORD(a);                  {Daten lesen}
      DRAW(2*y+127,190,2*y+127,190-s[y],1);     {Neue Daten}
      DRAW(2*y+128,190,2*y+128,190-s[y],1);
    END;
    CLOSE(t);                               {Datei schließen}
  END ELSE WRITE(CHR(7));     {Fehlersignal: nicht gefunden}
END;
```

An dieser Stelle sei darauf hingewiesen, daß sich fast die gleiche Routine benutzen läßt, um zwei Spektren voneinander zu subtrahieren oder zu addieren. Die Subtraktion kann erforderlich sein, wenn die zu messende Strahlung von einem erheblichen Nulleffekt überlagert wird. Man mißt dann zunächst den Nulleffekt allein und subtrahiert diesen anschließend von dem gemessenen Spektrum. Dazu ist oben lediglich die Zeile

```
READ(t,a); s[y]:=ORD(a);
```

durch

```
READ(t,a); IF s[y]>ORD(a) THEN s[y]:=s[y]-ORD(a) ELSE s[y]:=0;
```

zu ersetzen. Für die Addition ist die folgende Zeile

```
READ(t,a); s[y]:=s[y]+ORD(a); IF s[y]>190 THEN s[y]:=190;
```

einzusetzen. Dies kann nötig sein, wenn mehrere Messungen an einem schwachen, kurzlebigen Präparat zu einer Gesamtmessung summiert werden sollen. Sollen diese

Prozeduren fest ins Programm eingebaut werden, so ist natürlich eine entsprechende Namensgebung und ein zugehöriger Menuepunkt erforderlich. Das hier vorgestellte Programmbeispiel enthält diese Option nicht.

4.5.4 Gegenüberstellung mehrerer Spektren

Das Überlagerungsverfahren wird unübersichtlich, wenn mehr als zwei Spektren verglichen werden sollen. Für diesen Fall ist eine getrennte Darstellung der einzelnen Spektren untereinander vorzuziehen, wie die folgende Prozedur sie realisiert. Als Besonderheit werden die Daten bei dieser Darstellung nicht auf ihrer Abszissenachse, sondern symmetrisch zu ihr nach oben und unten aufgetragen. Dies soll an die Intensitätsverteilung optischer Spektren bei Aufnahme auf einer Photoplatte erinnern. Wenn diese Darstellungsweise nicht gewünscht wird, können die betreffenden Programmzeilen leicht geändert werden.

```
PROCEDURE vergleich;       {mehrere Dateien gegenüberstellen}
VAR t:TEXT; a:CHAR; d:STRING[8];      {Textfile,Zeichen,Name}
BEGIN
 vergl:=TRUE;                              {Vergleichsmodus an}
 HIRES; rahmen;            {Graphik löschen, Rahmen zeichnen}
 i:=0;                                            {Dateizähler}
 REPEAT
  GOTOXY(1,23);WRITELN('Dateiname ?');READLN(d);        {Name}
  GOTOXY(1,23);WRITELN('            ');WRITE('          ');
  i:=i+1;                                {Dateizähler erhöhen}
  {$I-} ASSIGN(t,d+'.vka'); RESET(t); {$I+}   {Datei öffnen}
  IF ioresult=0 THEN BEGIN          {Nur wenn Datei gefunden:}
   GOTOXY(1,15+i); WRITE(d);             {Dateinamen anzeigen}
   FOR y:=0 TO 255 DO BEGIN
    READ(t,a); s[y]:=ORD(a);         {Daten lesen & darstellen}
    DRAW(2*y+127,25*i+s[y]div 25,2*y+127,25*i-s[y]div 25,1);
   END;
   CLOSE(t);                                 {Datei schließen}
  END ELSE WRITE(CHR(7));      {Signal: Datei nicht gefunden}
 UNTIL i=7;                   {maximal 7 Dateien vergleichen}
 FOR y:=0 TO 255 DO s[y]:=0;                {Spektrum löschen}
 vergl:=FALSE;                            {Vergleichsmodus aus}
END;
```

Die Prozedur stellt maximal 7 Dateiinhalte untereinander dar. Wenn weniger Dateien dargestellt werden sollen, macht man für die übrigen Dateinamen nur noch eine leere Eingabe. Eine andere Möglichkeit bestünde darin, nach einer leeren Eingabe das Lesen sofort abzubrechen. Die logische Variable VERGL dient dazu, beim Aufruf der Prozedur RAHMEN (vgl. 4.2) das Zeichnen der Ordinatenskala zu unterdrücken, da diese hier sinnlos wäre.

Die Spektren werden äquidistant untereinandergezeichnet. In einer Programmversion, die weitere Parameter abspeichern kann, wäre es jedoch auch nützlich, die Position auf dem Bildschirm von einem dieser Parameter abhängig zu machen; die Ordinatenachse wäre dann gleichzeitig die Werteachse dieses Parameters.

4.5.5 Reduktion der Auflösung

Bei schwachen Präparaten dauert es naturgemäß sehr lange, bis sich bei der Aufnahme eines Spektrums eine erkennbare Struktur abzeichnet. In solchem Falle wäre zu erwägen, zugunsten einer kürzeren Meßdauer die Energieauflösung zu reduzieren, z.B. nur noch in 64 statt 256 Kanälen zu messen. Die sonst auf jeweils 4 Kanäle verteilten Ereignisse würden in diesem Beispiel in einem Kanal konzentriert, und man käme mit einem Viertel der Meßdauer aus.

Mit der folgenden geschachtelten Schleife könnte eine solche Auflösungsreduzierung nachträglich an einem gemessenen Spektrum durchgeführt werden:

```
FOR i:=0 to 63 DO BEGIN
  FOR j:=1 TO 3 DO s[4*i]:=s[4*i]+s[4*i+j];
  FOR j:=1 TO 3 DO s[4*i+j]:=s[4*i];
END;
```

Jeweils 4 benachbarte Kanäle enthalten danach den gleichen Wert, nämlich die Summe der ursprünglichen Ereigniszahlen dieser Kanäle. I und J sind als Zählvariablen vom Typ INTEGER zu deklarieren. Das hier vorgestellte Programmbeispiel enthält diese Option nicht.

4.5.6 Integration

Zur Bestimmung von Linienintensitäten müssen die Ereignisanzahlen über die Linienbreite integriert werden, d.h. praktisch werden die Inhalte der betreffenden Kanäle summiert. Wenn die Meßdauer T bekannt ist, kann dann die Intensität in Impulsen pro Sekunde berechnet werden:

$$I = \frac{1}{T} \cdot \sum_{K=K_1}^{K_2} s[K] \quad .$$

K_1 und K_2 sind dabei die Kanalnummern der unteren und oberen Grenze der Linie. Der folgende Programmabschnitt berechnete eine Linienintensität nach Eingabe von K_1, K_2 und T:

```
WRITE('Messdauer/s  '); input(t);
WRITE('Untergrenze  '); input(k1);
WRITE('Obergrenze   '); input(k2);
s:=0; FOR y:=ROUND(k1) TO ROUND(k2) DO s:=s+s[y];
WRITE('Intesitaet = ',s/t,' Imp/s');
```

Dazu müssen S, T, K1, K2 als REAL-Variable und Y als INTEGER-Variable deklariert sein. Die Prozedur INPUT (vgl. 4.3.2) wird verwendet. Komfortabler ist natürlich ein automatisches Erfassen der Meßzeit und eine Festlegung der Integrationsgrenzen durch Markieren mit einem Cursor. Das hier vorgestellte Programmbeispiel enthält diese Option nicht.

4.5.7 Zeitsteuerung

Für einige langwierige Meßreihen kann es wünschenswert sein, das Starten und Ablegen von Messungen automatisch steuern zu lassen. Dazu wird die Systemuhr des PC verwendet. In TURBO-PASCAL ab Version 4 kann diese mittels der folgenden Funktion ausgelesen werden:

```
FUNCTION zeit:LONGINT;       { Systemzeit in 1/100-Sekunden }
VAR h,m,s,f:LONGINT; hh,mm,ss,ff:WORD;
BEGIN
  GETTIME(hh,mm,ss,ff);  h:=hh; m:=mm; s:=ss; f:=ff;
  zeit:=360000*h+6000*m+100*s+f;
END;
```

Resultat ist die aktuelle Systemzeit in Hundertstelsekunden. Die Zwischenspeicherung der Werte auf den Variablen H, M, S, F ist nötig, um eine Typkollision zu vermeiden, da ja ZEIT vom Typ LONGINT ist. Man kann dann Anfang und Ende einer Messung vom Überschreiten eines bestimmten Zeitpunktes abhängig machen, etwa in der Art:

```
startzeit := zeit;                        {Startzeit ermitteln}
REPEAT
  { ... Meßroutine, vgl. 4.2.2 ... }
UNTIL zeit > startzeit + messdauer;
```

Die gewünschte Meßdauer wird zuvor in die Variable MESSDAUER eingetragen, die Startzeit ergibt sich durch Aufruf der Funktion ZEIT unmittelbar bei Beginn der Messung.

Man kann dann durch automatische Dateinamenerzeugung (z.B. MESS1, MESS2, MESS3, ...) die Messungen auch selbständig auf Disk ablegen lassen:

```
name := 'mess'+CHR(messung_nr+48)+'.vka';
```

Dabei ist übrigens zu beachten, daß die Systemuhr um Mitternacht wieder bei 0 zu zählen beginnt. Dies kann abgefragt werden, indem man ZEIT mit STARTZEIT vergleicht. Sobald ZEIT < STARTZEIT ist, ist die Systemuhr wieder auf 0 gesprungen, und folglich muß STARTZEIT um 8640000 (24 h in Hundertstelsekunden) verringert werden.

4.6 Hauptprogramm

Die vorstehend besprochenen Bausteine können nach und nach in das nachfolgend wiedergegebene Programmgerüst eingefügt werden. Dadurch ist ein schrittweises Austesten der schon vorhandenen Bausteine möglich, auch können auf Wunsch einzelne Bausteine anders gestaltet werden, oder die hier aus Platzgründen nur angedeuteten Optionen können mit in das Programm eingebaut werden.

Nach Ausfüllen der Platzhalter für die Funktion PEAK_WERT und die Prozeduren RAHMEN und MESSUNG ist das Programm bereits in der Lage, ein Energiespektrum aufzunehmen. In dieser Ausbaustufe können also schon Probeläufe mit dem Interface durchgeführt werden.

```
PROGRAM vka_base;               {Vielkanalanalyse, TURBO 4 ff}

USES crt,graph3,turbo3;             {fällt weg bei Version 3}

CONST delta_t=10; {Wandlerverzögerung, Wert für 16MHz-Takt}
      dt=0;             {Taktverzögerung, Wert für 16MHz-Takt}
      com=$2F8; {Schnittstellenadresse COM2, $3F8 für COM1}

VAR   s       :ARRAY[0..255] OF BYTE;       {Energiespektrum}
      y       :INTEGER;                         {Kanalnummer}
      mcr,msr:INTEGER;          {Ausgabe- und Eingaberegister}
      wahl    :CHAR;                              {Menuewahl}
      name    :STRING[8];                {Name der Messung}
      calib   :BOOLEAN;                {Kalibrierung an/aus}
      vergl   :BOOLEAN;             {Vergleichsmodus an/aus}
      lr,rr   :REAL; {Linker&rechter Rand d. Abszissenachse}
      i       :INTEGER;       {Zähler für verschiedene Zwecke}

PROCEDURE rahmen; BEGIN END;

PROCEDURE input(VAR z:REAL); BEGIN END;

FUNCTION peak_wert:INTEGER; BEGIN END;

PROCEDURE messung; BEGIN END;

PROCEDURE schreiben; BEGIN END;
```

```
PROCEDURE lesen; BEGIN END;

PROCEDURE ueberlagern; BEGIN END;

PROCEDURE vergleich; BEGIN END;

PROCEDURE kalibrieren; BEGIN END;

PROCEDURE abtasten; BEGIN END;

BEGIN                                    { H A U P T P R O G R A M M }
  mcr:=com+4; msr:=com+6;                {Aus- und Eingaberegister}
  HIRES;                                 {Graphikschirm}
  calib:=FALSE;                 {Voreinstellung: nicht kalibriert}
  vergl:=FALSE;              {Voreinstellung: Vergleichsmodus aus}
  lr:=0; rr:=255;                        {Abszisse=Kanalnummer}
  name:='           ';                   {Kein Dateiname}
  FOR y:=0 TO 255 DO s[y]:=0;            {Spektrum initialisieren}
  rahmen;                       {Rahmen zeichnen und beschriften}
  REPEAT
    GOTOXY(1,1);                                         {Menue}
    WRITELN('+------------+');
    WRITELN('|  VKA-BASE  |');
    WRITELN('+------------+');
    WRITELN('(M)essen      ');
    WRITELN('(S)chreiben   ');
    WRITELN('(L)esen       ');
    WRITELN('(U)eberlagern');
    WRITELN('(V)ergleich   ');
    WRITELN('(K)alibrieren');
    WRITELN('(A)btasten    ');
    WRITELN('(E)nde        ');
    READ(kbd,wahl);                                      {Auswahl}
    CASE wahl OF 'm': messung;                           {Verzweigen}
                 's': schreiben;
                 'l': lesen;
                 'u': ueberlagern;
                 'v': vergleich;
                 'k': kalibrieren;
                 'a': abtasten;
    END;
  UNTIL wahl='e';
  TEXTMODE(lastmode);{Textschirm; Version 3 nur: TEXTMODE;}
END.                                                   { E N D E }
```

Wie schon eingangs erwähnt, ist das hier vorgestellte Programm eine Minimallösung, mit der sich zwar fast alle nachfolgend beschriebenen Versuche ausführen lassen, die aber im Hinblick auf den Bedienungskomfort erheblichen Raum für Verbesserungen läßt. Ein erweitertes Programm sollte folgende Eigenschaften aufweisen:

- erweiterter Meßbereich mit Neuskalierung der Ordinatenachse beim Erreichen des oberen Bildrandes in einem Kanal;
- Abspeicherung von Zusatzinformationen mit dem Spektrum (Kommentar, Skalierung, Kalibrierung, Meßdauer);
- gleichzeitige Speicherhaltung mehrerer Messungen, um diese ohne Diskettenzugriff manipulieren zu können;
- Subtraktion zweier Spektren, um beispielsweise einen Nulleffekt von einer Messung subtrahieren zu können;
- Einstellmöglichkeit von Abbruchkriterien (Ende durch Tastendruck, Ende bei Erreichen einer Ereigniszahl, Ende nach bestimmter Zeit);
- automatische Erfassung der Meßdauer;
- Integration von Teilen des Spektrums zur Bestimmung von Linienintensitäten;
- Reduktion der Auflösung zur schnelleren Gewinnung auswertbarer Spektren bei geringer Strahlungsintensität;
- zeitgesteuerte Aufnahme mehrerer Spektren, um eine Meßreihe automatisch durchführen zu können (z.B. alle 2 Stunden eine Messung von 30 Minuten Dauer);
- Laden mittels Dateiauswahlbox, um sich nicht die verwendeten Dateinamen jeweils merken zu müssen.

Die Bedienungshinweise in den nachfolgenden Versuchsbeschreibungen beziehen sich auf das vorstehend abgedruckte Programm. Die Meßbeispiele wurden jedoch weitgehend mit einem verbesserten Programm gewonnen, welches die obigen erweiterten Eigenschaften besitzt.

Dieses Programm (vka.zip) kann unter **`members.aol.com/cejaekel/programs`** aus dem Internet downgeloaded werden.

5 Versuche mit Alphastrahlung

In diesem und dem folgenden Kapitel werden Versuche mit der vorstehend beschriebenen Hardware vorgeschlagen. Die Versuche sind erprobt und größtenteils durch Meßbeispiele belegt, die ggf. anstelle des Realversuchs im Unterricht verwendet werden können (z.B. bei Zeitmangel, fehlenden Materialien oder für Klausuraufgaben). Der generelle Aufbau der Versuchsbeschreibungen folgt einem gemeinsamen Schema:

- erforderliche Geräte;
- Zweck des Versuches;
- Versuchsaufbau;
- Versuchsdurchführung;
- Theorie;
- Hinweise und Anmerkungen.

Hiervon wird abgewichen, wenn z.B. die Theorie schon bei einem anderen Versuch dargestellt worden ist, oder wenn weitergehende Erläuterungen für erforderlich gehalten wurden.

5.1 Energiekalibrierung für Alphastrahlung

GERÄTE: Alphadetektor mit Lochblende, Interface, Spinthariskop mit abnehmbarer Optik, Präparat Ra 226, Halter für Spinthariskop, Experimentierkammer oder Optische Bank mit Reitern.

ZWECK DES VERSUCHES

Für die meisten Versuche ist eine absolute Energiekalibrierung unerläßlich. Das VKA-Programm beziffert die Abszissenachse zunächst mit Kanälen. Zwischen Kanalnummer und Teilchenenergie besteht zwar ein linearer Zusammenhang (wegen der am Detektor einstellbaren Ansprechschwelle jedoch *keine* Proportionalität!), jedoch können ohne Absolutwerte der Energie keine Spektrallinien identifiziert oder Energieverluste gemessen werden.

Dieser Versuch dient zur Festlegung einer absoluten Energieskala, die für spätere Versuche weiterverwendet und auch nach Verstellen des Verstärkungsfaktors (z.B. für andere Energiebereiche oder Messungen mit Gammastrahlung) wieder reproduziert werden kann. Eine genauere, aber erheblich zeitaufwendigere Methode zur Energiekalibrierung mit Hilfe der Radon-Folgeprodukte wird im Zusammenhang mit Versuch 5.3.2 vorgeschlagen.

VERSUCHSAUFBAU

Der elektrische Anschluß erfolgt gemäß Bild 22/23. Bei Montage auf einer optischen Bank muß der Raum verdunkelt werden, daher empfiehlt sich die Verwendung der Experimentierkammer.

Als Kalibrierpräparat dient das Spinthariskop. Es hat gegenüber anderen Schulpräparaten den Vorteil, ein offenes Präparat zu sein; d.h. das Radium ist in die Leuchtschicht eingearbeitet, ohne noch durch eine Metallfolie geschützt zu sein, da sonst die Lichtblitze nicht zu beobachten wären. Am Spinthariskop können daher die ursprünglichen Energien der Teilchen beobachtet werden, ohne daß eine Absorption erfolgt.

Das eigentliche Präparat des Spinthariskops wird von der Lupe abgeschraubt und in einen geeigneten Halter eingesetzt. Dann wird es dem Detektor (Lochblende abgeschraubt) bis zum Anschlag genähert (Bild 27). Es verbleibt dann eine absorbierende Schicht von ca. 2 mm Luft, die vernachlässigt oder in einer nachträglichen Korrektur (siehe unten) berücksichtigt wird. Im letzteren Falle muß der genaue Abstand zwischen Detektor und Präparat ausgemessen werden.

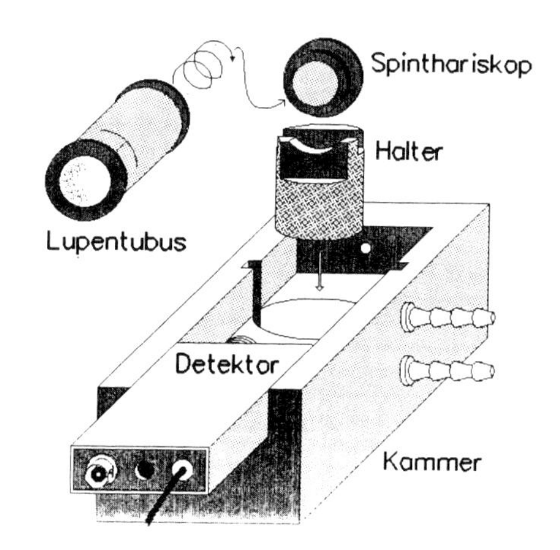

Bild 27 : Kalibrierung mit Experimentierkammer und Spinthariskop

VERSUCHSDURCHFÜHRUNG

Wegen der Arbeit mit einem offenen Präparat und wegen der langen Versuchsdauer sollte die Kalibrierung nicht von Schülern durchgeführt werden und kann ggf. außerhalb des Unterrichts erfolgen.

Neukalibrierung: Es wird eine Aufnahme durchgeführt. Wegen der geringen Aktivität des Präparates zeichnen sich erst nach 1 bis 2 Minuten die typischen 4 Radium-Spektrallinien ab. Die Verstärkung wird am Peakdetektor-Interface so eingestellt, daß die energiereichste Linie etwa am rechten Rand (für nachfolgende Messungen an Radium-Präparaten) bzw. etwa bei 2/3 der x-Achse (für nachfolgende Messungen an energiereicheren Präparaten, z.B. Radon) liegt. Ein Meßbereich über 10 MeV hinaus ist nicht sinnvoll (vgl. 5.2.6).

Zweckmäßigerweise führt man für beide Anwendungsfälle je eine Kalibriermessung durch und speichert sie ab.

Hat man eine geeignete Verstärkung gefunden, so wird eine längere Messung durchgeführt. Die Spektrallinien sind nach rechts scharf begrenzt, nach links fallen sie allmählich ab wegen der Eigenabsorption des Materials, das Strahlung aus tieferliegenden Schichten nur geschwächt austreten läßt. Die beiden energiereichsten Linien sind einfache Linien und eignen sich daher am besten für eine Zweipunktkalibrierung. Ihre Energien sind 6000 keV und 7690 keV.

Zur Kalibrierung werden im unkalibrierten Spektrum im Abtastmodus die beiden Kanalnummern der Fixpunkte festgestellt. Dann werden zu diesen Kanälen die zugehören Energien eingegeben. Das Kalibrierspektrum wird auf Disk abgelegt. Die Energien zweier rasch reproduzierbarer Punkte (z.B. Anfang und Ende oder Mitte und Ende der Abszissenachse) müssen notiert werden und dienen später zur Nachkalibrierung.

Nachkalibrierung: Um eine einmal erfolgte Kalibrierung ohne großen Zeitaufwand zu reproduzieren, empfiehlt sich folgendes Vorgehen:

Unmittelbar nach der Erstkalibrierung wird bei unveränderter Einstellung des Verstärkers (bei fixierter Kalibrierung) eine Aufnahme mit einem geschlossenen Radium-Präparat größerer Aktivität durchgeführt, das in eine reproduzierbare Entfernung vom Detektor gebracht werden kann, z.B. auf Anschlag bei aufgesetzter Lochblende. Diese Messung wird ebenfalls abgespeichert.

Um die Kalibrierung wiederherzustellen, genügt es dann, diese Aufnahme zu laden, das gleiche Präparat in der gleichen Entfernung vor dem Detektor anzubringen und die Verstärkung so einzuregulieren, daß die Spektren sich decken. Dazu ist nach Laden der Kalibrieraufnahme deren Kalibrierung wieder einzustellen (Bei einem Programm, das die Kalibrierung mit abspeichert, ist dies natürlich bequemer durchzuführen).

Ansprechschwelle des Detektors: Im Falle einer Häufung von Impulsen bei kleinen Kanalzahlen kann die Ansprechschwelle mit dem Spindeltrimmer am Betriebsgerät vorsichtig erhöht werden. Wenn eine geringfügige Anhebung der Schwelle keinen Erfolg hat, ist es jedoch sinnlos, die Schwelle weiter anzuheben, da hierdurch nur das Nutzsignal beschnitten würde. Vielmehr muß die Störquelle lokalisiert und ausgeschaltet werden. Der Detektor reagiert - insbesondere bei abgenommener Lochblende - sehr empfindlich auf elektromagnetische Einstreuung z.B. von einem Monitor. Gegebenenfalls ist der Abstand vom Monitor zu vergrößern. Außerdem muß der Detektor - der ja eine Photodiode ist - vor Lichteinfall abgeschirmt werden.

Das Einstellen der Ansprechschwelle sollte im Idealfall nur ein einziges Mal erfolgen, denn

NACH ÄNDERUNG DER ANSPRECHSCHWELLE MUSS EINE KOMPLETTE NEUE KALIBRIERUNG DURCHGEFÜHRT WERDEN !

Das bedeutet auch, daß danach durchgeführte Messungen mit früheren Aufnahmen inkommensurabel sind.

Verbesserung der Energiekalibrierung: Beim vorstehend beschriebenen Vorgehen zur Kalibrierung ist ein Absorber von (z.B.) 2 mm Luft unberücksichtigt geblieben. Nach Kenntnis der Absorptionsgesetze (vgl. 5.2.1) kann dieser nachträglich berücksichtigt werden. Nach der Kalibriermessung vergrößert man dazu den Abstand zwischen Präparat und Detektor von 2 mm auf 4 mm und macht eine neue Aufnahme. Die beiden Aufnahmen werden überlagert, und im Abtastmodus wird der Energieverlust dE der energiereichsten Linie zwischen den beiden Aufnahmen gemessen, der einer Schichtdicke $dx = 2$ mm entspricht. Mit dem so gewonnenen Wert für dE/dx extrapoliert man die Linien der Kalibriermessung auf ihre tatsächliche Anfangsenergie, d.h. die zugehörige Energie ist nicht 6000 keV und 7690 keV, sondern nur 6000 keV - dE und 7690 keV - dE. Man verwendet dann zur Nachkalibrierung die so gewonnenen Fixpunkte.

HINWEIS

Wegen der historischen Bedeutung des Nachweises radioaktiver Strahlung mit dem Szintillationsschirm (Streuversuch von RUTHERFORD!) sollte man auf jeden Fall auch die Schüler die Szintillationen im Spinthariskop mit dem Auge beobachten lassen. Wegen der hierzu aufgesetzten Lupe ist eine Berührung des Präparates ausgeschlossen. Nun sind die Szintillationen sehr lichtschwach, daher ist eine Dunkeladaption der Augen nötig, was etwa 10 Minuten dauert. Es dürfte kaum möglich sein, die Schüler 10 Minuten sinnvoll im Dunkeln zu beschäftigen, es genügt jedoch ein stark gedämpftes Licht (rote Dunkelkammerbeleuchtung oder Orientierungsleuchte). Während dieser Zeit kann z.B. die Kalibriermessung im Unterricht erläutert werden.

Insbesondere das Rotlicht beeinträchtigt die Dunkeladaption der Augen im Bereich des grünen Szintillationslichtes kaum. Nach Abschalten oder ggf. auch nur Abblenden des Rotlichts kann innerhalb von wenigen Sekunden die Szintillation wahrgenommen werden.

5.2 Wechselwirkung von Strahlung und Materie

5.2.1 Energieverlust von Alphastrahlung in Materie, Bragg-Kurve

GERÄTE: Alpha-Detektor mit Lochblende, Interface, Präparat Ra 226, Satz Absorberfolien Polyethylen, Satz Absorberfolien Aluminium, Optische Bank mit Reitern, ggf. Experimentierkammer.

Zweck des Versuches

Alphateilchen verlieren beim Durchgang durch Materie ihre Energie durch eine Vielzahl von Ionisationsprozessen. Die Reichweite ist dadurch bestimmt, nach welcher Strecke die Anfangsenergie der Teilchen aufgebraucht ist. In diesem Versuch wird untersucht, wie die Energie in Abhängigkeit von der durchlaufenen Materieschicht abnimmt.

Versuchsaufbau

Der elektrische Anschluß erfolgt gemäß Bild 22/23. Detektor und Präparat werden auf Reitern einer optischen Bank montiert wie in Bild 28.

Alternativ können Detektor und Präparat in der Meßkammer montiert werden (Lichtschutz). Für die Versuche mit Absorberfolie ist ein Lichtschutz nicht erforderlich, wenn Detektor und Präparat der Folie bis auf Anschlag genähert werden, so daß kein Licht mehr eindringen kann. Vorsicht: Die Folie ist mechanisch leicht zu beschädigen. Die Bewegung der Reiter auf der optischen Bank sollte daher durch Anschläge begrenzt werden, wie in Bild 28 sichtbar.

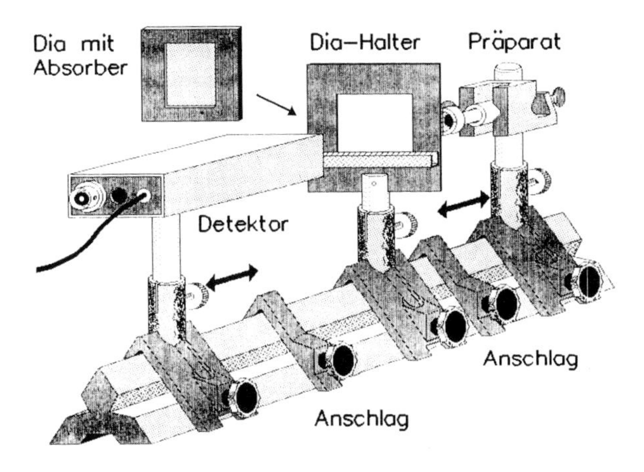

Bild 28 : Absorptionsversuch mit Absorberfolien

Versuchsdurchführung

Es empfiehlt sich, zunächst eine Kalibrierung durchzuführen, wie unter 5.1 beschrieben (Kalibriermessung laden, ggf. eine Nachkalibrierung durchführen).

Der Detektor wird zunächst bis zum Anschlag an das Präparat angenähert (=Abstand 5mm). Eine Messung wird durchgeführt. Ggf. wird die Verstärkereinstellung angepaßt. Nach erfolgter Kalibrierung darf die Verstärkung natürlich nicht mehr verstellt werden. Die erfolgreiche Messung wird abgespeichert, Dateiname z.B. "RA_5MM".

Absorption in Luft: Der Abstand zwischen Detektor und Präparat wird nun variiert und jeweils eine neue Messung durchgeführt und abgespeichert. Bei einem Programm, das mehrere Aufnahmen im Speicher halten kann, ist das Schreiben auf Disk natürlich nicht erforderlich.

Absorption in Aluminium oder Polyethylen: Die Diarahmen mit den Absorbern werden zwischen Strahler und Detektor eingeschoben; da apparativ bedingt jeweils 5 mm Luft zusätzlich vorhanden sind, kann die obige erste Messung auch hier zum Vergleich verwendet werden. Für jede Absorberart und -dicke wird wieder eine neue Messung durchgeführt und abgespeichert.

AUSWERTUNG

Die Messungen zeigen die 4 typischen Spektrallinien von Radium 226 und seinen Folgeprodukten (vgl. 5.3.1). Mit zunehmender Absorberdicke wandern die Spektrallinien nach links zu kleineren Energien hin, d.h. die Alphateilchen verlieren an Energie. Man vergleicht nun die aufgenommenen Spektren hinsichtlich der Absorberdicke und Energieabnahme, indem man sie - geordnet nach der Absorberdicke - gegenüberstellt. Man bemerkt, daß die Energieabnahme bei gleichem Schichtdickenzuwachs immer stärker wird, je geringer die Energie der Strahlungspartikel noch ist (Bild 29).

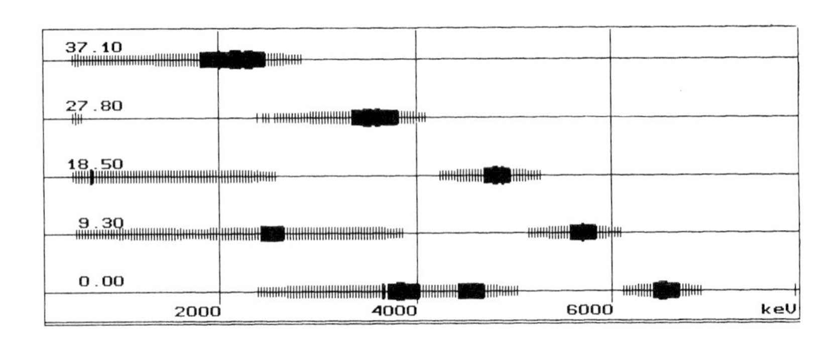

Bild 29 : Radium-Spektrum nach Durchgang durch verschiedene Absorber

Wählt man nun den Abtastmodus, so kann man die Lage der einzelnen Linien im Spektrum nach Durchlaufen verschiedener Absorberschichten feststellen. Damit wird eine Tabelle angelegt, in der man die Absorberdicke und die Energie für die sichtbaren Spektrallinien notiert, gemäß nachstehendem Meßbeispiel:

Meßbeispiel : Absorber : Polyethylen

Schichtdicke:	Energie in keV				Energieverlust (keV/µm)			
Linie	1.	2.	3.	4.	1.	2.	3.	4.
0 (5mm Luft)	2982	3857	4551	6543				
					182	146	127	91
9,3 µm	1292	2499	3374	5698				
					-	204	152	94
18,5 µm	-	998	1956	4823				
					-	-	-	133
27,8 µm	-	-	-	3586				
					-	-	-	153
37,1 µm	-	-	-	2167				

Aus den Differenzen und der jeweiligen Schichtzunahme wird im rechten Teil der Tabelle der Energieverlust pro Längeneinheit berechnet. Eine Abschätzung der Reichweite der Teilchen ergibt sich aus der Schichtdicke, bei der die jeweilige Linie nicht mehr auftritt.

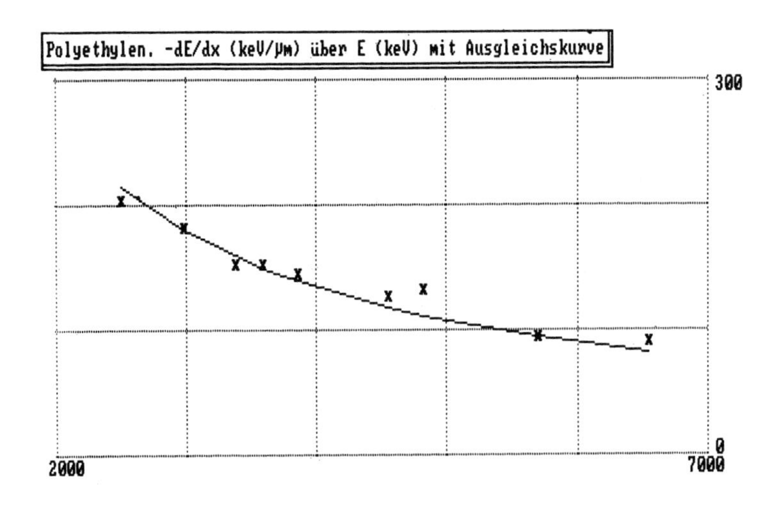

Bild 30 : Bethe-Bloch-Formel

Bethe-Bloch-Formel: Der Energieverlust *dE/dx* wird in Abhängigkeit von der Teilchenenergie aufgetragen (Bild 30). Hierzu können sämtliche Wertepaare der Tabelle verwendet werden. Man bemerkt den schon aus den Spektrallinien ersichtlichen Anstieg des Energieverlustes mit abnehmender Energie. BETHE und BLOCH haben hierfür eine Formel abgeleitet (Bethe-Bloch-Formel), die im nichtrelativistischen Bereich die einfache Gestalt

$$-dE/dx = k / E$$

besitzt. Die Konstante k kann mittels einer Ausgleichsgeraden bestimmt werden, wenn man den Zusammenhang linearisiert, indem man $-dE/dx$ über $1/E$ aufträgt. Man erhält $k = 537199$ keV²/µm. Für kleine Energien nimmt das Ionisationsvermögen schlagartig ab, wenn sich die effektive Ladung der Teilchen durch Elektroneneinfang verringert, für relativistische Energien ist k nicht mehr konstant. Die vollständige Bethe-Bloch-Formel ist daher komplizierter [1]. Insbesondere enthält k die Kernladung der Alphateilchen und der durchstrahlten Materie, vgl. 5.2.2.

Bragg-Kurve: Der Energieverlust *dE/dx* wird nun in Abhängigkeit von der Eindringtiefe x aufgetragen. Hier geht es also um die Verfolgung eines einzelnen Teilchens gegebener Anfangsenergie. Aus obiger Tabelle können daher jeweils nur die Werte einer Spektrallinie verwendet werden, die das Schicksal einer bestimmten Teilchenart beschreiben. Im Meßbeispiel lohnt sich dies nur für Linie 4 (Bild 31). Man erkennt, daß die Teilchen die meiste Energie gegen Ende ihrer Flugbahn verlieren. (Aus der vorliegenden Messung nicht zu erkennen ist der Umstand, daß der Energieverlust *dE/dx* kurz vor Erreichen der Eindringtiefe wieder abfällt, weil sich die dann schon sehr langsamen Alphateilchen zeitweise mit einem Elektron umgeben, wodurch sich ihre effektive Ladung und damit ihr Ionisationsvermögen verringert: in Bild 31 gestrichelt).

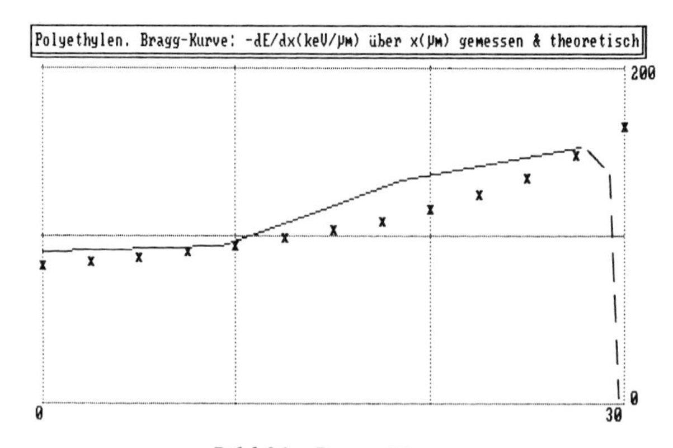

Bild 31 : Bragg-Kurve

Anmerkung: Die Bragg-Kurve ist in der medizinischen Strahlentherapie von Bedeutung. Zur Zerstörung einer Krebsgeschwulst durch Strahlen wird die Strahlungsenergie so bemessen, daß ihre Eindringtiefe gerade bis in die Geschwulst reicht. Dann wird dort der größte Teil der Energie abgegeben, während die Energieabgabe auf dem Weg dorthin durch gesundes Gewebe geringer ist und das Gewebe daher nicht so stark geschädigt wird.

THEORIE

Der zu erwartende Verlauf der Bragg-Kurve $dE(x)/dx$ kann aus der Formel für $dE(E)/dx$ (Bethe-Bloch-Formel) hergeleitet werden. In

$$-\frac{dE}{dx} = \frac{k}{E}$$

wird $E = E(x)$, d.h.

$$-\frac{d}{dx}E(x) = \frac{k}{E(x)} \quad ,$$

$$-E'(x) \cdot E(x) = k \quad .$$

Nun ist offenbar wegen der Produktregel

$$E'(x) \cdot E(x) = \tfrac{1}{2} \{ E'(x) \cdot E(x) + E(x) \cdot E'(x) \} = \tfrac{1}{2} \cdot \{E(x)^2\}' ,$$

also

$$-\tfrac{1}{2} \cdot \frac{d}{dx} E(x)^2 = k \quad .$$

Integration liefert dann

$$-\frac{1}{2} \int_0^x \frac{d}{dX} E(X)^2 \, dX = \int_0^x k \, dX \quad ,$$

$$-\tfrac{1}{2} \cdot (E(x)^2 - E(0)^2) = kx \quad ,$$

$$E(x)^2 = -2 \cdot k \cdot x + E(0)^2 \quad ,$$

$$E(x) = \sqrt{E(0)^2 - 2kx} \quad ,$$

und hieraus

$$\frac{d\,E\,(x)}{dx} = \frac{-\,2\,k}{2\,\sqrt{E\,(0)^2\,-\,2\,k\,x}} \quad .$$

Die Konstante $E(0)$ ist die Eintrittsenergie, insbesondere ist im Moment des Eintritts des Teichens in den Absorber natürlich

$$-\frac{dE}{dx}(x=0) = \frac{k}{\sqrt{E(0)^2}} = \frac{k}{E(0)} \quad .$$

Im obigen Beispiel war $E(0) = 6543$ keV. Damit ergibt sich für den theoretischen Verlauf der Bragg-Kurve (Kreuze in Bild 31):

$$-\frac{dE}{dx} = \frac{537199\mathrm{keV}^2/\mu\mathrm{m}}{\sqrt{(\;6543\;\mathrm{keV}\;)^2\,-\,2\cdot 537199\;\mathrm{keV}^2\cdot x/\mu\mathrm{m}}} \quad .$$

Hinweise zur Anfertigung eigener Absorber

Aluminiumfolie und Polyethylenfolie sind als Frischhaltefolien im Handel. Hieraus kann man eigene Absorbersätze herstellen. Da Alpha-Strahlung schon in sehr dünnen Schichten absorbiert wird, achte man auf möglichst dünne Folien (also nicht Qualität "extra stark" !).

Die Stärke s einer solchen Folie bestimmt man auf folgende Weise: Die Folien werden auf Rollen zu ca. 20 bis 40 m Länge (L) geliefert. An der frischen Rolle mißt man mittels einer Schieblehre den Außendurchmesser D und den Innendurchmesser d des Wickels (= Außendurchmesser des Pappkerns). Hieraus bestimmt man den Inhalt des Kreisrings, den der Wickel in Seitenansicht bildet:

$$A = \pi\,(\tfrac{1}{2}D)^2 - \pi\,(\tfrac{1}{2}d)^2 = \tfrac{1}{4}\pi\cdot(D^2 - d^2) \quad .$$

In abgewickeltem Zustand bildet die gleiche Fläche ein Rechteck der Länge L und der Höhe s, also

$$L\cdot s = \tfrac{1}{4}\pi\cdot(D^2 - d^2) \quad .$$

Die Stärke der Folie ist somit

$$s = \pi\cdot(D^2 - d^2)/4L \quad .$$

Beispiel : Eine Rolle Aluminiumfolie ist $L = 30$ m lang. Am Wickel mißt man $D = 37{,}3$ mm und $d = 30{,}1$ mm. Damit ergibt sich

$$s = \pi\cdot(\,37{,}3^2 - 30{,}1^2)\;\mathrm{mm}^2\,/\,120\;\mathrm{m} = 0{,}0127\;\mathrm{mm}$$

für die Folienstärke. Die Folien werden dann auf Kleinbildformat (35mm x 35mm) zurechtgeschnitten und (für die größeren Schichtdicken in mehrfacher Lage) in glaslose Diarähmchen eingesetzt. Die Rähmchen werden entsprechend beschriftet.

5.2.2 Reichweite von Alphastrahlung, GEIGERsche Reichweiteformel

GERÄTE: Alphadetektor mit Lochblende, Interface, Präparat Ra 226, Satz Absorberfolien Polyethylen, Satz Absorberfolien Aluminium, Experimentierkammer oder Optische Bank mit Reitern.

ZWECK DES VERSUCHES

Für die Reichweite von Alpha-Strahlen, d.h. die Strecke, innerhalb derer ihre Anfangsenergie durch Ionisationsprozesse aufgebraucht ist, gelten in Abhängigkeit von Eintrittsenergie und Absorbermaterial verschiedene Gesetzmäßigkeiten, die in diesem Versuch untersucht werden.

VERSUCHSDURCHFÜHRUNG

Der Versuchsaufbau entspricht dem in 5.2.1 besprochenen. Aus diesem Versuch ist auch bereits eine Abschätzung der Reichweite der Alphateilchen bekannt. Im Falle von Aluminium oder Polyethylen ist eine kontinuierliche Änderung der Absorberschicht kaum möglich (es gibt immerhin die Möglichkeit, die Schichtstärke durch Drehen zu variieren). Im Falle von Luft kann die Absorberschicht in der Nähe des geschätzten Wertes für die Reichweite in kleinen Schritten vergrößert werden, bis eine bestimmte Spektrallinie links aus dem Spektrum verschwindet. Bis auf einen unvermeidlichen Fehler, der sich aus der endlichen Ansprechschwelle des Alpha-Detektors ergibt, erhält man so die Reichweite der Strahlung bei gegebener Anfangsenergie.

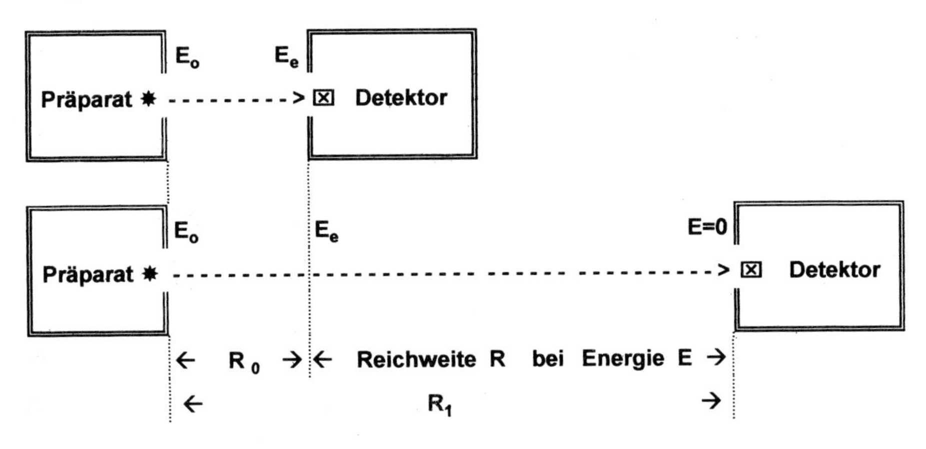

Bild 32 : Eliminieren der vorgeschalteten Absorptionsschicht

AUSWERTUNG

Betrachtet man die beim kürzesten Abstand R_0 zwischen Präparat und Detektor gemessene Energie als Eintrittsenergie E_e in den Absorber, so kann die Absorberschicht als bei R_0 beginnend betrachtet werden; d.h. ist R_1 der beim Verschwinden der Spektrallinie gemessene Abstand, so ist $R = R_1 - R_0$ die Reichweite der Strahlung mit der Eintrittsenergie E_e. Zuvor erfolgte Absorption in einer Schutzfolie des Präparats oder einer vorangehenden unvermeidlichen Luftschicht hat dann keinen Einfluß auf die Messung (Bild 32).

Für Polyethylen, Aluminium und andere Absorber gilt die gleiche Überlegung, R ist dann einfach die eingeschaltete Schichtdicke des Materials, da die erste Messung ohne Absorberfolie erfolgt. R kann bei Verwendung eines Foliensatzes nur zwischen zwei Stufungen der Foliendicke eingegrenzt werden.

Unter Verwendung des Meßbeispiels aus 5.2.1 ergibt sich z.B.:

Absorber: Polyethylen

Eintrittsenergie Ee/MeV	Reichweite R/µm zwischen	und
2,982	9,3	18,5
3,857	18,5	27,8
4,551	18,5	27,8
6,543	37,1	46,4

THEORIE

Der Zusammenhang zwischen Eintrittsenergie und Reichweite kann im Prinzip durch Integration der Bethe-Bloch-Formel gewonnen werden, in der Praxis spielen jedoch die halbempirischen Formeln von GEIGER bzw. BRAGG und KLEEMAN die wichtigere Rolle.

Reichweite nach BETHE-BLOCH: In 5.2.1 wurde eine vereinfachte Form der Bethe-Bloch-Formel für den Energieverlust pro Längeneinheit, abhängig von der Teilchenenergie, angegeben:

$$-dE/dx = k/E \quad .$$

Es leuchtet ein, daß sich die Reichweite R daraus ergibt, wie die ursprüngliche Eintrittsenergie der Teilchen sich durch die aufintegrierten Energieverluste dE in den Streckenintervallen dx von $E = E_e$ bei $x = 0$ auf $E = 0$ bei $x = R$ vermindert.

In 5.2.1 war die Integration bereits ausgeführt und für $E(x)$ der Zusammenhang

$$E(x) = \sqrt{E(0)^2 - 2\,k\,x}$$

hergeleitet worden. Speziell für $x = R$ erhalten wir daher

$$E(R) = \sqrt{E(0)^2 - 2\,k\,R} = 0 \quad .$$

Aufgelöst folgt:

$$E(0)^2 = 2 \cdot k \cdot R \ , \qquad R = E(0)^2/2 \cdot k \quad .$$

Unter Verwendung von $k = 537199\ \mathrm{keV^2/\mu m}$ (vgl. 5.2.1) errechnet man so für die obigen Eintrittsenergien in Polyethylen die Reichweiten:

Absorber: Polyethylen

Eintrittsenergie Ee/MeV	errechnete Reichweite R/µm
2,982	8,3
3,857	13,8
4,551	19,3
6,543	39,8

Diese Ergebnisse sind mit obigen Meßergebnissen zumindest für die höheren Eintrittsenergien recht gut verträglich, jedoch wird die Reichweite auf diesem Wege etwas zu kurz berechnet, da in der linearen Bethe-Bloch-Formel der Rückgang des Ionisationsvermögens am Ende der Laufstrecke (und damit der dort kleinere Energieverlust pro Längeneinheit) nicht berücksichtigt wird.

GEIGERsches Reichweitengesetz: Das Gesetz bezieht sich in seiner ursprünglichen Formulierung auf die Teilchengeschwindigkeit, da diese unmittelbar gemessen werden konnte. Es lautet dann

$$R = b\,v^3 \quad .$$

Darin ist b eine vom Absorbermaterial (und in gewissem Maße auch von der Anfangsgeschwindigkeit) abhängige Konstante. Da Alphateilchen nichtrelativistisch sind, kann über

$$E = \tfrac{1}{2}\,m\,v^2$$

jedoch sofort die Form

$$R = a\,E^{3/2}$$

gewonnen werden. Die Konstante a beträgt für Luft bei Normaldruck

$$a = 3{,}2 \text{ mm / MeV}^{3/2} \quad .$$

Die Reichweitemessungen in Luft können mit dieser GEIGERschen Formel verglichen werden und liefern eine gute Übereinstimmung. Für andere Absorbermaterialien kann die entsprechende Konstante a' aus a mit Hilfe der Bragg-Kleeman-Beziehung (siehe unten) berechnet werden.

Bragg-Kleeman-Regel: Die Bethe-Bloch-Formel (vgl. 5.2.1) enthält in der Konstanten k Ausdrücke, die sich sowohl auf das ionisierende Teilchen als auch auf die durchquerte Materie beziehen; schreibt man letztere explizit aus, so erhält man genauer:

$$-\frac{dE}{dx} = \frac{k}{E} = \frac{K \cdot Z \cdot \rho}{A \cdot E} \quad ,$$

mit einer neuen Konstanten K, die noch die Parameter des ionisierenden Teilchens enthält. Z ist die Ordnungszahl, A die Atommassenzahl und ρ die Dichte der durchquerten Materie. Die oben hergeleitete Reichweitenformel

$$R = \frac{E(0)^2}{2 \cdot k}$$

lautet dann

$$R = \frac{A \cdot E(0)^2}{2 \cdot K \cdot Z \cdot \rho} \quad .$$

Somit wird für zwei verschiedene Stoffe

$$\frac{R \cdot \rho \cdot Z}{A} = \frac{R' \cdot \rho' \cdot Z'}{A'} = \frac{E(0)^2}{2 \cdot K} \quad ,$$

wenn beide von ionisierenden Teilchen der Anfangsenergie $E(0)$ durchlaufen werden. Für die Reichweiten R und R' in den beiden Stoffen folgt dann das Verhältnis

$$\frac{R'}{R} = \frac{\rho \cdot A' \cdot Z}{\rho' \cdot A \cdot Z'} \quad .$$

In der Bragg-Kleeman-Regel ist das Verhältnis A/Z grob durch $c \cdot \sqrt{A}$ angenähert. Nach dieser Regel ist daher das Verhältnis der Reichweiten von Alphateilchen einer bestimmten Energie durch die Dichten ρ und mittleren Atommassenzahlen A der Absorbermaterialien gegeben:

$$\frac{R'}{R} = \frac{\rho \sqrt{A'}}{\rho' \sqrt{A}} \quad ,$$

d.h. die Reichweite steigt mit zunehmender Atommassenzahl und sinkt mit zunehmender Dichte.

Nimmt man die Reichweite für die ungestrichenen Größen als bekannt an, so wird in einem anderen Absorbermedium:

$$R' = R \frac{\rho \sqrt{A'}}{\rho' \sqrt{A}} = a \frac{\rho \sqrt{A'}}{\rho' \sqrt{A}} E^{3/2} = c \frac{\sqrt{A'}}{\rho'} E^{3/2} \quad ,$$

mit

$$c = a \frac{\rho}{\sqrt{A}}$$

Für Luft ist unter Normalbedingungen ρ = 1,29 g/l = 1,29 $\cdot 10^{-3}$g/cm^3, sowie die mittlere Atommassenzahl (gemittelt über 78% Stickstoff- und 22% Sauerstoffatome; die Bindung zu Molekülen wird nicht berücksichtigt, da die chemische Bindungsenergie klein gegen die Energie der Alphateilchen ist, für die Wechselwirkung mit diesen also keine Rolle spielt):

$$A = \frac{78 \cdot 14 + 22 \cdot 16}{100} = 14{,}44 \, .$$

Außerdem war a = 0,32 cm / MeV $^{3/2}$. Dies ergibt

$$c = a \frac{\rho}{\sqrt{A}} = 0{,}32 \; \frac{1{,}29}{1000} \; \frac{1}{\sqrt{14{,}44}} \; \mathrm{g\ cm^{-2}\ MeV^{-3/2}} = 1{,}08 \cdot 10^{-4} \; \mathrm{g\ cm^{-2}\ MeV^{-3/2}} \, .$$

Als Beispiel berechnen wir wiederum die Reichweite der obigen Alphateilchen in Polyethylen. Polyethylene sind Kohlenwasserstoffketten der in Bild 33 dargestellten Form,

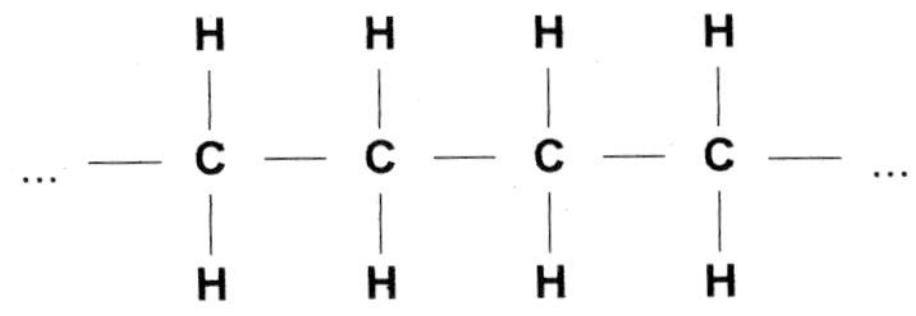

Bild 33 : chemische Struktur von Polyethylen

d.h. für die mittlere Atommassenzahl erhalten wir

$$A = \frac{1 \cdot 12 + 2 \cdot 1}{3} = 4{,}67 \ .$$

Die Dichte beträgt - abhängig vom Produktionsverfahren - ca. 0,92 g/cm^3. Damit nimmt die GEIGERsche Reichweitenformel für Polyethylen die Form an

$$R = c \, \frac{\sqrt{A}}{\rho'} \, E^{3/2} = 1{,}08 \cdot 10^{-4} \, \frac{\sqrt{4{,}67}}{0{,}92} \, E^{3/2} \ \mathrm{cm} \ \mathrm{MeV}^{-3/2} = a' \, E^{3/2} \ ,$$

mit

$$a' = 2{,}54 \cdot 10^{-4} \ \mathrm{cm/MeV}^{3/2} = 2{,}54 \ \mu\mathrm{m/MeV}^{3/2}$$

Hiermit ergeben sich folgende Werte:

Absorber: Polyethylen

Eintrittsenergie Ee/MeV	errechnete Reichweite R/µm
2,982	13,1
3,857	19,2
4,551	24,7
6,543	42,5

Die Werte sind mit der Messung gut verträglich. Die Unterschiede zu den Ergebnissen nach der Bethe-Bloch-Formel zeigen sich vor allem bei kleineren Eintrittsenergien. Eine entsprechende Untersuchung kann mit den an Aluminium oder anderen Absorbern gewonnenen Meßwerten durchgeführt werden.

ANMERKUNG

Den hier untersuchten Energie-Reichweite-Beziehungen kommt eine historische Bedeutung zu, da mit ihrer Hilfe eine einfache Methode zur Messung der Energien von Alpha-Strahlern zur Verfügung stand. Die Reichweite war als diejenige Entfernung, in der ein Detektor (Elektroskop, Zählrohr) gerade nicht mehr anspricht, leicht zu bestimmen [8].

5.2.3 Abhängigkeit von Dichte und Atommassenzahl

GERÄTE: Alpha-Detektor mit Lochblende, Interface, Präparat Ra 226, Vorratsflaschen verschiedener Gase, Stadtgasanschluß, Schläuche, Quetschhahn, Heizwiderstand 30 Ω/ 2 W, Netzgerät 0 bis 10 V / 0,5 A, Luftpumpe/Kompressor, Manometer (Meßbereich ca. 800 bis 1200 hPa), Experimentierkammer, Verbindungskabel..

Zweck des Versuches

Die Absorption von Alphastrahlen in Gasen ermöglicht eine gesonderte Variation der Parameter Dichte und Atommassenzahl. Hierdurch kann die Bragg-Kleeman-Regel (vgl. 5.2.2) genauer untersucht werden.

Versuchsaufbau

Der elektrische Anschluß erfolgt gemäß Bild 22/23. Detektor und Präparat werden in der Meßkammer montiert. Für die Versuche mit verschiedenen Gasen wird die Gasflasche über einen Schlauch mit dem einen Anschlußstutzen verbunden; an den anderen Stutzen kommt ein kurzes Schlauchstück mit Quetschhahn (Bild 34). Für den Versuch zur Dichteabhängigkeit werden die Schlauchstutzen als elektrische Durchgangsbuchsen benutzt. Innen wird der Heizwiderstand angeschlossen, außen das Netzgerät (Bild 35).

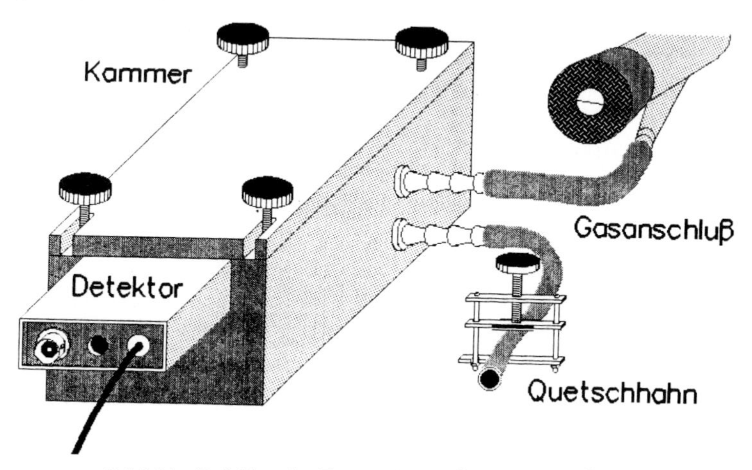

Bild 34 : Befüllen der Experimentierkammer mit Gas

Für den Versuch zur Druckabhängigkeit wird der obere Schlauchstutzen mit dem Manometer und dem Kompressor bzw. der Pumpe verbunden, der untere mit Schlauchstück und Quetschhahn verschlossen. Alternativ kann das Manometer an den unteren Schlauchstutzen angeschlossen werden. Die größte Undichtigkeit der Apparatur ist die Öffnung über dem Spindeltrimmer des Alpha-Detektors. Sie ist mit einem Stopfen zu verschließen. **Achtung:** Alpha-Detektor und Experimentierkammer sollten mittels eingeschraubter Stativstangen auf einer optischen Bank fixiert werden, da sonst der Detektor in die Kammer gesaugt bzw. bei Überdruck aus ihr herausgeschleudert werden kann. Beides kann zur Zerstörung des Detektors führen.

Bei Versuchen mit brennbaren Gasen (Stadtgas!) sind die entsprechenden Sicherheitsvorkehrungen zu treffen (Lüften, Flammen und Funken vermeiden).

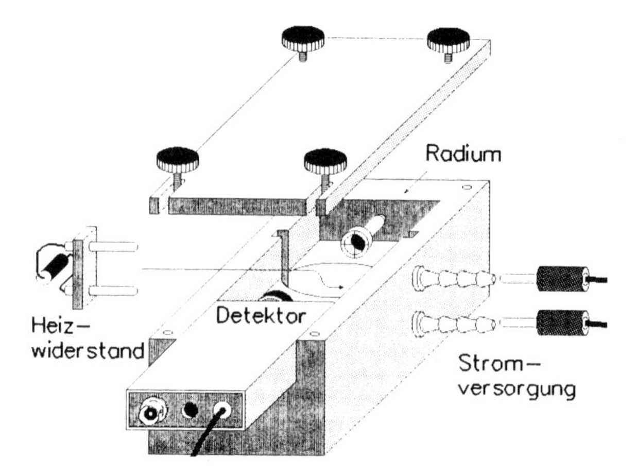

Bild 35 : Anschließen eines Heizwiderstandes

VERSUCHSDURCHFÜHRUNG

Wenn die absolute Eintrittsenergie der Strahlungsteilchen in die Meßkammer bestimmt werden soll, muß diese in einem Vorversuch ermittelt werden. Dazu nimmt man zunächst ein Spektrum im Abstand 5 mm vom Präparat auf (bei aufgesetzter Lochblende auf Anschlag annähern) und anschließend bei 10 mm Abstand. Hieraus gewinnt man ähnlich wie bei 5.1 einen Wert für *dE/dx*, mit dem man die bei 5 mm gemessenen Energien auf 0 mm Abstand (= Austritt aus der Schutzabdeckung des Präparats) extrapoliert. Selbstverständlich ist dazu zunächst eine Kalibrierung (vgl. 5.1) durchzuführen. Wenn nur die Reichweiten gemessen werden sollen, ist die absolute Energiebestimmung und damit auch die Kalibrierung nicht unbedingt nötig. Meßbeispiel:

Energie in 5 mm Abstand E(5) = 6845 keV ;
Energie in 10 mm Abstand E(10) = 6302 keV ;

$$\frac{dE}{dx} = \frac{E(10) - E(5)}{10\ mm - 5\ mm} = -\frac{543\ keV}{5\ mm} \quad (= -\ 108{,}6\ keV/mm\ ) \ ;$$

$$Ee = E(0) = E(5) - \frac{dE}{dx} \cdot 5mm = (6845+543)\ keV = 7388\ keV\ .$$

Im Prinzip kann die Reichweite der Strahlung bestimmt werden, indem man den Abstand zwischen Präparat und Detektor bis zum Verschwinden der betreffenden Spektrallinie vergrößert. Es kann auch die entsprechende Messung aus 5.2.2 verwendet werden. Ich rate wegen des erheblichen Aufwandes (mehrere Messungen je Parameterwert, Belüftung der Kammer nach jeder Messung) hiervon ab. Stattdessen sollte die Austrittsenergie der Strahlung nach Durchlaufen einer konstanten Strecke (z.B. 30 mm) bestimmt werden, woraus man unter Verwendung der GEIGERschen Reichweiteregel die Reichweite bestimmt. Danach ist

$$R(E_e) = a \cdot E_e^{3/2}$$

die Reichweite der eintretenden Strahlung, und

$$R(E_a) = a \cdot E_a^{3/2}$$

die Restreichweite der aus dem Absorber nach der Schichtdicke x austretenden Strahlung mit der Energie E_a. Folglich muß die Reichweite im Absorber

$$R(E_e) = x + R(E_a)$$

sein, also

$$x = R(E_e) - R(E_a) = a \cdot (E_e^{3/2} - E_a^{3/2})$$

Hieraus ist

$$a = \frac{x}{E_e^{3/2} - E_a^{3/2}}$$

und dann

$$R(E_e) = a \cdot E_e^{3/2} = \frac{x}{E_e^{3/2} - E_a^{3/2}} \cdot E_e^{3/2}$$

zu bestimmen.

Dichteabhängigkeit: Bei diesem Versuch wird die Gasdichte durch Erwärmen verändert, während der Druck sich (infolge Ausgleich mit der Außenluft über die Kammerundichtigkeit) jeweils auf Normaldruck einstellt. Zum Erwärmen der in der Kammer eingeschlossenen Luft dient der Heizwiderstand. Eine numerische Auswertung ist bei diesem Versuch nicht möglich, da eine gleichmäßige Erwärmung der Luft in der Kammer nicht zu realisieren bzw. zu kontrollieren ist. Es läßt sich lediglich der qualitative Effekt zeigen.

Dazu wird ein Präparatabstand von 30 mm eingestellt. Es wird eine Aufnahme ("KALTLUFT") bei kalter Luft gemacht und abgelegt. Dann wird der Heizwiderstand aus dem Netzteil mit 8 Volt bzw. 260 mA betrieben. Dies ergibt jeweils seine nominelle Verlustleistung:

$$P = I^2 \cdot R = 0{,}26^2 \cdot 30 \text{ W} = 2{,}03 \text{ W}$$

bzw.

$$P = U^2/R = 8^2/30 \text{ W} = 2{,}13 \text{ W} .$$

Das thermische Gleichgewicht stellt sich nach ca. 3 Minuten ein. Sodann wird eine neue Messung durchgeführt ("WARMLUFT").

Hinweis: Mittels einer Meßreihe im Takt von einer Minute könnte man verfolgen, wie sich das thermische Gleichgewicht einstellt. Bei einem Programm mit zeitgesteuerter Meßreihenautomatik wäre dies natürlich besonders bequem möglich.

Druckabhängigkeit: Der Kompressor wird angeschlossen. Die Experimentierkammer ist nicht gasdicht, jedoch läßt sich bei kontinuierlich laufendem Kompressor ein gewisser Überdruck in ihr halten, der am Manometer abzulesen ist. Die Reichweite wird bestimmt und zusammen mit dem Druck protokolliert.

Der obere Schlauchstutzen wird nun mit der Pumpe verbunden. Bei kontinuierlich laufender Pumpe läßt sich auch ein gewisser Unterdruck in der Kammer halten und am Manometer ablesen. Ein weiteres Mal wird die Reichweite bestimmt und zusammen mit dem Druck notiert. Meßbeispiel:

Eintrittsenergie = 7388 keV
x = 30 mm

Druck p / hPa	**Ea/keV**	**R/mm (Geiger)**
730	5475	82,15
800	5276	75,66
900	5004	67,78
1000	4521	57,55
1100	4099	51,13
1200	3706	46,53

Abhängigkeit von der Gasart: Die Messung bei Normaldruck in Luft wird auch hier als Vergleichsmessung benutzt. Der obere Schlauchstutzen wird mit der Gasflasche bzw. dem Gashahn verbunden. Der untere Stutzen wird durch Öffnen des Quetschhahns freigegeben. Die Gaszufuhr wird geöffnet und die Kammer ca. 10 Sekunden mit dem zu untersuchenden Gas gespült. Dann wird zunächst die Gaszufuhr und unmittelbar danach der Quetschhahn am unteren Stutzen geschlossen. Hierdurch erhält man eine Füllung der Kammer mit dem Gas unter Normaldruck. Bei der direkten Messung der Reichweite muß diese Prozedur für jeden neuen Präparatabstand erneut durchlaufen werden, da sich beim Ändern des Abstandes das Kammervolumen ändert. Die Reichweiten bei den verschiedenen Gasfüllungen (im Beispiel berechnet nach GEIGER) werden notiert. Meßbeispiel:

Eintrittsenergie Ee = 7,388 MeV ; x = 10 mm

Gasart	Ea/MeV	R/mm (Geiger)	Dichte in g/l	mittlere Atom= massenzahl A
Luft	6,302	47,13	1,29	14,44
SF6	1,081	10,59	6,57	20,86
Xenon	5,095	23,40	5,89	131,30
Krypton	5,728	31,51	3,74	83,80
Stadtgas	6,543	60,04	0,81	4,31 *)

*) Stadtgas hat den Vorteil leichter Verfügbarkeit, dem der Nachteil einer nicht definierten Zusammensetzung gegenübersteht. Rechnet man mit einer Zusammensetzung aus 90 Vol.% Methan, 5 Vol.% Stickstoff und 5 Vol.% Kohlendioxid, so folgen die in der Tabelle angegebenen Werte für Dichte und Atommassenzahl.

AUSWERTUNG

Aus dem BOYLE-MARIOTTEschen Gesetz in der Form $\rho/p=const$ erhält man unter Verwendung der Luftdichte $\rho = 1,2$ g/l bei $p = 1010$ hPa (760 Torr) als Zusammenhang zwischen Druck und Gasdichte:

$$\rho = c \cdot p \quad ,$$

mit

$$c = \frac{\rho}{p} = \frac{1{,}2 \text{ g/l}}{101000 \text{ N/m}^2} = 1{,}19 \cdot 10^{-5} \frac{\text{kg/m}^3}{\text{kg m/s}^2\text{m}^2} = 1{,}19 \cdot 10^{-5} \text{ m}^{-2} \text{ s}^{-2} \; .$$

Dichteabhängigkeit: Die beiden Aufnahmen "KALTLUFT" und "WARMLUFT" werden geladen. Da nur der qualitative Effekt gezeigt werden soll, genügt es dann, die beiden Aufnahmen zu überlagern, um zu zeigen, daß in der warmen Luft (d.h. bei geringerer Dichte) der Energieverlust (einer Spektrallinie) geringer ist als in kalter Luft.

Druckabhängigkeit: Nach der Bragg-Kleeman-Regel (vgl. 5.2.2) gilt für die Reichweiten in unterschiedlichen Substanzen:

$$\frac{R'}{R} = \frac{\rho \sqrt{A'}}{\rho' \sqrt{A}} \quad .$$

Im vorliegenden Fall ist die Substanz jedesmal Luft, also $A = A'$. Daher folgt

$$\frac{R'}{R} = \frac{\rho}{\rho'} = \frac{c \cdot p}{c \cdot p'} = \frac{p}{p'} ,$$

d.h.

$$R' \cdot p' = R \cdot p ,$$

was anhand der Meßtabelle leicht zu verifizieren ist:

p / hPa	R / mm	p.R/hPa.mm	Abweichung
730	82,15	59969	+ 4,2 %
800	75,66	60528	+ 5,2 %
900	67,78	61002	+ 6,0 %
1000	57,55	57550	-
1100	51,13	56243	- 2,3 %
1200	46,53	55836	- 3,0 %

Die Abweichung (bezogen auf 1000 hPa) bleibt im Bereich weniger Prozent.

Abhängigkeit von der Gasart: Die Versuche mit den unterschiedlichen Gasen sind alle bei Normaldruck ausgeführt worden, d.h. bei unterschiedlicher Dichte. Es wäre experimentell schwierig, durch geeignete Änderung des Druckes für eine konstante Dichte zu sorgen. Da aber der Dichteterm in der Bragg-Kleeman-Regel nun schon unabhängig geprüft worden ist, kann man sich im folgenden auf die Abhängigkeit von der Atommassenzahl konzentrieren. Wir vergleichen dazu die nach BRAGG-KLEEMAN berechnete Reichweite

$$R' = R \cdot \frac{\rho \sqrt{A'}}{\rho' \sqrt{A}}$$

mit der empirisch bestimmten:

Eintrittsenergie Ee = 7,388 MeV ; x=10 mm

Gasart	Dichte in g/l	mittlere Atom= massenzahl A	R/mm Messung	R'/mm Bragg-Kleeman	Abweichung
Luft	1,29	14,44	47,1	47,1	-
SF6	6,57	20,86	10,6	11,1	+4,7 %
Xenon	5,89	131,30	23,4	31,1	+32,9 %
Krypton	3,74	83,80	31,5	39,2	+24,4 %
Stadtgas	0,81	4,31	60,0	41,0	-31,7 %

Die letzte Spalte bestätigt dann die Gültigkeit der Bragg-Kleeman-Regel (bezogen auf Luft) innerhalb von rund 30 % Genauigkeit.

5.2.4 Luftäquivalent von Absorbern

GERÄTE: Alpha-Detektor mit Lochblende, Interface, Präparat Ra 226, Absorberfolie Polyethylen bekannter Stärke, Absorberfolie Aluminium bekannter Stärke, ggf. weitere Absorberfolien aus anderen Materialien, Optische Bank mit Reitern bzw. Experimentierkammer.

ZWECK DES VERSUCHES

Zur Charakterisierung verschiedener Absorbermaterialien ist die Angabe ihres Luftäquivalents gebräuchlich. Als Luftäquivalent eines Absorbers bezeichnet man diejenige Schichtdicke, welche die Strahlung einer gegebenen Energie ebenso schwächt wie 1 cm Luft (unter Normalbedingungen). In diesem Versuch werden die Luftäquivalente für verschiedene Absorber bestimmt.

VERSUCHSAUFBAU

Der elektrische Anschluß erfolgt gemäß Bild 22/23. Detektor und Präparat werden auf Reitern einer optischen Bank montiert wie in 5.2.1. Alternativ kann die Meßkammer verwendet werden (Lichtschutz).

VERSUCHSDURCHFÜHRUNG

Da Absorberdicken gemessen werden, ist eine Kalibrierung (vgl. 5.1) nicht unbedingt erforderlich, aber empfehlenswert.

Für die Vergleichsmessungen an Luft und verschiedenen anderen Absorbern ist eine konstante Eintrittsenergie der Alpha-Strahlung entscheidend. Man verschafft sich diese, indem man einen reproduzierbaren Abstand zwischen Präparat und Detektor (z.B. 5 mm Luft) als Ausgangspunkt nimmt und alle Schichtdicken ab hier mißt. Die Vorgeschichte der Strahlung vor Erreichen dieses Bezugspunktes geht dann nicht in die Messung ein (vgl. 5.2.2).

Zunächst wird die Energieabnahme der Strahlung in 1 cm (= 10 mm) Luft gemessen. Wir nehmen an, der Bezugspunkt liege bei 5 mm Luft. Dann wird hier eine erste Aufnahme gemacht und abgelegt (Name z.B. "AEQBEZUG"). Dann wird der Abstand auf 15 mm vergrößert und eine neue Aufnahme gemacht ("AEQ1LUFT") und abgelegt. Anschließend wird der Abstand wiederum auf 5 mm verkleinert, jedoch werden nun die verschiedenen Absorber eingebracht und jeweils eine Aufnahme gemacht (z.B. "AEQ1AL" für Aluminium, "AEQ1PET" für Polyethylen, ...).

Anstatt neue Aufnahmen zu machen, kann man die Aufnahmen aus 5.2.1 weiterverwenden, wenn dort für sämtliche untersuchten Stoffe die gleiche Eintrittsenergie gewährleistet ist.

Hinweis: Es wird eine Ungenauigkeit begangen, da bei der Messung mit anderen Absorbern als Luft die ständig mitgeführten 5 mm Luft nicht vollständig vor der Absorberschicht liegen, sondern apparativ bedingt teils davor, teils dahinter. Dieser Fehler ist aber klein gegen andere Ungenauigkeiten, z.B. beim linearen Interpolieren.

AUSWERTUNG

Der Aufnahme am Bezugspunkt werden nacheinander die anderen Aufnahmen überlagert. Die Lage der energiereichsten Spektrallinie wird im Abtastmodus ausgemessen und in einer Tabelle notiert. Meßbeispiel:

Absorber	Schichtdicke x	E/MeV	-dE/MeV
keiner	-	6,543 (=Ee)	-
Luft	10,0 mm	5,758	0,785
Aluminium	12,7 µm	4,793	1,750
Polyethylen	9,3 µm	5,698	0,845

Zu bestimmen ist nun diejenige Schichtdicke des jeweiligen Absorbers, die den gleichen Energieverlust bewirken würde wie 10 mm Luft. (Eine kontinuierliche Variation der Absorberdicke bis zum Erreichen der entsprechenden Austrittsenergie würde die Auswertung vereinfachen, ist aber experimentell schwierig - wenngleich durchaus machbar, vgl. [9]).

Dazu wird eine lineare Interpolation durchgeführt. Sei $dE(\text{Luft})$ der Energieverlust in 10 mm Luft, $dE(x)$ der in der Schichtdicke x des untersuchten Materials, und $x(\text{Äq})$ die gesuchte Schichtdicke, die zu 10 mm Luft äquivalent ist, so wird angesetzt

$$\frac{dE(x)}{x} = \frac{dE(\text{Luft})}{x(\text{Äq})},$$

also

$$x(\text{Äq}) = x \cdot \frac{dE(\text{Luft})}{dE(x)}.$$

Es ist üblich, anstelle der Schichtdicke x (in mm oder µm) die zu durchlaufende Flächenmasse $\rho \cdot x$ anzugeben.

Der Begriff der Flächenmasse ist im täglichen Leben etwa bei der Charakterisierung verschiedener Papierstärken gebräuchlich, woran im Unterricht angeknüpft werden kann (z.B. Schreibpapier von 80 g/m² oder Zeichenkarton von 200 g/m²). Gemeint ist also die Masse, die eine Flächeneinheit des betreffenden Materials aufweist. Im Zusammenhang mit den Luftäquivalenten ist die Maßeinheit allerdings nicht g/m² sondern mg/cm². Eine Schicht der Dicke x eines Stoffes der Dichte ρ hat beim Querschnitt A die Masse

$$m = \rho \cdot V = \rho \cdot x \cdot A$$

und damit die Flächenmasse

$$m / A = \rho x \cdot A / A = \rho \cdot x \ .$$

Im obigen Meßbeispiel berechnet man daher:

Absorber	x	-dE in MeV	x(Äq) = x·0,785MeV/|dE|	ρ in g/cm³	ρ·x in mg/cm²
Luft	10,0mm	0,785	10,00 mm	0,0012	1,2
Aluminium	12,7µm	1,750	5,70 µm	2,7	1,54
Polyethylen	9,3µm	0,845	8,64 µm	0,92	0,79

THEORIE

Unter Verwendung der Reichweitengesetze von GEIGER und BRAGG-KLEEMAN (vgl. 5.2.2) kann das Luftäquivalent eines Stoffes auch berechnet werden. Die Energie eines mit E_e in einen Luftabsorber eintretenden Alphateilchens werde in 10 mm auf die Austrittsenergie E_a vermindert. Gesucht ist die Schichtdicke x eines Absorbermaterials, die zur gleichen Energieabnahme führt.

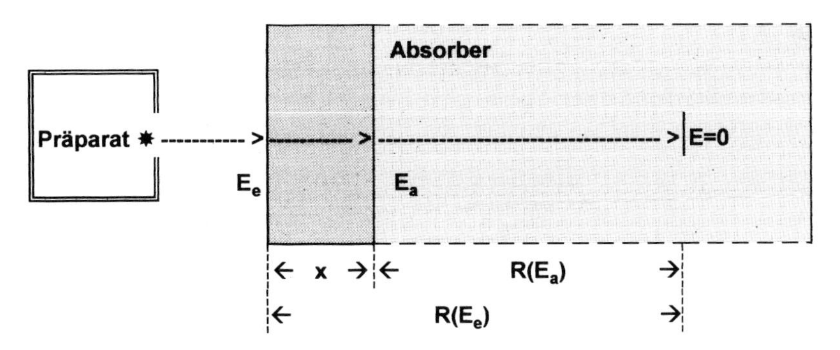

Bild 36 : Zur Berechnung des Luftäquivalents

Wir stellen uns einen dicken Absorber vor, in dem $x = x(\text{Äq})$ nur die vorderste Schicht ist. Wenn die Strahlung mit E_e in den Absorber eintritt, hat sie nach dem GEIGERschen Gesetz die Reichweite

$$R(E_e) = b \cdot E_e^{3/2}$$

Nach Austritt aus der Schicht x ist die Energie noch E_a und damit die verbleibende Reichweite

$$R(E_a) = b \cdot E_a^{3/2} \quad .$$

Folglich ist

$$x(\text{Äq}) = R(E_e) - R(E_a) = b \cdot (E_e^{3/2} - E_a^{3/2}) \; .$$

Den Faktor b für das Reichweitengesetz berechnet man wie in 5.2.2 mittels der Bragg-Kleeman-Regel

$$b = 1{,}08 \cdot 10^{-4} \frac{\text{g}}{\text{cm}^2 \ \text{MeV}^{3/2}} \cdot \frac{\sqrt{A}}{\rho} \quad .$$

Im Meßbeispiel war $E_e = 6{,}543$ MeV, $E_a = 5{,}758$ MeV, also

$$E_e^{3/2} - E_a^{3/2} = 2{,}92 \ \text{MeV}^{3/2} \quad .$$

Damit errechnet sich für die einzelnen Stoffe:

Absorber	ρ in g/cm^3	mittlere Atom= massenzahl A	b in µm/MeV$^{3/2}$	x(Äq) in µm	$\rho \cdot x$ in mg/cm^2
Luft	0,0012	14,44	3200	9344	1,12
Aluminium	2,7	27	2,07	6,07	1,64
Polyethylen	0,92	4,67	2,54	7,42	0,68

Vergleich mit den obigen Meßwerten ergibt eine zufriedenstellende Übereinstimmung. Die folgende Tabelle stellt die tatsächlichen Luftäquivalente (10 mm Luft) für verschiedene Stoffe bei einer Alpha-Energie von 7 MeV mit den nach BRAGG-KLEEMAN berechneten Werten gegenüber:

Absorber	ρ in g/cm^3	mittlere Atom= massenzahl A	x(Äq) in µm	$\rho \cdot x$ in mg/cm^2	x(Äq) (Bragg-Kleeman)	$\rho \cdot x$ (Bragg-Kleeman)
Luft	0,0012	14,44	10000	1,2	-	-
Aluminium	2,7	27	5,59	1,51	6,08	1,64
Kupfer	8,9	63,5	2,35	2,09	2,83	2,52
Silber	10,5	107,9	2,58	2,71	3,12	3,28
Gold	19,3	197	1,94	3,74	2,30	4,43

5.2.5 Anwendung von Alphastrahlung bei der Materialprüfung

GERÄTE: Alpha-Detektor mit Lochblende, Interface, Präparat Ra 226, Spinthariskop, Halter für Spinthariskop, Satz Absorberfolien Aluminium, Satz Absorberfolien Polyethylen, Absorberfolie Aluminium unbekannter Stärke, Absorberfolie Polyethylen unbekannter Stärke, Optische Bank mit Reitern bzw. Experimentierkammer.

ZWECK DES VERSUCHES

Die Materialprüfung ist eines der etablierten Anwendungsgebiete für radioaktive Strahlung. So werden z.B. Materialfehler (Risse, Lufteinschlüsse) anhand der Durchlässigkeit für die Strahlung aufgespürt oder Füllstände und Schichtdicken gemessen. Normalerweise wird hierfür die weiterreichende Beta- oder Gammastrahlung verwendet. Im Bereich kleiner Schichtdicken eignet sich jedoch auch Alphastrahlung für diesen Zweck; im vorliegenden Versuch werden auf zwei verschiedenen Wegen Schichtdicken von Folien bestimmt. Bei der ersten Methode wird mit Schichten bekannter Stärke eine Kalibrierung vorgenommen, bei der zweiten Methode wird direkt über das Reichweitengesetz aus dem Energieverlust auf die Schichtdicke geschlossen. Letztere Methode ist weniger genau, da das Reichweitengesetz nur näherungsweise gilt.

VERSUCHSAUFBAU

Der elektrische Anschluß erfolgt gemäß Bild 22/23. Detektor und Präparat werden auf Reitern einer optischen Bank montiert wie in 5.2.1. Der Absorber (im Dia-Rahmen) wird dazwischen in einen Diahalter eingesetzt. Die Hinweise bei 5.2.1 sind zu beachten. Alternativ kann die Meßkammer verwendet werden (Lichtschutz).

VERSUCHSDURCHFÜHRUNG

Eine Kalibrierung ist nur bei der zweiten Meßmethode erforderlich, da hier absolute Energien gemessen werden müssen.

Relativmessung: Mit dem bekannten Foliensatz wird für jede vorhandene Materialstärke eine Messung durchgeführt und abgelegt. Bereits vorhandene Messungen (etwa aus 5.2.1 oder 5.2.2) können verwendet werden, wenn sichergestellt ist, daß die gleiche Verstärkung eingestellt wird.

Die Messungen einer Meßreihe für ein bestimmtes Absorbermaterial werden nun in Spektralliniendarstellung gegenübergestellt (Vergleichsmodus des Programms). Die Lage der Linien (insbesondere der energiereichsten Linie) im Spektrum in Abhängigkeit von der Folienstärke stellt die Kalibrierkurve dar. Man kann die Lage der Linien auch mit einem Cursor abtasten und notieren, um die Kalibrierkurve zu zeichnen. Meßbeispiel:

Absorber: Aluminium

Folienstärke/µm	energiereichste Linie/keV
0,0	6543
12,7	4793
25,4	2258
38,1	-

Nach Aufnahme der Kalibrierkurve wird der unbekannte Absorber eingesetzt und eine neue Aufnahme durchgeführt. Man achte darauf, daß der unvermeidlich vorhandene Luftabsorber in allen Fällen gleich groß ist. Auch diese Aufnahme wird abgelegt.

Absolute Messung: Bei diesem Verfahren ist eine Kalibrierung erforderlich: Die Kalibriermessung wird geladen, die Kalibrierung wird eingstellt, das Präparat wird in die gleiche Position wie beim Kalibrieren gebracht; dann wird der Verstärkungsfaktor so eingestellt, daß sich die Neuaufnahme mit der Kalibriermessung deckt.

Anschließend wird der unbekannte Absorber zusätzlich eingebracht, ohne die Luftschicht zu verändern. Eine neue Messung mit Absorber wird durchgeführt und abgelegt.

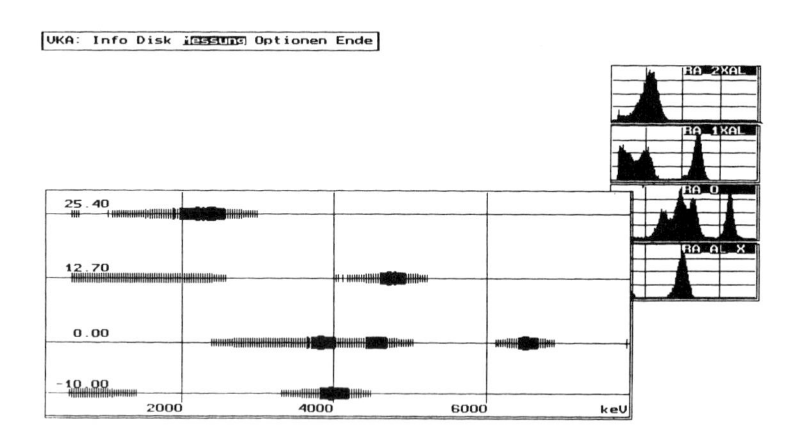

Bild 37:Bestimmung unbekannter Schichtdicken durch Relativmessung

AUSWERTUNG

Relativmessung: Die Kalibrierkurve wird zusammen mit der Messung am unbekannten Absorber dargestellt (Vergleichsmodus, Bild 37). Anhand der Lage der energiereichsten Linie läßt sich die Stärke des unbekannten Absorbers sofort zwischen zwei Stufungen der Vergleichsproben einordnen, im Beispiel (Bild 37) zwischen 12,7 µm und 25,4 µm. Mit dem Abtastcursor stellt man die genaue Lage der Linie fest. Aus der gezeichneten Kalibrierkurve entnimmt man dann für diese Energie (Meßbeispiel: 3965 keV) die Absorberstärke (im Beispiel 16,5 µm).

Absolute Messung: Die beiden Messungen mit und ohne den unbekannten Absorber werden überlagert. Die Energien der energiereichsten Linie in beiden Aufnahmen werden ausgemessen (Abtastmodus) und notiert. Über das GEIGERsche Reichweitengesetz folgt dann die Schichtdicke x. Meßbeispiel:

```
ohne Absorber: Ee = 6543 keV,
mit  Absorber: Ea = 3965 keV.
```

Analog zu 5.2.4 wird nun das GEIGERsche Reichweitengesetz

$$R(E) = a\,E^{3/2}$$

benutzt, um die Schichtdicke x zu bestimmen:

$$x = a\,(\,E_e^{\,3/2} - E_a^{\,3/2}\,) \quad .$$

Darin ist (vgl. 5.2.4)

$$a = 1{,}08 \cdot 10^{-4}\ \frac{\mathrm{g}}{\mathrm{cm}^2\ \mathrm{MeV}^{3/2}} \cdot \frac{\sqrt{A}}{\rho} \quad .$$

Mit $A = 27$ und $\rho = 2{,}7\ \mathrm{g/cm^3}$ für Aluminium wird dann

$$x = 1{,}08 \cdot 10^{-4}\ \frac{\sqrt{27}}{2{,}7}\ (6{,}543^{3/2} - 3{,}965^{3/2})\ \mathrm{cm} = 1{,}83 \cdot 10^{-3}\ \mathrm{cm} = 18{,}3\ \mu\mathrm{m}\ ,$$

was gegenüber der Vergleichsmessung eine Abweichung von 11 % darstellt. Eine größere Genauigkeit ist auch nicht zu erwarten, da das GEIGERsche Reichweitengesetz nur eine Faustregel ist.

ZUSATZVERSUCH: DICKE DER SCHUTZFOLIE IM RADIUM-PRÄPARAT

Das in den Versuchen verwendete Radiumpräparat ist ein geschlossenes Präparat, d.h. das Austreten radioaktiver Substanzen wird durch eine Schutzfolie (Gold) verhindert. Nach der oben beschriebenen Methode der Absolutmessung des Energieverlustes kann die Dicke dieser Folie bestimmt werden.

In Form des Spinthariskops steht ein offenes Vergleichspräparat zur Verfügung. Mit diesem wird bei 5 mm Abstand ein Spektrum aufgenommen und abgelegt (vgl. 5.1). Sodann wird im gleichen Abstand eine Messung am geschlossenen Radium-Präparat durchgeführt und abgelegt. Die Aufnahmen werden überlagert, die Energien der energiereichsten Linien werden ausgemessen. Meßbeispiel:

Spinthariskop . Absorber 5 mm Luft: E_e = 7611 keV,
Radiumpräparat. 5 mm Luft + x Gold: E_a = 6634 keV.

Mit $A = 197$ und $\rho = 19{,}3\ \mathrm{g/cm^3}$ für Gold folgt dann für die Folienstärke

$$x = 1{,}08 \cdot 10^{-4}\ \frac{\sqrt{197}}{19{,}3}\ (7{,}611^{3/2} - 6{,}634^{3/2})\ \mathrm{cm} = 3{,}1 \cdot 10^{-4}\ \mathrm{cm} = 3{,}1\ \mu\mathrm{m}\ .$$

Die Schutzfolie des geschlossenen Radium-Präparates ist danach ca. 3 µm dick.

Will man das Luftäquivalent für Gold bei 7 MeV aus der in 5.2.4 gegebenen Tabelle benutzen, so rechnet man folgendermaßen: Nach dem GEIGERschen Reichweitengesetz entspricht die Präparatabdeckung einer Luftschicht von

$$x(\text{Äq}) = 0{,}32\ \mathrm{cm} \cdot (7{,}611^{3/2} - 6{,}634^{3/2}) = 1{,}25\ \mathrm{cm}\ .$$

Laut der Tabelle in 5.2.4 entspricht 1 cm Luft 1,94 µm Gold. Für 1,25 cm Luft ergibt sich dann per Dreisatz die äquivalente Folienstärke zu

$$x = 1{,}94\ \mu\mathrm{m} \cdot \frac{1{,}25\ \mathrm{cm}}{1\ \mathrm{cm}} = 2{,}42\ \mu\mathrm{m}\ ,$$

was die oben bestimmte Größenordnung bestätigt.

ANMERKUNG

Es erscheint zunächst nicht trivial, daß der Dreisatz verwendet werden kann, obwohl ein nichtlineares Reichweitengesetz vorliegt. Man kann sich aber überlegen, daß dies immer dann zulässig ist, wenn die Reichweitengesetze

$$R = R(E)$$

in Luft, und

$$r = r(E)$$

im untersuchten Stoff sich nur durch einen konstanten Faktor B unterscheiden, d.h.

$$r(E) = B \cdot R(E)\ ,$$

wie es ja bei der Verbindung der Gesetze von GEIGER und BRAGG-KLEEMAN der Fall ist. Sei nämlich E_e die Eintrittsenergie, sei E_0 die Energie nach Durchlaufen einer Einheitsstrecke (X_0=1cm) in Luft, sei schließlich E_a die Austrittsenergie nach Durchlaufen einer Luftschicht X. Dann ist jedenfalls entsprechend der Überlegungen bei 5.2.4

$$X = R(E_e) - R(E_a)$$

und

$$X_0 = R(E_e) - R(E_0)$$

Das Luftäquivalent $X(Äq)$ des untersuchten Stoffes sei die Strecke, in der die Strahlung ebensoviel Energie verliert wie in der Strecke X_0 in Luft. Dann ist also

$$X(Äq) = r(E_e) - r(E_0)$$

Nun habe die Messung die Austrittsenergie E_a ergeben, aus der man die Schichtdicke

$$x = r(E_e) - r(E_a)$$

berechnen möchte. Dann ist offenbar

$$\frac{x}{X(Äq)} = \frac{r(E_e)-r(E_a)}{r(E_e)-r(E_0)} = \frac{B\cdot R(E_e)-B\cdot R(E_a)}{B\cdot R(E_e)-B\cdot R(E_0)} = \frac{R(E_e)-R(E_a)}{R(E_e)-R(E_0)} = \frac{X}{X_0},$$

also

$$x = X(Äq)\cdot X/X_0$$

wie oben verwendet.

5.2.6 Sperrschichtdicke des Halbleiterdetektors

GERÄTE: Photodiode BPX 61, Sinusgenerator (ca. 1 kHz), Oszilloskop, Geregeltes Netzgerät 0 bis ca. 20 Volt, Widerstände 2 x 47 kΩ, Kondensatoren 2 x 100 pF, 1 x 47 pF, 1 x 22 pF, Verbindungskabel.

ZWECK DES VERSUCHES

Die Funktionsweise eines Halbleiterdetektors zur Energiemessung von Alphastrahlung beruht darauf, daß die Alphateilchen in die Sperrschicht eindringen und hier durch ihre ionisierende Wirkung Elektron-Loch-Paare erzeugen, bis sie ihre gesamte Energie abgegeben haben. Da pro erzeugtem Ladungspaar eine bestimmte Ionisationsarbeit zu leisten ist, ist die Gesamtladung direkt proportional zur Energie des ionisierenden Teilchens. Voraussetzung ist, daß die Teilchen in der Sperrschicht vollständig absorbiert werden, d.h. ihre gesamte Energie abgeben. Hierfür ist die Dicke der Sperrschicht entscheidend. In diesem Versuch wird diese Sperrschichtdicke über die Sperrschichtkapazität bestimmt und hieraus berechnet, bis zu welcher Grenzenergie die Alphastrahlung noch vollständig absorbiert wird.

VERSUCHSAUFBAU

Zwei Kondensatoren X und C werden gemäß Bild 38 als Wechselspannungsteiler betrieben. Für C wird konstant $C = 100$ pF verwendet, X ist variabel. Im ersten Teil des Versuches werden für X bekannte Kapazitätswerte eingesetzt, um eine Kalibrierkurve aufzunehmen. Im zweiten Teil des Versuches ist X die unbekannte Sperrschichtkapazität. An die Reihenschaltung aus X und C wird einerseits eine Wechselspannung von ca. 1 kHz und andererseits eine variable Gleichspannung als Vorspannung angelegt. Um ein gegenseitiges Kurzschließen der Spannungsquellen zu vermeiden, werden jeweils 47 kΩ zu ihren Innenwiderständen in Reihe geschaltet. Die Spannung am oberen Bezugspunkt des Spannungsteilers wird mit dem zweiten Kanal des Oszilloskops überwacht (Falls nur ein einkanaliges Oszilloskop zur Verfügung steht, müssen Gesamt- und Teilspannung nacheinander gemessen werden). Kanal 1 mißt die geteilte Spannung an C.

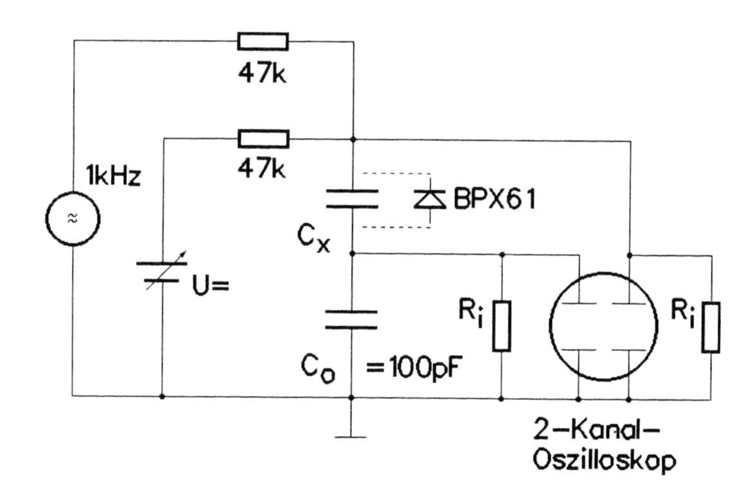

Bild 38 : Schaltung zur Messung der Sperrschichtdicke

VERSUCHSDURCHFÜHRUNG

Eine rechnerische Auswertung des Versuchs ist schwierig, da auch die Eingangskapazität und der Eingangswiderstand des Oszilloskops in die Rechnung eingehen müßten. Stattdessen wird in einem Vorversuch mit bekannten Kapazitätswerten eine Kalibrierung vorgenommen.

Kalibrierung: Aus den vorgeschlagenen Kondensatoren lassen sich zum Beispiel die in Bild 39 dargestellten Kapazitätswerte kombinieren:

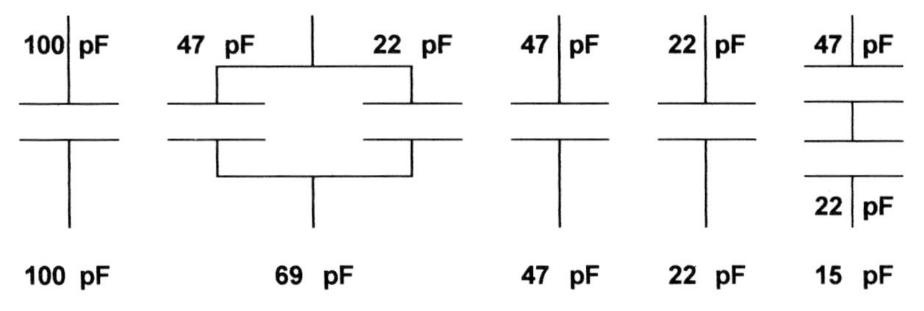

Bild 39 : Kalibrierkapazitäten

Diese werden für X eingesetzt. Bei konstanter Amplitude der Gesamtspannung wird die Amplitude an C gemessen. Eine Relativmessung (in Skalenteilen) genügt. Meßbeispiel:

X / pF	Amplitude/Skt
100	3,8
69	2,8
47	2,1
22	1,2
15	0,9
0	0,3

Der Meßwert für $X = 0$ pF enthält die verbleibenden Schaltungskapazitäten. Aus den Werten wird eine Kalibrierkurve gezeichnet (Bild 40).

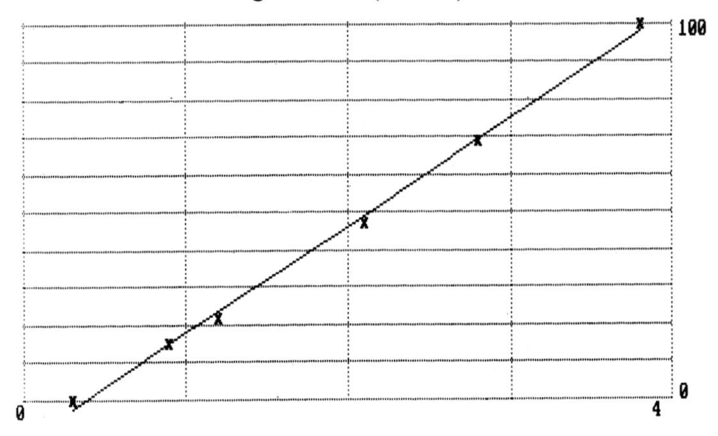

Bild 40 : Kalibriergerade für die Kapazitätsmessung

Während der Messung kann die Gleichspannung verändert werden um zu demonstrieren, daß im Falle passiver Kapazitäten die Gleichspannung ohne Einfluß auf die Amplitude ist; bei Verwendung eines DC-Eingangs verschiebt sich nur die Signalkurve als Ganzes (Bild 41).

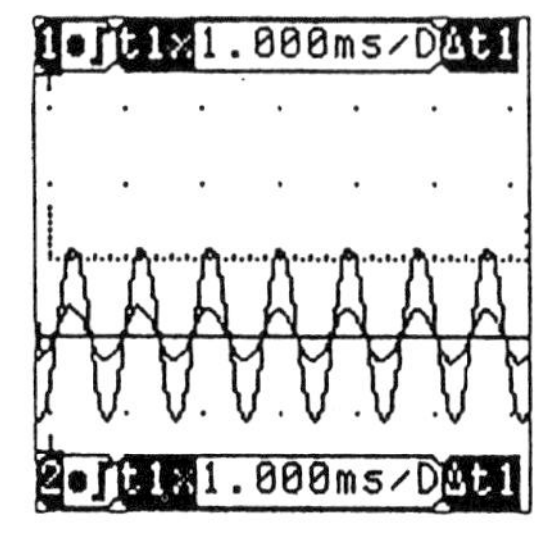

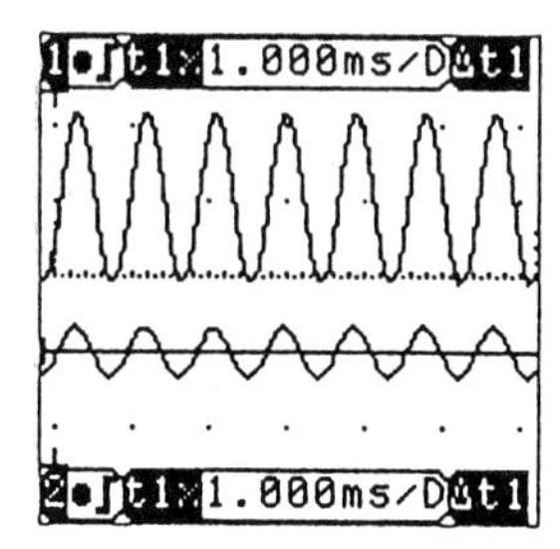

Bild 41 : Einfluß einer Gleichspannung auf Kondensatoren

Hinweis: Das geregelte Netzteil für die Gleichspannung bleibt bei allen Teilversuchen angeschlossen, da sein Innenwiderstand in die Spannungsverhältnisse des Netzwerks eingeht. Wenn sich das Netzteil nicht bis auf 0 V herunterregeln läßt, kann man versuchen, diesen Wert durch Ausschalten des Netzteils zu erreichen - ohne es jedoch abzuklemmen.

Messung an der Sperrschicht: Für X wird (gegen Licht geschützt!) nun die Photodiode eingesetzt. Die BPX 61 ist baugleich zum beschriebenen Alpha-Halbleiterdetektor, sie besitzt lediglich eine zusätzliche Schutzkappe gegen mechanische Beschädigung. Da die Photodiode in Sperrichtung betrieben wird, muß bei der in Bild 38 gezeigten Polung der Gleichspannungsquelle die Kathode der Diode oben liegen.

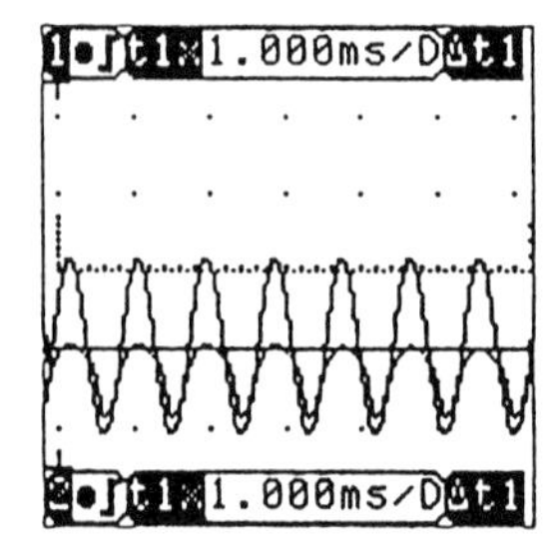

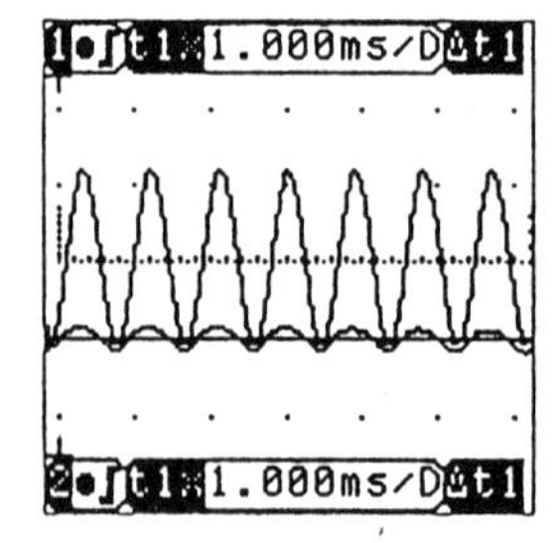

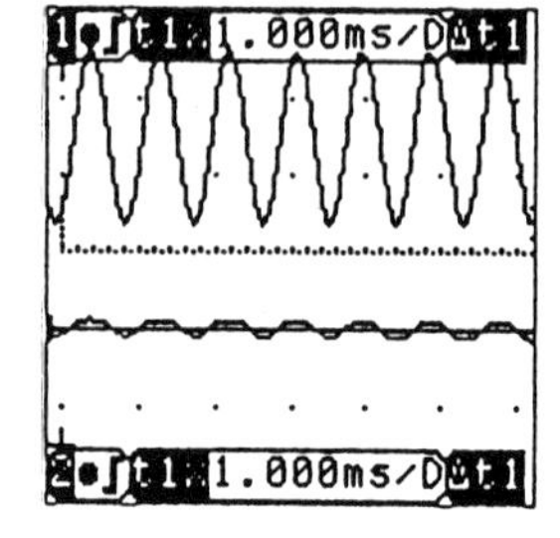

Bild 42 : Einfluß einer Gleichspannung auf die Diodenkapazität

Bei der Gleichspannung 0 V zeigt sich zunächst die Gleichrichterwirkung der Photodiode: Die negative Halbwellen werden zum Meßpunkt direkt weitergeleitet, die positiven gesperrt (Bild 42). Der Gleichrichtereffekt verschwindet, sowie die Vorspannung größer ist als die Amplitude der Sinusspannung. Es verbleibt ein Sinussignal, das durch die Spannungsteilung zwischen C = 100 pF und der Sperrschichtkapazität der Halbleiterdiode zustande kommmt. Dessen Amplitude wird nun in Abhängigkeit von der Vorspannung untersucht. Meßbeispiel:

U / V	Amplitude/Skt
2	1,5
3	1,4
4	1,3
5	1,2
6	1,15
8	1,05
10	0,95
12	0,9
15	0,85

AUSWERTUNG

Sperrschichtdicke: Anhand der Kalibrierkurve wird zunächst die zugehörige Sperrschichtkapazität zu den verschiedenen Vorspannungen ermittelt. Die zugehörige Sperrschichtdicke d wird dann unter der Annahme berechnet, die Sperrschicht bilde einen Plattenkondensator mit dem Plattenabstand d und der empfindlichen Fläche der Photodiode als Plattengröße A. Hierfür gilt dann

$$C = \epsilon \cdot \epsilon_0 \cdot \frac{A}{d} \qquad \text{d.h.} \qquad d = \epsilon \cdot \epsilon_0 \cdot \frac{A}{C} \quad .$$

Mit $A = 7{,}6\ \text{mm}^2$ laut Datenblatt, $\epsilon_0 = 8{,}8 \cdot 10^{-12}$ As/Vm und $\epsilon = 11{,}8$ für Silizium folgt:

$$d = 11{,}8 \cdot 8{,}8 \cdot 10^{-12} \frac{\text{As}}{\text{Vm}} \cdot \frac{7{,}6 \cdot 10^{-6}\ \text{m}^2}{\text{C}} = \frac{789}{\text{C /pF}}\ \mu\text{m} \ .$$

Im obigen Meßbeispiel ergibt dies folgende Werte:

U / V	C / pF	d / µm
2	33	23,9
3	29	27,2
4	26	30,4
5	24	32,9
6	22	35,9

U / V	C / pF	d / µm
8	19	41,5
10	17	46,4
12	15	52,6
15	14	56,4

Im Datenblatt des Herstellers wird für die BPX 61 eine Sperrschichtkapazität von ≈25 pF bei einer Vorspannung von 3 Volt angegeben, was durch obige Messung bestätigt wird.

U-d-Abhängigkeit: Aus der Theorie des Halbleiter-p-n-Übergangs ergibt sich, daß im Ruhezustand an der Sperrschicht bereits eine "Diffusionsspannung" anliegt: Im n-Leiter sind bewegliche Elektronen, im p-Leiter bewegliche Löcher im Überschuß (Majoritätsträger). Ihr Diffusionsdruck treibt sie auf die jeweils andere Seite, bis die hierdurch aufgebaute Spannung eine weitere Diffusion unterbindet. Die Spannung fällt über der Grenzschicht ab. Sie kann von außen gemessen werden, wenn man - bei der Photodiode durch Beleuchtung - zusätzliche Ladungsträgerpaare in der Grenzschicht erzeugt, die einen Strom durch das Meßgerät ermöglichen.

Anlegen einer Spannung in Sperrichtung vergrößert die Grenzschicht. Die über ihr abfallende Spannung wird jeweils durch die ortsfeste Raumladung (Ladungsdichte ρ) erzeugt. Für diese gilt die POISSONsche Gleichung

$$\frac{dE}{dx} = - \frac{\rho}{\epsilon \cdot \epsilon_0} ,$$

integriert

$$E(x) = - \frac{\rho}{\epsilon \cdot \epsilon_0} \cdot x + C .$$

Die Raumladung ρ ist positiv im n-Leiter, negativ im p-Leiter. Legt man den Koordinatenursprung in die Mitte der Sperrschicht (Dicke d), so hat man daher

$$U = \int_{-d/2}^{+d/2} E(x)\, dx = \int_{-d/2}^{0} - \frac{|\rho|\, x}{\varepsilon \cdot \varepsilon_0}\, dx + \int_{0}^{+d/2} \frac{|\rho|\, x}{\varepsilon \cdot \varepsilon_0}\, dx$$

$$= - \frac{|\rho|}{\varepsilon \cdot \varepsilon_0} \left(-\frac{1}{8} d^2\right) + \frac{|\rho|}{\varepsilon \cdot \varepsilon_0} \left(\frac{1}{8} d^2\right) = \frac{|\rho|}{4 \cdot \varepsilon \cdot \varepsilon_0} \cdot d^2 = U_{ext} + U_{diff} .$$

Zwischen der extern angelegten Spannung und der Sperrschichtdicke besteht also ein Zusammenhang

$$U_{ext} = \frac{|\rho|}{4 \cdot \epsilon \cdot \epsilon_0} \cdot d^2 - U_{diff}$$

Trägt man daher U aus der Messung ($=U_{ext}$) gegen d^2 auf, so ist ein linearer Zusammenhang zu erwarten. Bild 43 zeigt diese Darstellung der Meßwerte mit der Ausgleichsgeraden, die sich nach der Methode der kleinsten Fehlerquadrate zu

$$U_{ext}/\mathrm{V} = 0{,}0047\ (\mathrm{d}/\mu\mathrm{m})^2 - 0{,}37$$

ergibt. Danach ist $U_{diff} = 0{,}37$ V und $|\rho|/4\ \epsilon\ \epsilon_0 = 0{,}0047\ \mathrm{V}/\mu\mathrm{m}^2$. Die Diffusionsspannung kann mit einem hochohmigen Voltmeter bei beleuchteter Photodiode kontrolliert werden und bestätigt dieses Ergebnis recht gut. Aus der Steigung errechnet man:

$$|\rho| = \frac{0{,}0047\ \mathrm{V}}{(\mu\mathrm{m})^2} \cdot 4 \cdot 11{,}8 \cdot 8{,}8 \cdot 10^{-12}\ \mathrm{As/Vm} = 1{,}95\ \mathrm{As/m}^3$$

für die Ladungsdichte. Da jeder Elektronendonator bzw. Akzeptor in der Sperrschicht eine Elementarladung ($1{,}6 \cdot 10^{-19}$ As) liefert, bedeutet das eine Dotierung von $1{,}22 \cdot 10^{19}/\mathrm{m}^3$, was für die hier verwendete Photodiode ein realistischer Wert ist.

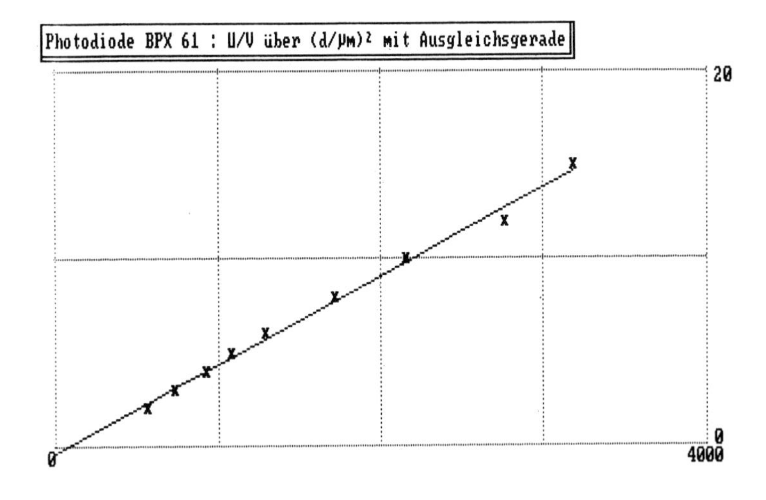

Bild 43 : Abhängigkeit der Spannung von der Sperrschichtdicke

Eindringtiefe: Im Alphadetektor wird die Photodiode mit ca. 12 Volt Vorspannung betrieben, d.h. wir haben eine Sperrschicht von ca. 53 µm Dicke. Damit die Alphateilchen ihre Energie in der Sperrschicht vollständig abgeben, muß ihre Reichweite also kleiner als 53 µm sein.

In 5.2.2 haben wir mit der Bragg-Kleeman-Regel für die GEIGERsche Reichweitenformel eine Formulierung gefunden, nach der für Silizium (A = 28 und ρ = 2,42 g/cm³)

$$R = 1{,}08 \cdot 10^{-4}\ \text{cm MeV}^{-3/2} \cdot \frac{\sqrt{28}}{2{,}42} \cdot E^{3/2} = 2{,}36\ \mu\text{m} \cdot \left(\frac{E}{\text{MeV}}\right)^{3/2}$$

gilt. Setzen wir R = 53 µm , so ergibt sich als maximale Energie für Alphateilchen, die noch vollständig in der Sperrschicht absorbiert werden:

$$E = (53\ \mu\text{m}/2{,}36\ \mu\text{m})^{2/3}\ \text{MeV} = 7{,}96\ \text{MeV}\ .$$

Danach ist für Alphateilchen bis ca. 8 MeV mit einem energieproportionalen Ausgangssignal des Alphadetektors zu rechnen. Tatsächlich ist die Grenzenergie etwas höher, da die Teilchen vor dem Eindringen in die Sperrschicht noch die Anode zu durchqueren haben, in der sie bereits einen Teil ihrer Energie verlieren.

ANMERKUNGEN

Berechnung des Diffusionsgleichgewichtes liefert für die Diffusionsspannung den Zusammenhang

$$U_{diff} = \frac{k \cdot T}{e} \cdot \ln\left(\frac{n_{major}}{n_{minor}}\right)$$

Wegen des Massenwirkungsgesetzes

$$n_{major} \cdot n_{minor} = n_i^2$$

folgt:

$$\frac{n_{major}}{n_{minor}} = \frac{n_{major} \cdot n_{major}}{n_{minor} \cdot n_{major}} = \frac{n_{major}^2}{n_i^2}\ ,$$

und somit

$$\frac{e \cdot U_{diff}}{k \cdot T} = \ln\left(\frac{n_{major}^2}{n_i^2}\right)\ ,$$

$$n_{major}^2 = n_i^2 \cdot e^{e \cdot U_{diff}/kT}$$

Bei Zimmertemperatur ist $kT \approx 0{,}026$ eV. Da nun U_{diff} = 0,37 V gemessen wurde, und n_i für Silizium bei $10^{16}/\text{m}^3$ liegt, folgt aus der gemessenen Diffusionsspannung

$$n_{major}^2 = (10^{16}/m^3)^2 \cdot e^{0,37eV/0,026eV} = 1,5 \cdot 10^{38}\ /m^6 ,$$

$$n_{major} = 1,23 \cdot 10^{19}/m^3 .$$

Dies bestätigt den aus der *U-d*-Abhängigkeit gewonnenen Wert mit guter Genauigkeit.

In der Rechnung ist nicht berücksichtigt, daß es sich bei der BPX 61 um eine p-i-n-Diode handelt. Für diese gilt genauer

$$U_{ext} = \frac{|\rho|}{4 \cdot \epsilon \cdot \epsilon_0} \cdot (d^2 - i^2) - U_{diff} ,$$

wenn d die - spannungsabhängige - Gesamtdicke der Sperrschicht und i die darin enthaltene - konstante - Dicke der Intrinsic-Schicht ist. Die errechnete Diffusionsspannung weicht daher von der gemessenen um $|\rho|\ i^2/4\epsilon\epsilon_0$ ab. Die praktische Messung zeigt allerdings, daß der Unterschied zumindest bei der BPX 61 unbedeutend ist und im Unterricht daher m.E. nicht problematisiert zu werden braucht.

5.2.7 Eigenabsorption von Alphastrahlern

GERÄTE: Alpha-Detektor, Interface, Thorium-Präparat in Flasche, Verbindungsschläuche, Diarähmchen (geglast), Quetschhahn, Experimentierkammer.

ZWECK DES VERSUCHES

Bei jedem Präparat kann nur die aus der obersten Schicht austretende Strahlung mit ihrer ursprünglichen Energie registriert werden. Sowie die Strahlung aus einer tieferliegenden Schicht stammt, verliert sie einen Teil der Energie bereits innerhalb des Präparates. Nur dünne Präparate liefern daher ein scharfes Energiespektrum. Am Radon kann dies leicht demonstriert werden, da das beobachtete Präparat die gasgefüllte Experimentierkammer ist. Die Präparatdicke ist hier also die Tiefe der Kammer, die leicht variiert werden kann.

Da die Strahlung des Präparates schwach ist, muß ein brauchbares Spektrum gewonnen werden, indem man mehrere Messungen summiert.

VERSUCHSAUFBAU

Der elektrische Anschluß erfolgt gemäß Bild 22/23. Die Thoriumflasche wird über den mit Quetschhahn versehenen Schlauch mit dem oberen Anschlußstutzen der Experimentierkammer verbunden, der untere Stutzen bleibt offen. Das Kammervolumen kann wahlweise auf ca. 1 cm Tiefe begrenzt werden, indem man ein Diarähmchen mit Gläsern als Wand in die Führung der Experimentierkammer einschiebt; oder es wird die volle Kammertiefe ausgenutzt, indem man das Rähmchen entfernt. Bild 44 stellt den Aufbau dar.

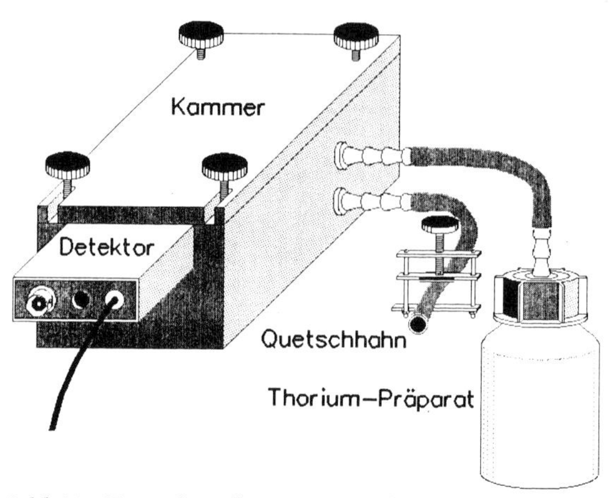

Bild 44 : Versuchsaufbau zu Versuchen mit Radon

VERSUCHSDURCHFÜHRUNG

Es wird die Kalibriermessung für höhere Energien geladen, und in der bekannten Weise (5.1) eine Nachkalibrierung durchgeführt. Um schneller zu einem auswertbaren Spektrum zu kommen, kann unter Verzicht auf Auflösungsschärfe die Auflösung bis auf 32 Kanäle reduziert werden. Dies setzt voraus, daß auch eine Kalibriermessung mit dieser Auflösung existiert, und daß das Programm eine Option zur Auflösungsreduktion besitzt.

Zunächst wird das als Begrenzungswand dienende Diaglas eingesetzt. Der Quetschhahn wird geöffnet, die Thoriumflasche wird zusammengedrückt und so ein Teil des gebildeten Radons in die Experimentierkammer gepreßt. Gleichzeitig wird eine Aufnahme gestartet. Da die Aktivität des Präparates gering ist, werden nur wenige Impulse registriert werden, jedoch ist eine längere Meßdauer als 2 Minuten wegen der Halbwertszeit von Rn 220 (55,6 Sekunden) nicht sinnvoll.

Andererseits hat sich in der Thoriumflasche während einer zweiminütigen Messung die Radonkonzentration schon wieder auf 75 % des Sättigungswertes erhöht. Man kann also die Flasche erneut zusammenpressen, um neues Radon in die Experimentierkammer zu fördern. Die laufende Messung wird dabei fortgesetzt. Hierdurch addieren sich die neuen Impulse zum schon vorhandenen Spektrum. Dieser Vorgang wird bis zur Ausbildung eines brauchbaren Spektrums mehrmals wiederholt (ca. 6 mal). Die fertige Aufnahme wird abgespeichert.

In entsprechender Weise wird eine zweite Aufnahme bei entfernter Tiefenbegrenzung durchgeführt.

AUSWERTUNG

Die beiden aufgenommenen Spektren werden überlagert. Man bemerkt die gleichen Spektrallinien in beiden Aufnahmen. Die Radon-Linie der zweiten Aufnahme ist aber gegenüber der ersten Aufnahme deutlich verbreitert, da nun noch tiefere Schichten des Präparats zum Spektrum beitragen, deren Strahlung beim Durchqueren der Gasschicht an Energie verliert. Die Maximalenergie einer Linie ist durch die unabsorbierte Strahlung gegeben und ergibt eine scharfe Kante der Linie am hochenergetischen Ende. Bei der Messung der Strahlungsenergie an Präparaten mit nicht vernachlässigbarer Dicke ist daher stets diese Kante maßgeblich (Bild 45).

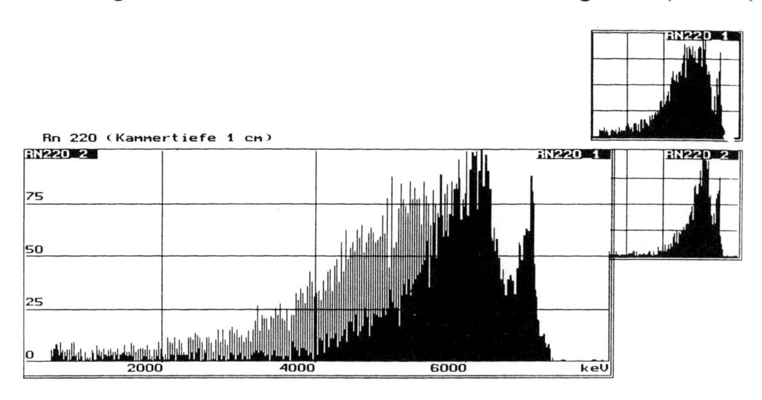

Bild 45 : Nachweis der Eigenabsorption in Radon

Hinweis: Betrachtet man das am Spinthariskop gewonnene Kalibrierspektrum (vgl. 5.1) unter diesem Aspekt, so fällt auch hier auf, daß die Spektrallinien an der hochenergetischen Kante scharf begrenzt sind, während sie zu den kleineren Energien hin unscharf verlaufen. Der obige Versuch liefert die Erklärung hierfür.

5.3 Zerfallsreihen und Zerfallsgesetz

5.3.1 Radium 226 und seine Zerfallsprodukte

GERÄTE: Alphadetektor, Interface, Spinthariskop, Halter für Spinthariskop, Experimentierkammer oder Optische Bank mit Reitern, Nuklidkarte.

ZWECK DES VERSUCHES

In einem Radium-Präparat sind auch stets die Zerfallsprodukte der Radium-Zerfallsreihe zu finden. Anhand ihrer Strahlungsenergie können sie, soweit es sich um Alpha-Strahler handelt, im Energiespektrum identifiziert werden.

VERSUCHSAUFBAU

Der elektrische Anschluß erfolgt gemäß Bild 22/23. Bei Montage auf einer optischen Bank muß der Raum verdunkelt werden, daher empfiehlt sich die Verwendung der Experimentierkammer.

Um durch Absorption nicht verfälschte Energien beobachten zu können, wird als Präparat wie in 5.1 das Spinthariskop verwendet. Das eigentliche Präparat des Spinthariskops wird von der Lupe abgeschraubt und in den Präparathalter eingesetzt. Dann wird es dem Detektor (Lochblende abgeschraubt) bis zum Anschlag genähert.

VERSUCHSDURCHFÜHRUNG

Wegen der Arbeit mit einem offenen Präparat und wegen der langen Versuchsdauer sollte die Aufnahme außerhalb des Unterrichts durchgeführt werden. Es wird eine Aufnahme durchgeführt. Wegen der geringen Aktivität des Präparates zeichnen sich erst nach 1 bis 2 Minuten die typischen 4 Radium-Spektrallinien ab. Eine brauchbare Auswertung ist erst nach einigen Stunden Meßdauer möglich, wenn die intensivste Spektrallinie mit ca. 200 Impulsen pro Kanal repräsentiert ist. Es wird zweckmäßigerweise einfach die Kalibrieraufnahme aus 5.1 verwendet.

AUSWERTUNG

Es lassen sich folgende Spektrallinien identifizieren:

1. ca. 4600 keV ,
2. ca. 5280 keV ,
3. ca. 5460 keV ,
4. ca. 6000 keV ,
5. ca. 7690 keV .

Den Linien 4 und 5 kommt dabei natürlich keine Beweiskraft zu, da nach ihnen in Versuch 5.1 die Kalibrierung erfolgte.

Anhand der Nuklidkarte findet man für Radium 226 folgende Zerfallsreihe, deren Alpha-Energien sich mit den obigen Spektrallinien gemäß Tabelle 6 identifizieren lassen.

Die Linien 4780 keV und 4600 keV, die das Radium 226 unter Emission verschiedener Gammaenergie aussendet, lassen sich im Spektrum nicht voneinander trennen. Die anderen gemessenen Linien lassen sich mit zufriedenstellender Genauigkeit den Nukliden der Radium-Zerfallsreihe zuordnen.

Nuklid	Zerfallsart	Energie	zugeordnete Spektrallinie
Ra 226	α	4780(4600) keV	1.
Rn 222	α	5480 keV	3.
Po 218	α	6000 keV	4.
Pb 214	β	(1031 keV)	-
Bi 214	β	(3260 keV)	-
Po 214	α	7690 keV	5.
Pb 210	β	(61 keV)	-
Bi 210	β	(1160 keV)	-
Po 210	α	5305 keV	2.
Pb 206	stabil	-	-

Tabelle 6 : Energien der Radium-Zerfallsreihe

Die hier dargestellte Radium-Zerfallsreihe stellt einen Ausschnitt der natürlichen Uran-Radium-Reihe dar, die mit Uran 238 beginnt, und deren Verlauf z.B. anhand einer Nuklidkarte verfolgt werden kann.

Hinweis: Bei der Kalibrierung nach 5.1 böte es sich zunächst an, zur Erzielung einer größeren Genauigkeit zwei weit auseinander liegende Linien als Fixpunkte zu verwenden. Da aber Linie 1 eine nicht aufgelöste Zweifachlinie ist und die Linien 2 und 3 nur schwer trennbar sind, kommen als Fixpunkte nur die scharf abgegrenzten Linien 4 und 5 in Frage.

5.3.2 Radon 220 und seine Zerfallsprodukte

GERÄTE: Alpha-Detektor, Interface, Thorium-Präparat in Flasche, Verbindungsschläuche, Quetschhahn, 2-Wege-Stutzen (siehe unten), Experimentierkammer, Diarähmchen (geglast), Membranpumpe, Uhr, Nuklidkarte.

ZWECK DES VERSUCHES

Das natürlich vorkommende Thorium 232 leitet die Thorium-Zerfallsreihe ein, in deren Verlauf das radioaktive Edelgas Radon 220 auftritt. Dieses tritt aus dem Thoriumpräparat aus und kann anhand seiner Alphastrahlung identifiziert werden. Weiterhin werden die Alphastrahler unter den Radon-Zerfallsprodukten anhand ihrer

Da die Strahlung des Präparates schwach ist, kann ein brauchbares Spektrum nur gewonnen werden, indem mehrere Messungen summiert werden oder das Gasvolumen innerhalb der Apparatur kontinierlich umgewälzt wird.

VERSUCHSAUFBAU

Summationsmessung: Der elektrische Anschluß erfolgt gemäß Bild 22/23. Wenn über mehrere Messungen summiert werden soll, wird wie in 5.2.7 die Thoriumflasche über den mit Quetschhahn versehenen Schlauch mit dem oberen Anschlußstutzen der Experimentierkammer verbunden, der untere Stutzen bleibt offen. Durch Einsetzen eines Diarähmchens mit Glas wird das Kammervolumen auf ca. 1 cm Tiefe begrenzt. Der Aufbau wurde in Bild 44 dargestellt.

Umwälzmessung: Mit obigem Aufbau lassen sich allerdings nur die Linien von Rn 220 und Po 218 nachweisen. Um auch die verzögert entstehenden Zerfallsprodukte zu erfassen, muß das Radon zwischen Thoriumpräparat und Meßkammer kontinuierlich umgewälzt werden. Hierzu wird das Gas mittels einer Membranpumpe fortlaufend aus der Meßkammer abgesaugt, in die Präparatflasche zurückgeleitet und vor dort wieder in die Kammer gefördert.

Das übliche Präparat in Kunststofflasche hat allerdings nur einen einzigen Anschlußstutzen für einen Schlauch. Daher wird ein 2-Wege-Stutzen verwendet, der einen Gegenstrom des Gases ermöglicht. Bild 46 zeigt den Aufbau. Der Selbstbau eines 2-Wege-Stutzens wird unten beschrieben.

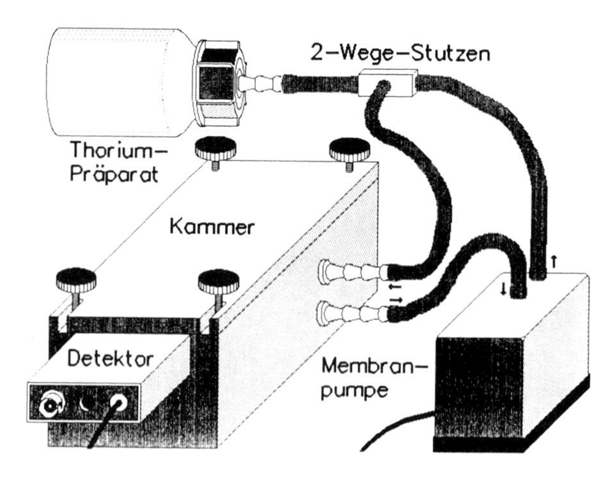

Bild 46 : Aufbau zur kontinuierlichen Radon-Umwälzung

Die Pumpe ist eine Membranpumpe, wie sie als Aquariumzubehör verwendet wird. Aquariumpumpen arbeiten normalerweise nur als Kompressor, d.h. sie stoßen Luft unter Druck aus. Es muß daher darauf geachtet werden, daß die verwendete Pumpe auch einen Ansaugstutzen besitzt. Nötigenfalls kann man eine Pumpe mit einem Ansaugstutzen nachrüsten, wenn man alle Gehäuseundichtigkeiten, durch die sie im Normalbetrieb Frischluft ansaugt, abdichtet.

VERSUCHSDURCHFÜHRUNG

Es wird die Kalibriermessung für höhere Energien geladen und eine Nachkalibrierung wie in 5.1 bzw. 5.2.7 durchgeführt.

Summationsmessung: Wenn man nur die Summationsmessung durchführen will, wird der Quetschhahn geöffnet, die Thoriumflasche zusammengedrückt und so ein Teil des gebildeten Radons in die Experimentierkammer gepreßt. Gleichzeitig wird eine Aufnahme gestartet. Bei weiterlaufender Messung kann etwa alle zwei Minuten erneut durch Zusammenpressen der Präparatflasche Radon in die Experimentierkammer geleitet werden (vgl. Erläuterung bei 5.2.7).

Umwälzmessung: Für die Messung aller Folgeprodukte besteht der Versuch aus zwei Teilen: im ersten Teil wird die Radon-Atmosphäre 20 Stunden lang umgewälzt und hierbei wiederholt gemessen (eventuell kann man die Messung auch auf das Ende der Umwälzphase konzentrieren). Im zweiten Teil wird die Pumpe abgeschaltet, so daß nach kurzer Zeit die Strahlung des Radon selbst abklingt (56 s Halbwertszeit). Sodann werden in einer Anschlußmessung die Folgeprodukte allein beobachtet. Diese Aufteilung ist nötig, da die Strahlung des Radon 220 einen Teil der übrigen Strahlung überdeckt. Letztere wird erst nach dem Aussterben des Radon sichtbar.

Variante für eine Unterrichtsstunde: Die Umwälzpumpe wird ca. 20 Stunden vor der Unterrichtsstunde in Betrieb gesetzt. Die erste Messung erfolgt dann am Beginn der Unterrichtsstunde bei noch laufender Pumpe. Dann wird die Pumpe abgeschaltet und die Messung abgelegt. Nach einer Pause von ca. 10 Minuten wird die Messung der Folgeprodukte gestartet. Als Meßdauer genügen dann jeweils 10 Minuten. Auch diese Messung wird abgespeichert.

Hinweis: Wegen des Zeitaufwandes empfiehlt es sich, für die Versuche 5.3.2, 5.3.3 und 5.3.4 eine gemeinsame Meßreihe aufzunehmen.

AUSWERTUNG

Summationsmessung: Das aufgenommene Gesamtspektrum wird abgetastet, die Energien der gefundenen Spektrallinien notiert. Ein Meßbeispiel wurde in Bild 45

(5.2.7) gezeigt. Es zeichnen sich zwei Linien ab: eine breite Linie mit Maximum bei ca. 6300 keV und eine schmale Linie bei ca. 6800 keV.

Der Nuklidkarte entnimmt man für Rn 220 eine Alpha-Energie von 6288 keV. Die breite Linie kann also mit der Strahlung des Rn 220 identifiziert werden. Rn 220 zerfällt mit einer Halbwertszeit von 55,6 s zu Po 218, das ebenfalls ein Alpha-Strahler ist und mit einer Halbwertszeit von 0,15 s - also praktisch augenblicklich - weiterzerfällt. Seine Strahlung tritt daher mit der des Rn 220 simultan auf und hat gemäß Nuklidkarte eine Energie von 6788 keV. Diese kann also mit der anderen Spektrallinie identifiziert werden.

Umwälzmessung: Die beiden aufgenommenen Spektren werden abgetastet, die Energien der beobachteten Linien werden notiert. Neben den schon in 5.3.2 beobachteten Linien bei ca. 6300 und ca. 6800 keV tritt zeitverzögert - und daher erst nach längerem Umwälzen des Gases - eine Linie bei ca. 8800 keV auf (Bild 47). In der zweiten Aufnahme fehlt die Strahlung des Radon, statt dessen wird eine zuvor hiervon verdeckte Linie bei ca.6100 keV sichtbar (Bild 48). Insgesamt werden also folgende Linien identifiziert:

1. ca. 6300 keV (sofort),
2. ca. 6800 keV (sofort),
3. ca. 6100 keV (verzögert),
4. ca. 8800 keV (verzögert).

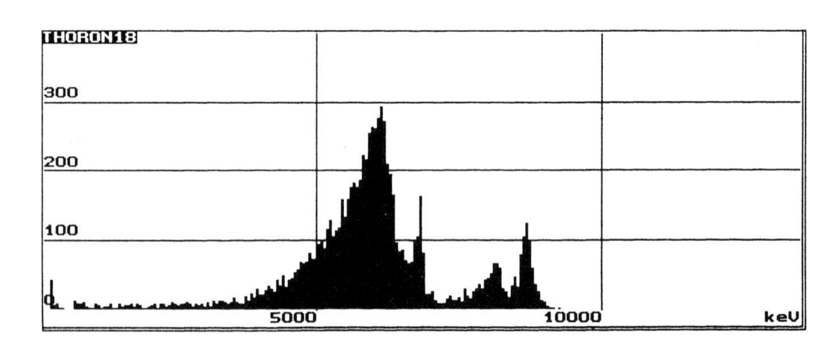

Bild 47 : Radon-Spektrum nach 20 Stunden Umwälzen

Mittels der Nuklidkarte läßt sich die Thorium-Zerfallsreihe verfolgen. Beim Wismut 212 tritt eine Verzweigung der Zerfallsreihe auf. Insgesamt treten im Anschluß an Rn 220 die in Tabelle 7 wiedergegebenen Zerfälle auf, die mit den beobachteten Linien wie angegeben zu identifizieren sind.

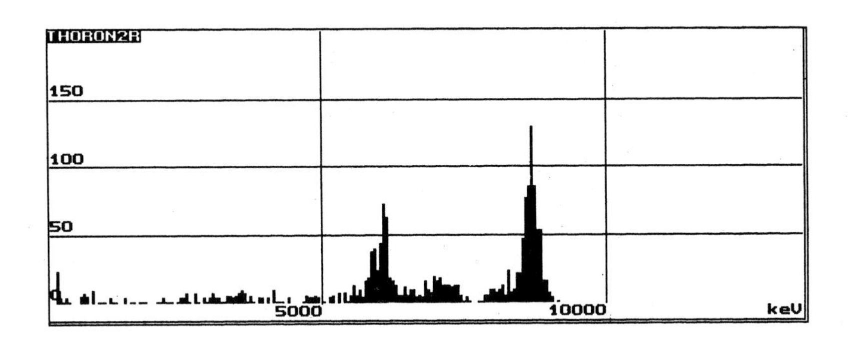

Bild 48 : Radon-Spektrum nach Abschalten der Umwälzpumpe

Nuklid	Zerfallsart	Energie	zugeordnete Spektrallinie
Rn 220	α	6288 keV	1.
Po 216	α	6778 keV	2.
Pb 212	ß	(600 keV)	-
Bi 212	ß	(2300 keV)	-
↙ ↘	α	6090 keV	3.
| Po 212	α	8784 keV	4.
Tl 208 |	ß	(2400 keV)	-
↘ ↙			
Pb 208	stabil		

Tabelle 7 : Folgeprodukte von Radon 220

Das Po 216 mit seiner Halbwertszeit von 0,15 s tritt praktisch unmittelbar zusammen mit dem Rn 220 auf. Sein Folgeprodukt Pb 212 ist Betastrahler und daher im Spektrum nicht sichtbar. Da seine Halbwertszeit 10,64 Stunden beträgt, wird es erst mit entsprechender Verzögerung aufgebaut. In der Kurzmessung ist es daher nicht zu finden. Als Folgeprodukt von Pb 212 bildet sich dann vergleichsweise kurzfristig (Halbwertszeit 60,6 m) das Bi 212, das auf 2 Arten zerfallen kann. Die beiden Folgeprodukte Tl 208 (3,05 m) und Po 212 (0,3 µs) zerfallen praktisch unmittelbar weiter. Somit sind die Linien 3 und 4 simultan im Spektrum zu finden, aber eben erst nach einer Verzögerung, die durch das dazwischenstehende Pb 212 verursacht wird.

Hinweise

Nach diesem Versuch sind Meßkammer und Alpha-Detektor für einige Tage mit den Radon-Folgeprodukten verseucht, die mit ca. 11 Stunden Halbwertszeit abklingen. Man führe den Versuch daher nur durch, wenn die Geräte im Anschluß nicht sofort wieder gebraucht werden.

Es empfiehlt sich, vor der Messung der Folgeprodukte die Kammer zu öffnen und das als Rückwand dienende Dia zu entfernen. Die Folgeprodukte kondensieren auf dem Detektor selbst und auf den Kammerwänden, insbesondere auch auf der Rückwand, die dem Detektor gegenüberliegt. Dies führt zu einer Verdopplung der Spektrallinien: es wird sowohl der Niederschlag auf der Detektoroberfläche gemessen, als auch (durch die absorbierende Gasschicht energieverschoben) der Niederschlag auf der Rückwand. Nach Entfernen der Rückwand wird nur noch der Niederschlag unmittelbar auf der Detektoroberfläche beobachtet, dessen Energien nicht durch Absorption verschoben sind.

Da bei diesem Versuch ein radioaktiver Niederschlag auf dem Detektor entsteht, der keinerlei Energieverschiebung durch Absorption unterliegt, eignet sich dieser Versuch auch zu einer hochgenauen Kalibrierung. Man muß allerdings die Vorlaufzeit für das Umwälzen der Radonatmosphäre und die Nachlaufzeit für das Abklingen der Verseuchung in Kauf nehmen. Der Aufwand ist jedoch einmalig, da man im Anschluß daran mit einem normalen Präparat Ra 226 eine Vergleichsmessung aufnehmen kann.

Bau eines 2-Wege-Stutzens

Bild 49 gibt an, wie ein 2-Wege-Stutzen aus handelsüblichem Material des Aquariumzubehörs selbst angefertigt werden kann. An einem normalen T-Verzweiger wird der eine der beiden geraden Schlauchnippel vorsichtig auf einen größeren Durchmesser aufgebohrt, so daß man durch ihn hindurch mit Spielraum ein Kunststoffrohr (Trinkhalm) durchführen und im anderen geraden Nippel befestigen kann. Das Rohr muß eng in die ursprüngliche Bohrung des Nippels passen und wird ggf. mit Sekundenkleber darin fixiert. Über den aufgebohrten Nippel schiebt man ein Stück Schlauch, das auf den Stutzen des Thoriumpräparates paßt. Die Länge ist so zu bemessen, daß das Kunststoffrohr noch ein Stück in die Präparatflasche ragt. Jetzt kann ein Gasstrom durch das Rohr in die Flasche gepumpt werden, während das Gas im Gegenstrom durch den umgebenden Schlauch wieder aus der Flasche austritt und am abgewinkelten Schlauchnippel des T-Stücks entnommen wird.

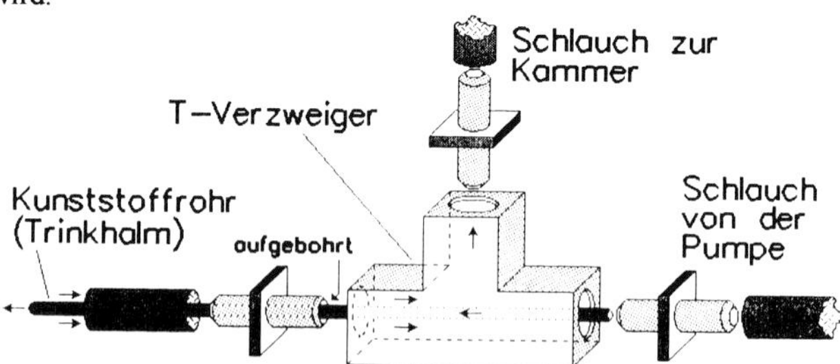

Bild 49 : Selbstbau eines 2-Wege-Stutzens

5.3.3 Verzweigung einer Zerfallsreihe

GERÄTE: Alpha-Detektor, Interface, Thorium-Präparat in Flasche, Verbindungsschläuche, 2-Wege-Stutzen, Experimentierkammer, Diarähmchen (geglast), Membranpumpe, Uhr, Nuklidkarte.

ZWECK DES VERSUCHES

Wismut 212, das als Folgeprodukt von Radon 220 in der Thorium-Zerfallsreihe vorkommt, kann einen α- oder β-Zerfall durchführen. Im Falle das β-Zerfalls schließt sich Polonium 212 als extrem kurzlebiger Alpha-Strahler an, so daß beide Zerfallswege - der eine direkt, der andere indirekt - über Alpha-Strahlung nachgewiesen werden können. In diesem Versuch werden die Wahrscheinlichkeiten der beiden Zerfallswege als relative Häufigkeiten der Zerfallsereignisse bestimmt.

VERSUCHSAUFBAU

Der Versuchsaufbau erfolgt wie in 5.3.2 für die Langzeitmessung beschrieben. Die Radon-Atmosphäre wird zwischen Präparat und Experimentierkammer kontinuierlich umgewälzt.

VERSUCHSDURCHFÜHRUNG

Zunächst ist eine Kalibrierung durchzuführen (großer Meßbereich), vgl. 5.1. Wie in 5.3.2 wird nun die Radon-Atmosphäre zunächst ca. 20 Stunden lang kontinuierlich umgewälzt. Sodann wird die Kammer geöffnet und die Rückwand (Dia) entfernt. Anschließend wird nach einer Pause von 10 Minuten eine Aufnahme durchgeführt, die die auf dem Detektor niedergeschlagenen Zerfallsprodukte mißt. Es sollte wenigstens 10 Minuten lang gemessen werden.

Wegen des Zeitaufwandes und der Tatsache, daß die Apparatur hinterher für einige Tage durch die Zerfallsprodukte verseucht ist, (vgl. Hinweise zu 5.3.2). empfiehlt es sich, anstelle einer Neuaufnahme die in 5.3.2 gewonnene Aufnahme zu verwenden.

AUSWERTUNG

Die Intensitäten der beiden im Spektrum sichbaren Linien (Alphastrahlung von Bi 212 und Po 212) werden ausgemessen. Das Programm muß dazu eine Option zur Integration von Teilen des Spektrums besitzen.

Die Linie 6100 keV entspricht dem direkten α-Zerfall von Bi 212. Die Linie 8800 keV entspricht dem α-Zerfall von Po 212 und damit indirekt dem β-Zerfall von Bi 212 (Bild 50).

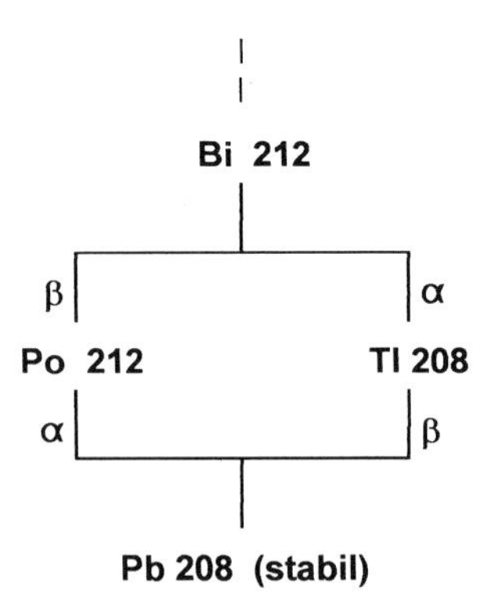

Bild 50 : Verzweigung der Thorium-Reihe bei Bi 212

Meßbeispiel: `Linie 6100 keV : 0,128 Imp/s ,`
`Linie 8800 keV : 0,206 Imp/s .`

Als relative Häufigkeiten finden wir hiermit

$$h(\alpha) = \frac{0,128}{0,128+0,206} \approx 0,38 \;,$$

$$h(\beta) = \frac{0,206}{0,128+0,206} \approx 0,62 \;.$$

Der α-Zerfall tritt demnach mit einer Wahrscheinlichkeit von ca. 38% auf, der β-Zerfall mit ca. 62% (Literaturwerte: 36,2 % und 63,8 %).

Hinweis: Auch in den anderen Zerfallreihen treten Verzweigungen auf, die Wahrscheinlichkeiten des einen Zerfallsweges dominieren dort aber mit 98 % oder mehr, so daß ein experimenteller Nachweis sehr schwierig ist.

5.3.4 Zerfallskurve, Sättigungskurve und Halbwertszeit

GERÄTE: Alpha-Detektor, Interface, Thorium-Präparat in Flasche, Verbindungsschläuche, 2-Wege-Stutzen, Experimentierkammer, Diarähmchen (geglast), Membranpumpe, Uhr, Nuklidkarte.

ZWECK DES VERSUCHES

Nicht nur der Zerfall eines Radioisotops, sondern auch seine Anreicherung bis zur Sättigungskonzentration folgen einem Exponentialgesetz, wobei in beiden Fällen die Zerfallskonstante die bestimmende Zeitkonstante ist. In diesem Versuch wird die

Zeitkonstante sowohl für eine Sättigungskurve als auch für eine Zerfallskurve aufgenommen und verglichen. Der Versuch kann am Radon 220 oder am Polonium 212 durchgeführt werden.

VERSUCHSAUFBAU

Der elektrische Anschluß erfolgt gemäß Bild 22/23. Die Kammertiefe wird durch Einsetzen eines Diarähmchens auf ca. 1 cm reduziert. Wie in 5.3.2 muß das Radon zwischen Thoriumpräparat und Meßkammer kontinuierlich umgewälzt werden.

VERSUCHSDURCHFÜHRUNG

Zunächst ist eine Kalibrierung durchzuführen (großer Meßbereich, vgl. 5.1). Wegen der geringen Zählraten ist ggf. eine Reduktion der Auflösung vorzunehmen, wenn das Programm diese Option vorsieht.

Sättigungskurve von Radon: Wegen der kurzen Lebensdauer von Rn 220 ist das Aufnehmen einer Meßreihe zur Verfolgung von dessen Sättigung nur möglich, wenn das Programm die Option einer zeitgesteuerten automatischen Meßreihe bietet. Es sind 7 Messungen von ca. 25 Sekunden Dauer im zeitlichen Abstand von 30 Sekunden durchzuführen, d.h. es bleiben zwischen den Messungen nur 5 Sekunden zum Ablegen der Messung. Dies ist manuell praktisch nicht zu realisieren. Ein Ausweg besteht darin, die Messungen - jeweils nach Belüften der Kammer und Abwarten der erneuten Anreicherung von Radon in der Präparatflasche - in zwei Meßreihen durchzuführen, indem man einmal die geraden und einmal die ungeraden Messungen absolviert, so daß jeweils 30 Sekunden zum Abspeichern verbleiben (Bild 51). Die erste Messung beginnt unmittelbar mit dem Einschalten der Umwälzpumpe ($t = 0$).

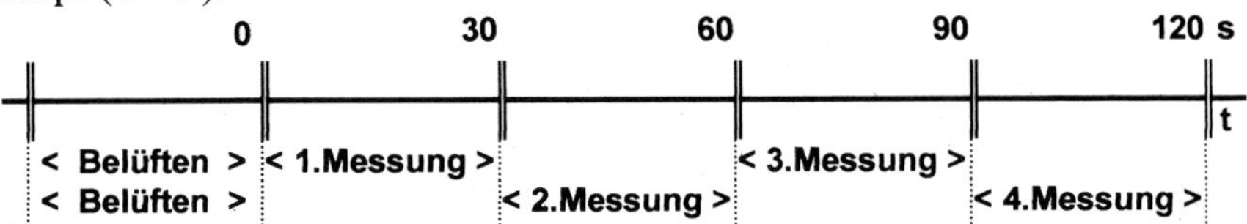

Bild 51 : Timing-Schema zur Messung der Radon-Sättigung

Es empfiehlt sich wegen der geringen Strahlungsaktivität, diese Meßreihen mehrmals zu wiederholen und dann die zusammengehörigen Einzelmessungen zu addieren (Zum Addieren von Messungen kann praktisch die gleiche Programmroutine benutzt werden wie zum Subtrahieren, wenn man dort "-" durch "+" ersetzt).

Hinweis: Öffnen des Deckels genügt zum Belüften nicht, da Radon eine viel höhere Dichte als Luft hat. Die Kammer wird zum Belüften am zweckmäßigsten mit Preßluft durchgeblasen (**nicht mit dem Mund, Kontaminationsgefahr!**).

Abklingkurve von Radon: Hierfür wird eine Meßreihe durchgeführt wie zuvor; jedoch wird vor Beginn der Messung durch mindestens zweiminütiges Umwälzen der Radon-Atmosphäre in der Kammer eine Anfangskonzentration von Radon aufgebaut. Mit dem Abschalten der Pumpe wird zugleich die Meßreihe gestartet. Der Zerfall des Radon zeigt sich im Abklingen der Intensität seiner Spektrallinie. Wegen der geringen Zählraten ist die Meßreihe mehrmals zu wiederholen und dann zu addieren. Dazu muß jeweils wieder eine meßbare Radonkonzentration aufgebaut werden, indem man die Pumpe nach jeder Messung wieder für ca. 2 Minuten einschaltet.

Sättigungskurve von Polonium: Die oben beschriebenen Aufnahmen an Radon lassen sich bei zügiger Arbeit in 2 Stunden durchführen, erfordern aber ständiges Hantieren des Experimentierenden (Pumpe an/aus, Belüften, Programm bedienen). Demgegenüber erfordert die entsprechende Aufnahme an Polonium ca. 2 Tage Meßzeit, die Handhabungen beschränken sich aber auf ein Minimum, wenn ein Programm mit automatischer Meßreihenaufnahme verwendet wird.

Die Meßreihe wird mit dem Einschalten den Umwälzpumpe gestartet. Es werden dann 7 Aufnahmen im Zeittakt von 3 Stunden aufgenommen, wobei eine Messung jeweils 2 Stunden dauert. Die gesamte Meßreihe dauert also 20 Stunden.

Abklingkurve von Polonium: Im Anschluß an die Aufnahme der Sättigungskurve wird die Pumpe abgeschaltet, ggf. die Rückwand der Kammer entfernt (vgl. Hinweis bei 5.3.2) und eine neue Meßreihe (mit den gleichen Parametern wie zuvor) gestartet. Hinweis: Die Rechnung bei der Auswertung der Abklingkurve ist einfacher (siehe Abschnitt Theorie), daher sind nicht unbedingt 7 Aufnahmen erforderlich; 3 Aufnahmen in größeren Zeitabständen genügen für ein brauchbares Ergebnis.

THEORIE

Abklingkurve: Nach dem Zerfallgesetz ist die Aktivität eines Präparates proportional zur Zahl der noch vorhandenen Kerne:

$$A = -\frac{dN}{dt} = \lambda \cdot N \; .$$

Das Abklingen der Aktivität entspricht also genau der Abnahme der Anzahl der Kerne und folgt einem entsprechenden Zerfallsgesetz. Für den Kernbestand ergibt sich bekanntlich:

$$\frac{dN}{N} = -\lambda \cdot dt \quad ,$$

$$d(\ln(N)) = -\lambda \cdot dt \quad ,$$

und nach Integration

$$N(t) = N(0) \cdot e^{-\lambda t} \quad .$$

Der Kernbestand kann zwar nicht unmittelbar gemessen werden, für die Aktivität gilt aber, wenn $A(0)$ die Anfangsaktivität zur Zeit $t = 0$ ist,

$$A(t) = \lambda \cdot N(t) = \lambda \cdot N(0) \cdot e^{-\lambda t} = A(0) \cdot e^{-\lambda t} \quad .$$

Bei der Messung wird die Aktivität nicht direkt beobachtet, da von allen Strahlungsteilchen nur ein Bruchteil ϵ in den Detektor fällt und registriert wird. Die Messung liefert also eine Wertetabelle

$$n(t) = \epsilon \cdot A(t) = \epsilon \cdot A(0) \cdot e^{-\lambda t} = n(0) \cdot e^{-\lambda t} \quad ,$$

aus der die zugrundeliegende Exponentialfunktion rekonstruiert werden soll. Um die Methode der Ausgleichsgerade auf die statistisch streuenden Werte anwenden zu können, muß die Funktion linearisiert werden. Man erreicht dies durch Logarithmieren

$$\ln n(t) = -\lambda \cdot t + \ln n(0) \quad ,$$

wodurch sich eine Geradengleichung ergibt. Für die logarithmierten Meßwerte ist also ein linearer Zusammenhang zu erwarten.

Sättigungskurve: Bei konstanter Produktionsrate (aus dem Zerfall einer langlebigen Muttersubstanz) steigt die Menge einer radioaktiven Substanz exponentiell auf einen Sättigungswert an, bei dem der Substanzverlust durch Zerfall genau durch die Neuproduktion kompensiert wird. Diesen Zustand nennt man das radioaktive Gleichgewicht. Sei c die Produktionsrate, so gilt die Differentialgleichung

$$dN = +c \cdot dt - \lambda \cdot N \cdot dt \quad .$$

Im Gleichgewicht wird dann $dN = 0$, d.h. für den Sättigungswert gilt

$$0 = +c \cdot dt - \lambda \cdot N \cdot dt,$$

d.h.

$$N = c/\lambda \quad .$$

Setzt man für Produktion aus einer Muttersubstanz $c = \lambda_0 \cdot N_0$, so wird

$$N = \frac{\lambda_0 \cdot N_0}{\lambda} \ ,$$

bzw. allgemein für beliebige Mutter-Tochter-Paare einer Zerfallsreihe

$$N_i \cdot \lambda_i = N_{i-1} \cdot \lambda_{i-1} \ .$$

Hier betrachten wir jedoch nicht den Gleichgewichtszustand, sondern das Verhalten auf dem Wege dorthin. Die Differentialgleichung

$$dN = + c \cdot dt - \lambda \cdot N(t) \cdot dt \ ,$$

$$\frac{dN}{dt} = c - \lambda \cdot N(t)$$

ist also allgemein zu lösen. Wir substituieren

$$c - \lambda \cdot N(t) = q(t) \ ,$$

d.h.

$$\frac{dq}{dt} = \frac{d}{dt}(c - \lambda \cdot N(t)) = -\lambda \cdot \frac{dN}{dt} \ .$$

Eingesetzt folgt

$$\frac{dq}{dt} = -\lambda \cdot \frac{dN}{dt} = -\lambda \cdot (c - \lambda \cdot N(t)) = -\lambda \cdot q(t) \ ;$$

$$\frac{dq}{q} = -\lambda \cdot dt \ .$$

Damit haben wir die gleiche Situation wie bei der Abklingkurve, die Lösung ist

$$q(t) = q(0) \cdot e^{-\lambda t} \ .$$

Nun wird $q(t)$ wieder eingesetzt:

$$c - \lambda \cdot N(t) = (c - \lambda \cdot N(0)) \cdot e^{-\lambda t} \ .$$

Da wir davon ausgehen, daß die betrachtete Substanz zu Beginn noch gar nicht vorhanden war, ist $N(0) = 0$. Somit folgt

$$c - \lambda \cdot N(t) = c \cdot e^{-\lambda t} \quad ,$$

$$N(t) = \frac{c}{\lambda} \cdot (1 - e^{-\lambda t}) \ .$$

Darin ist c/λ genau der Sättigungswert für N, der sich im Gleichgewicht einstellt. Nennen wir ihn $N(\infty)$, so ist also

$$N(t) = N(\infty) \cdot (1 - e^{-\lambda t}) \ .$$

Damit ist zunächst gezeigt, daß die Sättigungskurve durch die gleiche Zeitkonstante bestimmt ist wie die Abklingkurve, nämlich die Zerfallskonstante λ. Die konkreten Meßwerte stellen wieder Werte $n(t)$ dar, die mit $N(t)$ über eine nicht weiter interessierende Konstante verknüpft sind. Die Meßwerte repräsentieren also eine Funktion

$$n(t) = n(\infty) \cdot (1 - e^{-\lambda t}) \ ,$$

die nun rekonstruiert werden muß. Um auf die statistisch schwankenden Meßwerte wiederum die Methode der Ausgleichsgerade anzuwenden, ist die Funktion zu linearisieren. Dies gelingt in diesem Falle durch Differenzieren:

$$\dot{n}(t) = \frac{dn(t)}{dt} = n(\infty) \cdot \lambda \cdot e^{-\lambda t} \quad ,$$

$$\ln \dot{n}(t) = - \lambda \cdot t + \ln n(\infty) \cdot \lambda \quad ,$$

was die gewünschte Geradengleichung darstellt. Hierbei ist $dn(t)/dt$ aus den konkreten Meßwerten durch Differenzenquotienten zu gewinnen. Korrekterweise muß dabei einmal mit 1s erweitert werden, um den Logarithmus einer dimensionslosen Größe bilden zu können.

AUSWERTUNG

Zur Auswertung sind die Messungen zu laden und mit einer Integrationsfunktion die Linienintensitäten von Radon 220 bzw. von Polonium 212 auszumessen. Das mathematische Verfahren ist in beiden Fällen das gleiche und wird daher nachfolgend nur für einen der Fälle am Meßbeispiel demonstriert.

Sättigungskurve: Meßbeispiel: Sättigungskurve von Po 212. Die Auswertung der Meßreihe ergibt "Zählraten" $n(t)$ zu bestimmten Zeitpunkten t. Diese werden in einer Tabelle notiert. In den nächsten Spalten wird dann Δn und $\Delta n/\Delta t$ berechnet (als Annäherung für die Zeitableitung). Die Differenzenquotienten werden logarithmiert.

Da die Differenzenquotienten über neue Intervalle gebildet wurden, die nun durch die Mitten der Meßintervalle begrenzt sind, werden sie zeitlich den Mitten *dieser* Intervalle zugeordnet.

Intervall	t/h (Mitte)	t/h (für Differenz)	n(t)	Δn(t)	$\frac{\Delta n}{\Delta t}\cdot 1h$	$\ln\frac{\Delta n}{\Delta t}\cdot 1h$
[0;2]	1		89			
		2,5		280	93,33	4,54
[3;5]	4		369			
		5,5		301	100,33	4,61
[6;8]	7		679			
		8,5		256	85,33	4,45
[9;11]	10		926			
		11,5		248	82,67	4,41
[12;14]	13		1174			
		14,5		130	43,33	3,77
[15;17]	16		1304			
		17,5		104	34,67	3,55
[18;20]	19		1408			

Zu den Wertepaaren der dritten und letzten Spalte wird nun die Ausgleichsgerade berechnet. Mit obigen Zahlenwerten ergibt sich

$$y(t) = -0{,}07152 \cdot t/1\text{h} + 4{,}9369 \quad .$$

Durch Vergleich mit

$$\ln \dot{n}(t) = -\lambda \cdot t + \ln n(\infty)\cdot\lambda$$

ist sofort $\lambda = 0{,}07152/\text{h}$ abzulesen, woraus sich für die Halbwertszeit

$$t_H = \ln 2/\lambda \approx 9{,}7\ \text{h}$$

ergibt. Wollte man den kompletten Verlauf der Sättigungskurve wiedergeben, so hätte man noch $n(\infty)$ zu berechnen. Aus

$$\ln n(\infty)\cdot\lambda = 4{,}9369$$

folgt $n(\infty) \approx 1948$. Die Sättigungskurve hätte dann die Gleichung

$$n(t) = 1948 \cdot (1 - e^{-0{,}07152 \cdot t/\text{h}}) \quad .$$

Man kann sie zum Vergleich zusammen mit den Meßwerten in eine Graphik eintragen (Bild 52). Wegen der Willkürlichkeit der Zuordnung zwischen den Meßwerten und den Zeitpunkten darf man allerdings keine sonderlich gute Übereinstimmung erwarten. Das Verfahren ist eigentlich nur zur Bestimmung von λ bzw. der Halbwertszeit geeignet.

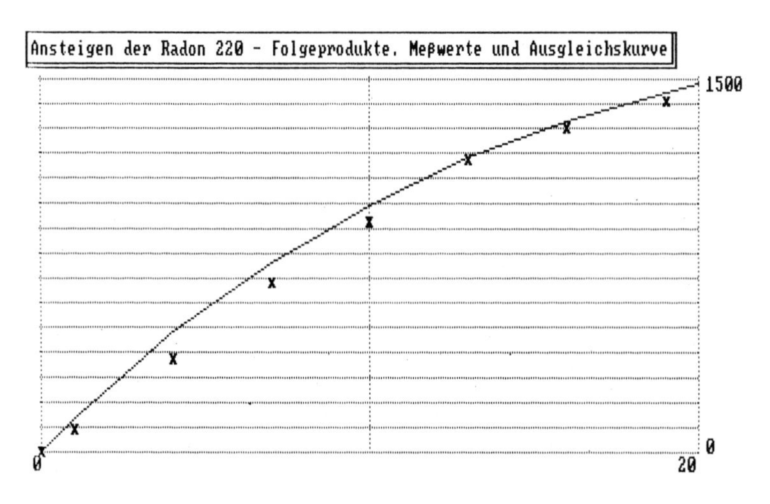

Bild 52 : Ansteigen der Aktivität von Polonium 212

Der so gewonnene Wert für die Halbwertszeit ist nicht die Halbwertszeit von Po 212. Aus der Nuklidkarte entnimmt man, daß diese nur 0,3 µs beträgt. Ein Po 212-Zerfall kennzeichnet daher nur einen unmittelbar vorausgegangenen Zerfall seiner Muttersubstanz Bi 212. Betrachtet man die komplette Zerfallsreihe, so findet man, daß das Rn 220 zunächst Po 216 bildet, das ebenfalls schnell zerfällt (0,15 s), dann aber entstehen die im Alpha-Spektrum nicht sichtbaren Betastrahler Pb 212 (Halbwertszeit 10,6 h) und Bi 212 (1 h). Die gemessene Sättigungskurve zeigt daher im wesentlichen das Sättigungsverhalten von Pb 212, das mit seiner langen Halbwertszeit den Zeitablauf dominiert. Dazu paßt dann in der Tat der aus der Messung bestimmte Wert von 9,7 Stunden.

Die entsprechende Auswertung für die an der Radonlinie (6300 keV) gewonnenen Meßwerte muß natürlich tatsächlich die Halbwertszeit von Rn 220 (55,6 s) liefern.

Hinweis: Der Anstieg der Folgeprodukt-Aktivitäten nach Abtrennen eines Nuklids aus dem natürlichen Isotopengemisch und der damit verbundenen Störung des radioaktiven Gleichgewichtes hat eine gewisse praktische Bedeutung für die Strahlenbelastung durch thoriumhaltige technische Legierungen, z.B. im Flugzeugbau. Die unmittelbar nach der Fertigung zu messende Oberflächenaktivität gibt keine direkte Auskunft über die tatsächlich später im Betrieb von dem Bauteil ausgehende Strahlenbelastung, wenn man das Nachwachsen der Folgeprodukte bei Wiedereinstellung des radioaktiven Gleichgewichtes nicht berücksichtigt. Man überlege sich dazu, daß unmittelbar nach der Abtrennung nur noch das abgetrennte Nuklid allein strahlt, daß im Gleichgewicht aber alle Tochternuklide die gleiche Aktivität aufweisen. Dieser Effekt wird im obigen Versuch modellhaft durch Abtrennen des Rn 220 demonstriert, wobei sich das Gleichgewicht der Folgeprodukte nach einigen Tagen einstellen würde. Im Falle von Thorium-Legierungen handelt es sich aber um die Trennung von Th 232 von seinen Folgeprodukten, hier stellt sich das Gleichgewicht erst nach einigen Jahrzehnten wieder ein, d.h. in diesem Zeitraum nimmt die Strahlung der Baugruppe beständig zu. Die Zeitkonstante wird im wesentlichen durch Ra 228 mit 5,75 a Halbwertszeit bestimmt. (Die Störung des radioaktiven Gleichgewichtes ermöglicht übrigens auch eine Altersbestimmung derartiger Werkstoffe, z.B. thorierter Gläser in Kameraobjektiven).

Abklingkurve: Für die Abklingkurve von Po 212 ist ein Meßbeispiel gegeben. Die Auswertung der Meßreihe ergibt "Zählraten" n(t) zu bestimmten Zeitpunkten (Intervallmitte) t. Diese werden in einer Tabelle notiert. In der nächsten Spalte wird hieraus der Logarithmus gebildet.

Intervall	t/h (Mitte)	n(t)	ln n(t)
[0;5]	2,5	431	6,07
[5;10]	7,5	277	5,62
[10;15]	12,5	214	5,37

Zu den Wertepaaren der zweiten und letzten Spalte wird nun die Ausgleichsgerade berechnet. Mit obigen Zahlenwerten ergibt sich

$$y(t) = -\,0{,}07 \cdot t/1\text{h} + 6{,}21167\ .$$

Durch Vergleich mit der zugrundeliegenden Gleichung

$$\ln n(t) = -\lambda \cdot t + \ln n(0)$$

folgt $\lambda = 0{,}07/\text{h}$, also

$$t_H = \ln(2)/\lambda \approx 9{,}9\ \text{h}\ .$$

Das Ergebnis steht in guter Übereinstimmung mit dem aus der Sättigungskurve ermittelten Wert. Will man die Abklingkurve zeichnen, so errechnet man noch

$$n(0) = e^{\,6{,}21167} \approx 499,$$

und erhält dann die Funktionsgleichung

$$n(t) = 499 \cdot e^{\,-0{,}07 \cdot t/\text{h}}$$

Man kann die Kurve zum Vergleich mit den Meßwerten in eine Graphik eintragen (Bild 53).

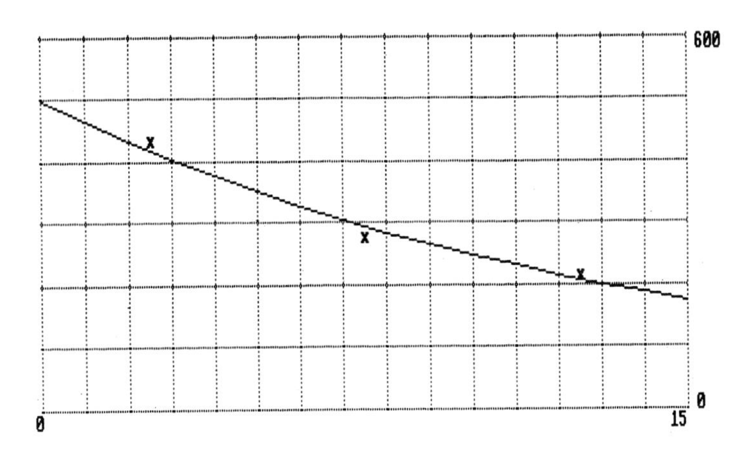

Bild 53 : Abklingen der Aktivität von Polonium 212

ANMERKUNGEN

Als Meßwerte liegen die Aktivitäten (genauer: Zählraten, die aber wiederum der Aktivität proportional sind) in über Zeitintervalle $[t,t+T]$ integrierter Form vor, d.h. die Meßwerte repräsentieren eigentlich Ausdrücke der Form

$$\int_t^{t+T} A(t')\,dt' = \int_t^{t+T} A(0)\,e^{-\lambda t'}\,dt' = -\frac{A(0)}{\lambda}\left(e^{-\lambda(t+T)} - e^{-\lambda t}\right) = \frac{A(0)}{\lambda}\left(1 - e^{-\lambda T}\right)e^{-\lambda t} .$$

Da $A(0)$, λ und T aber Konstanten sind, folgen auch die so erhaltenen Meßwerte wieder einer Exponentialfunktion, die mit $-\lambda \cdot t$ abfällt. Zur Bestimmung der Zerfallskonstante und damit der Halbwertszeit können die Meßwerte also einfach wie Funktionswerte der gesuchten Abklingkurve benutzt werden. Die obige Überlegung braucht daher im Unterricht nicht problematisiert zu werden.

Hierbei ist es sogar gleichgültig, welchem Punkt des Meßintervalls man den jeweiligen Funktionswert zuordnet, wenn er nur stets die gleiche Lage relativ zu den Intervallgrenzen hat, denn eine Zeitverschiebung $t \to t+T$ führt über

$$e^{-\lambda(t+T)} = e^{-\lambda t} \cdot e^{-\lambda T}$$

bis auf einen konstanten Faktor wieder zum gleichen exponentiellen Abfall. Didaktisch sinnvoll wird man den Meßwert natürlich der Intervallmitte zuordnen.

Anders liegen die Verhältnisse bei der Sättigungskurve. Hier ist

$$\int_t^{t+T} A(t')\,dt' = \int_t^{t+T} A(\infty) \cdot \left(1 - e^{-\lambda t'}\right)dt' = A(\infty) \cdot \left(T + \frac{1}{\lambda}\,e^{-\lambda t}\left(e^{-\lambda T} - 1 + 1\right)\right) ,$$

was nicht zu jedem beliebigen Zeitpunkt des Intervalls, sondern nur an einem ausgewählten Zeitpunkt $t+\tau$ das gleiche Verhalten zeigt wie $A(t)$. Die Bedingung für τ lautet:

$$B \cdot A(\infty) \cdot (1 - e^{-\lambda(t+\tau)}) = A(\infty) \cdot (T + \frac{1}{\lambda} e^{-\lambda t} (e^{-\lambda T} - 1)) .$$

d.h. Koeffizientenvergleich liefert $B = T$ und

$$-e^{-\lambda\tau} = \frac{1}{\lambda T} (e^{-\lambda T} - 1) ,$$

Dies ergibt mit $B = T$ dann

$$-B \cdot e^{-\lambda(t+\tau)} = \frac{1}{\lambda} e^{-\lambda t} (e^{-\lambda T} - 1) .$$

$$\frac{\tau}{T} = -\frac{1}{\lambda T} \ln \frac{1 - e^{-\lambda T}}{\lambda T} .$$

Für $T = 2$h und $\lambda = \ln(2)/10{,}64$h $= 0{,}065$/h folgt $\lambda \cdot T = 0{,}13$, und damit $\tau/T = 0{,}49$, also $\tau \approx \frac{1}{2}T$. Es ist also gerechtfertigt, die Meßwerte wiederum der Intervallmitte zuzuordnen.

5.3.5 Verzögerte Sättigung, verzögertes Abklingen

GERÄTE: Alpha-Detektor, Interface, Thorium-Präparat in Flasche, Verbindungsschläuche, 2-Wege-Stutzen, Experimentierkammer, Membranpumpe, Uhr, Nuklidkarte.

ZWECK DES VERSUCHES

Während bei der Aufnahme der Sättigungs- bzw. Zerfallskurve am Rn 220 ein direktes exponentielles Gesetz gilt, entsteht das Po 212 erst über mehrere Zwischenschritte in einer Zerfallsreihe. Bei genauer Betrachtung ergibt sich daher kein einfaches exponentielles Gesetz, sondern eine Verzögerung, bedingt durch die Halbwertszeiten der Zwischenprodukte. Diese liegen in der Größenordnung von 10 h bzw. 1 h, so daß ihr Einfluß nachweisbar ist.

VERSUCHSAUFBAU

Der elektrische Anschluß erfolgt gemäß Bild 22/23. Die Kammertiefe wird durch Einsetzen des Dias auf ca. 1 cm reduziert. Wie in 5.3.2 muß das Radon zwischen Thoriumpräparat und Meßkammer kontinuierlich umgewälzt werden.

VERSUCHSDURCHFÜHRUNG

Vor dem Hauptversuch ist zunächst eine Kalibrierung durchzuführen (großer Meßbereich, vgl. 5.1).

Sättigungskurve von Polonium: Es werden 7 Aufnahmen im Zeittakt von 3 Stunden aufgenommen, wobei eine Messung jeweils 2 Stunden dauert. Die gesamte Meßreihe dauert also 20 Stunden. Die erste Messung beginnt mit dem Einschalten der Umwälzpumpe. Ein Programm mit einer Option zur zeitgesteuerten Meßreihenaufnahme ist hierbei nützlich, will man nicht bei seinem Versuchsaufbau übernachten.

Abklingkurve von Polonium: Im Anschluß an die Aufnahme der Sättigungskurve wird die Pumpe abgeschaltet, ggf. die Rückwand der Kammer entfernt (vgl. Hinweis bei 5.3.2) und eine neue Meßreihe (im gleichen Zeittakt wie zuvor) gestartet.

THEORIE

Sowie das Rn 220 seine Sättigungskonzentration erreicht hat (nach einigen Minuten), wird der Verlauf der Sättigungskurve für Po 212 praktisch durch die für Pb 212 und dessen Tochter Bi 212 bestimmt. Die Konzentration von Pb 212 wächst exponentiell mit einer Halbwertszeit von 10,64 h. Da es ein β-Strahler ist, ist es im Spektrum nicht sichtbar. Der Anstieg von Bi 212 mit seinerseits 60,6 Minuten (1,01 h) Halbwertszeit erfolgt daher bei genauer Betrachtung nicht exponentiell, sondern verzögert. Eine konstante Aktivität A_0 des Rn 220 vorausgesetzt, gilt für Pb 212 in der bekannten Weise (vgl. 5.3.4):

$$dN_1 = A_0 \cdot dt - \lambda_1 \cdot N_1 \cdot dt$$

mit der Lösung

$$N_1(t) = N_1(\infty) \cdot (1 - e^{-\lambda_1 t}) \quad ,$$

wobei

$$N_1(\infty) = A_0 / \lambda_1 \quad .$$

Für das Bi 212 gilt nunmehr

$$dN_2 = \lambda_1 \cdot N_1 \cdot dt - \lambda_2 \cdot N_2 \cdot dt \quad ,$$

d.h.

$$\frac{dN_2}{dt} = \lambda_1 \cdot N_1(\infty) \cdot (1 - e^{-\lambda_1 t}) - \lambda_2 N_2 \quad ;$$

$$\frac{dN_2}{dt} + \lambda_2 N_2 = A_0 \cdot (1 - e^{-\lambda_1 t}) \quad ,$$

wobei natürlich im Gleichgewicht gilt:

$$N_2(\infty) = A_0/\lambda_2 \qquad .$$

Diese Differentialgleichung ist mit Schulmitteln nicht mehr zu lösen. Es handelt sich um einen Spezialfall der allgemeinen linearen Differentialgleichung

$$\dot{y}(t) + P(t)\,y(t) = Q(t) \qquad ,$$

wobei hier

$$P(t) = \lambda_2$$

und

$$Q(t) = A_0 \cdot (1 - e^{-\lambda_1 t})$$

ist. Die Gleichung wird im allgemeinen Fall gelöst durch [10]:

$$y(t) = e^{-\int P(t)\,dt}\left(\int Q(t) \cdot e^{-\int P(t)\,dt}\,dt + C \right) \quad .$$

Einsetzen ergibt als geschlossene Lösung den Ausdruck

$$N_2(t) = \frac{A_0}{\lambda_2} - \frac{A_0}{\lambda_2 - \lambda_1} \cdot e^{-\lambda_1 t} + C \cdot e^{-\lambda_2 t} \qquad ,$$

worin sich die Konstante C aus der Anfangsbedingung $N_2(0) = 0$ ergibt:

$$C = \frac{\lambda_1 \cdot A_0}{(\lambda_2 - \lambda_1) \cdot \lambda_2} \qquad .$$

Der Fall der Abklingkurve wird ganz ähnlich behandelt. In diesem Falle ist lediglich Q(t) durch

$$Q(t) = A_0 \cdot e^{-\lambda_1 t}$$

zu ersetzen. Die Lösung wird dann

$$N_2(t) = \frac{A_0}{\lambda_2 - \lambda_1} \cdot e^{-\lambda_1 t} + C \cdot e^{-\lambda_2 t} \quad .$$

Für C ergibt sich aus der Anfangsbedingung $N_2(0) = A_0/\lambda_2$ (im Gleichgewicht) derselbe Ausdruck wie oben.

SIMULATON

Da ein Lösen der Differentialgleichung im Unterricht nicht in Frage kommt, kann die Lösung höchstens vorgegeben werden. Interessanter ist es jedoch, das Verhalten der Konzentrationen anhand der Differentialgleichungen durch numerische Integration zu simulieren. Es genügt das Euler-Verfahren. Für jeden Zeitschritt DT werden dabei N1 und N2 aus den Werten des vorigen Zeitschrittes berechnet. Zur Normierung wird N1 bzw. N2 durch die zugehörige Gleichgewichtskonzentration dividiert, dieses Verhältnis wird skaliert und graphisch dargestellt. Das Listing zeigt das Programm für den Anstieg, das Programm für das Abklingen unterscheidet sich hiervon nur an den angegebenen Stellen.

```
PROGRAM anstieg;    { Änderungen für Abklingen als Kommentar }
USES graph3;                         { fällt weg bei TURBO 3 }

CONST th1         =10.64 ;                { Halbwertszeit X1 }
      th2         = 1.01 ;                { Halbwertszeit X2 }
      produktion  = 1.0  ;                 { Produktionsrate }
      dt          = 0.05;      { Zeitschritt 0,05 h = 3 min }

VAR t,                                     { Zeit in Stunden }
    n1,n2,                         { momentane Kernbestände }
    n10,n20,                       { Gleichgewichtsbestände }
    lambda1,lambda2 : REAL;            { Zerfallskonstanten }

BEGIN
  lambda1  := LN(2)/th1;
  lambda2  := LN(2)/th2;
  n10      := produktion/lambda1;
  n20      := produktion/lambda2;
  n1       := 0;                 { Abklingen: n1 := n10; }
  n2       := 0;                 { Abklingen: n2 := n20; }
  t        := 0;
  HIRES;
  REPEAT
    n1 := n1 + produktion*dt - n1*lambda1*dt;
                     { Abklingen: n1 := n1 - n1*lambda1*dt; }
    n2 := n2 + n1*lambda1*dt - n2*lambda2*dt;
    PLOT(ROUND(20*t),199-ROUND(199*n1/n10),1);
    PLOT(ROUND(20*t),199-ROUND(199*n2/n20),1);
    t  := t + dt;
  UNTIL t>32;
  READLN;
  TEXTMODE(lastmode);           { TURBO 3: nur TEXTMODE; }
END.
```

Man erkennt, daß N1 einem reinen Exponentialgesetz folgt, während N2 verzögert anwächst bzw. abklingt.

AUSWERTUNG

Das von der Theorie bzw. der Simulation vorhergesagte Verhalten ist in den Meßwerten wiederzufinden. Dazu werden die Meßreihen geladen und jeweils die Spektrallinien des Po 212 integriert. Die Linienintensitäten in Abhängigkeit von der Zeit werden notiert. Meßbeispiel für das Anwachsen:

Intervall	t/h (Mitte)	n(t)
[0;2]	1	89
[3;5]	4	369
[6;8]	7	679
[9;11]	10	926
[12;14]	13	1174
[15;17]	16	1304
[18;20]	19	1408

Die graphische Darstellung (vgl. 5.3.4) zeigt, daß die Meßpunkte durch eine Exponentialkurve nur ungefähr angenähert werden. Die verzögerte Kurve entspricht dem Verhalten der Meßwerte erheblich besser. Die Methode der Ausgleichsgerade kann hier nicht angewendet werden, da die theoretische Kurve nicht durch Logarithmieren linearisiert werden kann. Um möglichst einfach eine Ausgleichskurve anzupassen, wird zweckmäßigerweise die Kenntnis der Halbwertszeiten (10,64 h und 1,01 h) vorausgesetzt und lediglich $N(\infty)$ durch Minimierung der Fehlerquadrate angepaßt. Dies kann mit dem Computerprogramm gemäß nachstehendem Listing erfolgen (Für die Abklingkurve sind die mit {} markierten Zeilen entsprechend zu modifizieren).

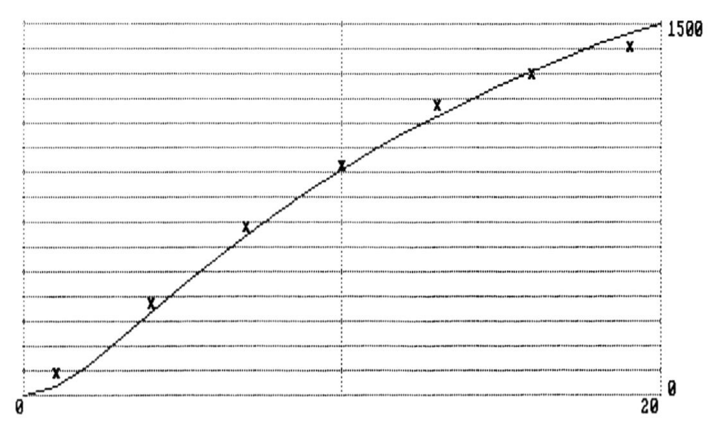

Bild 54 : Rn220-Folgeprodukte, Messung und Ausgleichskurve

Bild 54 zeigt die Meßpunkte aus obigem Meßbeispiel mit der so gewonnenen Ausgleichskurve, wobei $N(\infty) \approx 2150$.

```
PROGRAM zerfallsapproximation;
USES graph3;                              { fällt weg bei TURBO 3 }

CONST th1 =10.64 ;                            { Halbwertszeit X1 }
      th2 = 1.01 ;                            { Halbwertszeit X2 }
      messung : ARRAY[0..7,1..2] OF INTEGER =        { Meßwerte }
{}    ((0,0),(1,89),(4,369),(7,670),(10,926),
{}    (13,1174),(16,1304),(19,1408));

VAR nr,                                              { lfd. Nr. }
    n,t,t_alt,                            { Bestände und Zeiten }
    noo,dn            : INTEGER;   { Sättigungswert, Schritt }
    l1,l2,                                { Zerfallskonstanten }
    nth,n_alt,                            { berechneter Bestand }
    summe,summe_alt : REAL;          { Quadratische Abweichung }

BEGIN
  l1 := LN(2)/th1; l2 := LN(2)/th2;
  summe := 1e30;
  WRITE('Noo='); READLN(noo);                       { Startwert }
  WRITE('dn ='); READLN(dn);                     { Schrittweite }
  REPEAT
    HIRES;
    GOTOXY(1,1); WRITE('Noo=',noo);
    summe_alt := summe;
    noo      := noo + dn;
    summe := 0; t_alt := 0; n_alt := 0;
    FOR nr:= 0 TO 7 DO BEGIN
      t   := messung[nr,1];
      n   := messung[nr,2];
{}    nth:=l2*noo*
{}    (1/l2-exp(-l1*t)/(l2-l1)+exp(-l2*t)*l1/l2/(l2-l1));
      DRAW(30*t_alt,199-ROUND(199*n_alt/2000),
           30*t,199-ROUND(199*nth/2000),1);
      PLOT(30*t,199-ROUND(199*(n/2000)),1);
      n_alt := nth;
      t_alt := t;
      summe := summe + sqr(nth-n);
    END;
    DELAY(500);
  UNTIL summe_alt<summe;
  READLN;
  TEXTMODE(lastmode);                { TURBO 3 : nur TEXTMODE }
END.
```

Anmerkung

Wie schon beim vorigen Versuch stellt sich hier das Problem, daß die Meßwerte Integrale über ein Meßintervall $[t, t+T]$ darstellen, so daß a priori nicht klar ist, ob man zum richtigen Zerfallsgesetz gelangt, wenn man die Werte einfach der Mitte des Intervalls zuordnet. In der Tat ist dies nicht der Fall; es läßt sich nicht einmal wie in 5.3.4 ein Zeitpunkt τ angeben, dem die Werte zuzuordnen sind. Vielmehr ergeben sich für die beiden Zerfallskonstanten zwei widersprüchliche Bedingungen, wo im Intervall der Meßwert einzutragen ist, nämlich im vorliegenden Falle $\tau/T =$ 0,4946 und $\tau/T = 0{,}4438$. Obwohl aber die eine beteiligte Halbwertszeit sogar kleiner ist als das Meßintervall, ergeben beide Bedingungen $\tau \approx \frac{1}{2}T$. Durch Eintragen der Meßwerte in der Mitte des Meßintervalls kann man beide - obzwar widersprüchliche - Bedingungen in guter Näherung erfüllen und erhält eine Kurve, die den wahren N(t)-Verlauf näherungsweise wiedergibt. Für größere Halbwertszeiten oder kleinere Meßintervalle wäre die Näherung noch besser. Im Unterricht wird man diese Fragen sicherlich nicht problematisieren.

5.3.6 Radioaktives Gleichgewicht

Geräte: Alpha-Detektor, Interface, Präparat Ra 226, Experimentierkammer oder Optische Bank mit Reitern, Nuklidkarte.

Zweck des Versuches

Eine Zerfallsreihe besteht aus einem langelebigen Mutterisotop und einer Reihe von Tochterisotopen, die nach einer Einstellzeit ins radioaktive Gleichgewicht kommen, ein Fließgleichgewicht, in dem jedes Isotop im gleichen Maße durch Zerfall des vorhergehenden nachgebildet wird, wie es selbst weiterzerfällt. Die Mengen der einzelnen Isotope verhalten sich dann wie die Halbwertszeiten bzw. umgekehrt wie die Zerfallskonstanten. In diesem Versuch wird dies anhand der Radium-Zerfallsreihe demonstriert. (Demgegenüber können die in 5.3.4 und 5.3.5 vorgestellten Versuche als Experimente zur Störung des radioaktiven Gleichgewichtes verstanden und behandelt werden).

Versuchsaufbau

Der elektrische Anschluß erfolgt gemäß Bild 22/23. Detektor (mit Blende) und Präparat werden in 10 mm Abstand voneinander auf einer Optischen Bank oder in der Experimentierkammer montiert.

Versuchsdurchführung

Eine Kalibrierung ist nicht erforderlich, wenn das Energiespektrum des Radium-Präparats aus früheren Versuchen bekannt ist, da es hier nur um die Linienintensitäten geht.

Es wird eine Aufnahme durchgeführt, Dateiname z.B. "ZERF_REI". Eine frühere Aufnahme des Radiumspektrums aus 10 mm Entfernung, z.B. aus 5.2.1 bei Luft als Absorber, kann verwendet werden.

THEORIE

Die Aktivität oder Zerfallsrate $A = dN/dt$ eines radioaktiven Strahlers ist proportional zur vorhandenen Substanzmenge N (Anzahl der Atome), der Proportionalitätsfaktor ist die Zerfallskonstante λ: $A = \lambda \cdot N$. Ist das betrachtete Isotop Glied einer Zerfallsreihe, so ist seine Mengenänderung dN/dt bestimmt durch den Zuwachs durch dem Zerfall des Vorgängers $A' = \lambda' \cdot N'$, sowie den Verlust durch den eigenen Zerfall $A = \lambda \cdot N$. Es gilt also allgemein

$$\frac{dN}{dt} = + \lambda' \cdot N' - \lambda \cdot N \quad .$$

Im radioaktiven Gleichgewicht sind Zuwachs und Verlust gleich, also $dN/dt = 0$, d.h.

$$\lambda' \cdot N' = \lambda \cdot N \quad ,$$

oder

$$\frac{N'}{N} = \frac{\lambda}{\lambda'} \quad .$$

Zwischen der Zerfallskonstante λ und der Halbwertszeit t_H besteht der Zusammenhang

$$\lambda = \ln(2) / t_H \quad .$$

Damit wird dann auch

$$\frac{N'}{N} = \frac{t'_H}{t_H} \quad .$$

Insbesondere ist

$$\frac{A'}{A} = \frac{\lambda' \cdot N'}{\lambda \cdot N} = \frac{\lambda' \cdot \lambda}{\lambda \cdot \lambda'} = 1 \quad ,$$

d.h. die Aktivitäten beider Substanzen sind gleich. Allgemein haben daher alle Mitglieder einer im Gleichgewicht stehenden Zerfallsreihe die gleiche Aktivität.

AUSWERTUNG

Die Intensitäten der Linien des aufgenommenen Spektrums werden ausgemessen. Dazu werden jeweils die Minima zwischen den Linien bzw. der Spektrumsrand als Integrationsgrenzen genommen, die durch Integration gewonnene Intensität der Linien wird notiert. Es ist eine Programmversion mit Integrationsoption erforderlich.

Die Werte für die Energie können wegen der Absorption zwischen Präparat und Detektor nicht direkt aus dem Spektrum entnommen werden, sondern werden, ebenso wie die Zuordnung zu den Isotopen, aus der Kenntnis des Radium-Spektrums bezogen (z.B. Versuch 5.3.1). Meßbeispiel:

Linie	Intensität	Isotop
7700 keV	38,6 Imp/s	Po 214
6000 keV	37,6 Imp/s	Po 218
5400 keV	53,7 Imp/s	Rn 222 + Po 210
4700 keV	37,8 Imp/s	Ra 226

Nimmt man die Linienintensitäten als Maß für die Aktivität, so folgen für die (unterstrichenen) Alpha-Strahler in der hier betrachteten Zerfallsreihe (Ra226 → Rn222 → Po218 → Pb214 → Bi214 → Po214 → Pb210 → Bi210 → Po210 → Pb206) die Aktivitätsverhältnisse

$$\frac{A_{Ra\,226}}{A_{Po218}} = \frac{37{,}8}{37{,}6} = 1{,}005; \quad \frac{A_{Po\,218}}{A_{Po214}} = \frac{37{,}6}{38{,}6} = 0{,}974\,.$$

Die Doppellinie von Rn 222 und Po 210 kann nicht getrennt werden, im Gleichgewicht müßte sie die doppelte Intensität haben. Der Vergleich zeigt, daß sie nur etwa mit der 1,4-fachen Intensität gemessen wurde. Dies erklärt sich leicht daraus, daß bei der Herstellung des Radiumpräparates eine Störung des Gleichgewichts erfolgt, nach der Pb 210 (mit einer Halbwertszeit von 22 Jahren) und alle seine Folgeprodukte noch nicht wieder ihre Gleichgewichtskonzentration erreicht haben können.

5.3.7 Geiger-Nuttall-Regel

Geräte: Alpha-Detektor, Interface, Präparat Ra 226, Experimentierkammer, (Optische Bank mit Reitern), Thorium-Präparat in Flasche, Verbindungsschläuche, 2-Wege-Stutzen, Membranpumpe, (Uhr), Nuklidkarte.

Zweck des Versuches

Nach der quantenmechanischen Theorie des α-Zerfalls besteht zwischen der Energie der ausgesandten α-Teilchen und der Zerfallswahrscheinlichkeit ein Zusammenhang. Ein solcher ist empirisch bereits zuvor von Geiger und Nuttall entdeckt worden. In diesem Versuch wird anhand der α-strahlenden Radium- und Thorium-Folgeprodukte dieser Zusammenhang demonstriert.

Versuchsaufbau und Versuchsdurchführung

Zur Messung der Energien der Radium-Folgeprodukte wird wie in 5.3.1 vorgegangen, zur Messung der Energien der Thorium-Folgeprodukte wie in 5.3.2. Die Versuche 5.3.4 und 5.3.5 können herangezogen werden, wenn einzelne Halbwertszeiten nicht aus einer Tabelle entnommen sondern im Experiment bestimmt werden sollen. Auf die o.a. Versuchsbeschreibungen wird verwiesen.

Das Ergebnis wird eine Tabelle der Nuklide und ihrer Halbwertszeiten und α-Strahlungsenergien gemäß folgendem Muster sein. Es genügt aber auch, sich auf eine der beiden Zerfallsreihen zu beschränken.

Nuklid	E in MeV	Halbwertszeit in s
RADIUM-REIHE:		
Ra226	4,600	50492160000
Rn212	5,480	27532,8
Po218	6,000	183
Po214	7,690	0,000164
Po210	5,305	11956032
THORIUM-REIHE:		
Rn220	6,288	55,6
Po216	6,778	0,15
Bi212	6,090	3636
Po212	8,784	0,0000003

Auswertung

Die Beziehung von GEIGER und NUTTALL lautet in einer ihrer möglichen Schreibweisen:

$$\ln(\lambda \cdot \mathrm{s}) = c_1 \cdot \ln(E/\mathrm{MeV}) + c_2 \quad ,$$

wobei λ die Zerfallskonstante $\ln(2)/t_H$ ist; d.h. zwischen $\ln(E/\mathrm{MeV})$ und $\ln(\lambda \cdot \mathrm{s})$ besteht danach ein linearer Zusammenhang. Die Tabelle wird daher zweckmäßigerweise nach der Energie sortiert, sodann wird $\ln(E/\mathrm{MeV})$ sowie $\ln(\lambda \cdot \mathrm{s})$ gebildet.

Man kann dann diese letzten beiden Spalten als Wertetabelle für eine graphische Darstellung verwenden und findet in der Tat eine annähernd lineare Beziehung (Bild 55). Nach der Methode der kleinsten Fehlerquadrate bestimmt man in diesem Falle die Ausgleichsgerade zu

$$\ln(\lambda \cdot \mathrm{s}) = 61{,}75 \cdot \ln(E/\mathrm{MeV}) - 118{,}07 \quad .$$

E/MeV	Halbwertszeit in s	ln(E/MeV)	ln(λ·s)
4,600	50492160000	1,53	-25,01
5,305	11956032	1,67	-16,66
5,480	27532,8	1,70	-10,59
6,000	183	1,79	-5,58
6,090	3636	1,81	-8,57
6,288	55,6	1,84	-4,38
6,778	0,15	1,91	1,53
7,690	0,000164	2,04	8,35
8,784	0,0000003	2,17	14,65

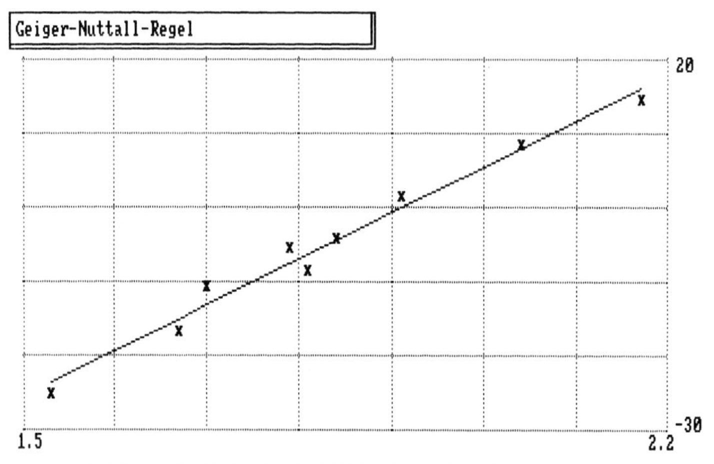

Bild 55 : ln(λ·s) über ln(E/MeV) mit Ausgleichsgerade

ANMERKUNG

Der von GEIGER und NUTTALL entdeckte lineare Zusammenhang zwischen den Logarithmen der Zerfallskonstante und der Energie stellt lediglich eine - im in Frage kommenden Energiebereich allerdings recht gute - Näherung für die quantenmechanische Gesetzmäßigkeit dar. Die Beziehung bildet damit ein Beispiel für einen empirisch gefundenen Zusammenhang, der trotz seiner praktischen Brauchbarkeit nicht auf eine theoretische Grundlage gestellt werden kann (ähnlich etwa der Bragg-Kleeman-Regel). Man sollte die Gelegenheit nutzen, im Unterricht auf die erkenntnistheoretische Sackgasse hinzuweisen, in die man leicht geraten kann, wenn man hinter jeder empirisch gewonnenen Formel ein - möglicherweise noch unentdecktes - Naturgesetz vermutet. Andererseits ist natürlich gerade dieser Weg in der Geschichte der Physik wiederholt erfolgreich gewesen, wie z.B. beim MOSELEYschen Gesetz (vgl. 6.3.1), den KEPLERschen Gesetzen oder der BALMERschen Serienformel. Bei der Titius-Bode-Reihe der Planetenabstände ist diese Frage hingegen noch offen.

Der Weg zur quantenmechanisch richtigen Beziehung läßt sich wie folgt skizzieren: Die α-Teilchen werden als Quantenobjekte betrachtet, die im Atomkern gebunden sind. Das

Bindungspotential $U(r)$ ist einerseits durch die für $r \leq R$ anziehende und für $r > R$ verschwindende Kernkraft und andererseits für $r > R$ durch die abstoßende COULOMBsche Kraft gegeben. Der so entstehende Potentialwall kann von den α-Teilchen mit einer gewissen Wahrscheinlichkeit p durchtunnelt werden. Dabei ist R der Kernradius. Zur Abschätzung von p gehen wir zunächst von einem kastenförmigen Potentialwall aus:

$$U(x) = \begin{cases} V & \text{für } 0 \leq x \leq d \\ 0 & \text{sonst} \end{cases} .$$

Der Potentialwall hat die Breite d und die Höhe V. Ein Objekt der kinetischen Energie $E = \frac{1}{2}mv^2 < V$ (für α-Teilchen darf nichtrelativistisch gerechnet werden), würde klassisch an diesem Wall reflektiert werden, kann ihn aber quantenmechanisch durchtunneln. Die stationäre Schrödingergleichung im Bereich dieses Potentialwalls lautet:

$$-\frac{h^2}{8\pi^2 m} \Delta\, \Phi = (E - V)\, \Phi \quad ,$$

und wird gelöst durch den Ansatz $\Phi(x) = a \cdot e^{-bx}$. Einsetzen liefert dann

$$-\frac{h^2}{8\pi^2 m} a\, b^2\, e^{-bx} = (E - V)\, a\, e^{-bx} \quad ,$$

$$b = \frac{2\pi}{h} \sqrt{2\, m}\, \sqrt{E - V} \quad .$$

Links und rechts des Potentialwalls ($U(x) = 0$) sind die Lösungen z.B. Sinuswellen der Form $\Phi(x) = A \cdot \sin(kx + B)$, $\Phi(x) = A' \cdot \sin(kx + B')$.

An den Stellen $x = 0$ und $x = d$ müssen die Lösungen stetig differenzierbar aneinander anschließen. Für eine Abschätzung genügt die Annahme, daß $\Phi(x)$ an die Amplituden A bei 0 bzw. A' bei d stetig anschließt. Dann ist

$$A = \Phi(0) = a\,, \qquad A' = \Phi(d) = a \cdot e^{-b \cdot d} \quad .$$

Die Transmissionswahrscheinlichkeit ist das Quadrat des Amplitudenverhältnisses:

$$p = \left|\frac{\Phi(d)}{\Phi(0)}\right|^2 = e^{-2bd} = e^{-\frac{4\pi}{h} \cdot \sqrt{2\, m} \cdot \sqrt{E - V} \cdot d}$$

Im Falle, daß U nicht konstant ist, ist der Ausdruck $\sqrt{(E-V)} \cdot d$ durch das Integral

$$\int_0^d \sqrt{E - U(x)}\; dx$$

zu ersetzen. Beim ursprünglich betrachteten Kernpotential erstreckt sich der Bereich des Tunnelns von $r = R$ bis zu einem Abstand $r = B$, der aus dem Schnittpunkt von $E = \frac{1}{2}mv^2$ mit dem Coulomb-Potential folgt:

$$\frac{Z \cdot Z' \cdot e^2}{4\pi\epsilon_0 B} = \tfrac{1}{2}mv^2 = E\,, \qquad B = \frac{Z \cdot Z' \cdot e^2}{4\pi\epsilon_0 E} \,.$$

Das Integral wird dann

$$\int_R^B \sqrt{E - U(\boldsymbol{r})}\, d\boldsymbol{r} = \int_R^B \sqrt{E - \frac{Z\,Z'\,e^2}{4\pi\epsilon_0 \boldsymbol{r}}}\, d\boldsymbol{r} = \frac{Z\,Z'\,e^2}{4\pi\epsilon_0\sqrt{E}} \cdot \left(\arccos\sqrt{\frac{E}{V}} - \sqrt{\frac{E}{V}}\sqrt{1 - \frac{E}{V}} \right) ,$$

worin $V = U(R) = Z \cdot Z' \cdot e^2 / 4\pi\epsilon_0 R$ abgekürzt ist. Wenn $E << V$ ist, ist $\arccos\sqrt{(E/V)} \approx \tfrac{1}{2}\pi$ und $\sqrt{(1-E/V)} \approx 1$. Dies vereinfacht den Ausdruck zu:

$$\int_R^B \sqrt{E - U(\boldsymbol{r})}\, d\boldsymbol{r} = \frac{Z\,Z'\,e^2}{4\pi\epsilon_0\sqrt{E}} \cdot \left(\frac{\pi}{2} - \sqrt{\frac{E}{V}} \right) = \frac{Z\,Z'\,e^2}{4\pi\epsilon_0} \left(\frac{\pi}{2\sqrt{E}} - \frac{1}{V} \right) .$$

Da nur die großen Kerne im Bereich $Z' \approx 90$ α-Strahler sind, können wir R als konstant annehmen. Ebenso ist $Z = 2$ und m (Ladung und Masse des α-Teilchens) konstant. Somit wird

$$p = \left| \frac{\Phi(B)}{\Phi(0)} \right|^2 = e^{-\frac{4\pi}{h} \cdot \sqrt{2m} \cdot \int_R^B \sqrt{E - U(r)}\, dr} = e^{-\frac{a}{\sqrt{E}} + b}$$

die Transmissionswahrscheinlichkeit mit Konstanten a und b. Wird nun die Häufigkeit, mit der α-Teilchen von innen auf den Potentialwall treffen, mit λ_0 bezeichnet, so ist

$$\lambda = \lambda_0 \cdot p = \lambda_0 \cdot e^{b - \frac{a}{\sqrt{E}}}$$

schließlich die Zerfallskonstante. Somit herrscht (im Rahmen der verwendeten Näherungsannahmen) zwischen λ und E ein Zusammenhang

$$\ln(\lambda \cdot s) = g_1 + \frac{g_2}{\sqrt{E}}$$

Man kann nun, wie oben bei der Geiger-Nuttall-Regel, auch hier die Werte für Energien und Zerfallskonstanten einsetzen und eine graphische Darstellung anfertigen:

E/MeV	Halbwertszeit in s	1/√(E/MeV)	ln(l·s)
4,600	50492160000	0,47	-25,01
5,305	11956032	0,43	-16,66
5,480	27532,8	0,43	-10,59
6,000	183	0,41	-5,58
6,090	3636	0,41	-8,57
6,288	55,6	0,40	-4,38
6,778	0,15	0,38	1,53
7,690	0,000164	0,36	8,35
8,784	0,0000003	0,34	14,65

Auch hier findet man in guter Näherung einen linearen Zusammenhang und kann eine Ausgleichsgerade bestimmen, die mit obigen Werten

$$\ln(\lambda \cdot s) = -\frac{311{,}51}{\sqrt{E/\mathrm{MeV}}} + 120{,}22$$

lauten müßte. Der vielleicht verblüffende Umstand, daß zwei völlig unterschiedliche Formeln den Sachverhalt mit gleichem Erfolg beschreiben, ist so zu erklären, daß zwischen den Funktionen $\ln(x)$ und $1/\sqrt{x}$ im hier betrachteten Bereich $x = 3...10$ ein nahezu linearer Zusammenhang besteht:

$$\frac{1}{\sqrt{x}} \approx -0{,}21482 \cdot \ln(x) + 0{,}80122$$

Anhand einer Graphik, in der man $1/\sqrt{x}$ über $\ln(x)$ aufträgt, kann man sich leicht hiervon überzeugen.

5.4 Radioaktivität in der Umwelt

5.4.1 Nachweis der Thorium-Folgeprodukte in einem Auerglühstrumpf

GERÄTE: Alpha-Detektor, Interface, Gasglühstrumpf, Stativtisch, Stativmaterial, Nuklidkarte.

ZWECK DES VERSUCHES

In der Umwelt und den üblichen Gebrauchsgegenständen sind immer auch in gewissem Maße radioaktive Isotope enthalten. In diesem Versuch werden die Thorium-Folgeprodukte in einem Gasglühstrumpf anhand ihrer Alpha-Energien nachgewiesen.

VERSUCHSAUFBAU

Der elektrische Anschluß erfolgt gemäß Bild 22/23. Der Glühstrumpf wird auf einer flachen Unterlage ausgebreitet, der Detektor bei abgenommener Lochblende von oben angenähert, ohne jedoch den Glühstrumpf zu berühren (Gefahr der Kontamination, deren Strahlung nachfolgende Messungen an schwachen Präparaten überdecken kann!). Der Versuch ist lichtgeschützt aufzubauen.

VERSUCHSDURCHFÜHRUNG

Es wird die Kalibriermessung für höhere Energien geladen, und in der bekannten Weise (Versuch 5.1) eine Nachkalibrierung durchgeführt. Die Meßdauer beträgt wegen der geringen Aktivität ca. 10 Stunden.

AUSWERTUNG

Die Aufnahme (Meßbeispiel siehe Bild 56) zeigt ein kontinuierliches Spektrum, da ein Präparat mit räumlicher Tiefe verwendet wurde. Signifikant sind daher nur hochenergetische Kanten (vgl. 5.2.7). Man bemerkt eine Kante bei ca. 8800 keV und eine weitere bei ca. 6800 keV. Vergleich mit der Thorium-Zerfallsreihe ermöglicht es, diese Linien dem Polonium 212 (8784 keV) und dem Polonium 216 (6778 keV) aus der Thoriumreihe zuzuordnen, die damit in dem Glühstrumpf nachgewiesen ist. Weitere signifikante Linien können in dem Kontinuum nicht mehr identifiziert werden.

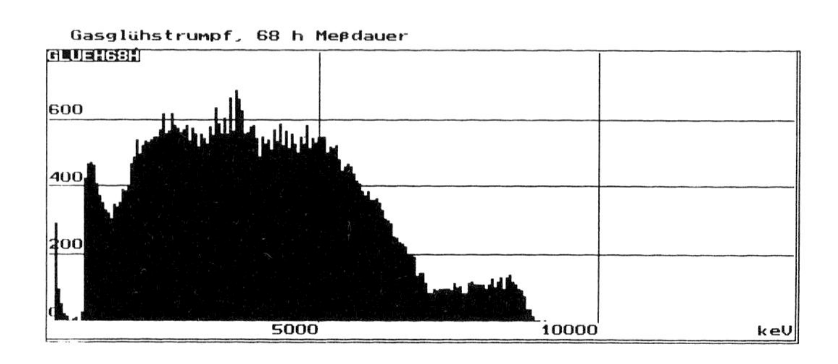

Bild 56 : Alpha-Spektrum eines Auerglühstrumpfes

Hinweis: Soweit andere thoriumhaltige Materialien beschafft werden können (z.B. thorierte Schweißelektroden), kann eine entsprechende Messung auch an diesen Stoffen versucht und mit obiger Messung verglichen werden.

5.4.2 Radioaktivität der Luft

GERÄTE: Alpha-Detektor, Interface, Staubsauger bzw. Gebläse, Optische Bank mit Reitern, Universalklemme, Papiertaschentuch, Gummiring, Diarähmchen mit Filterpapier, Halterung hierzu (siehe unten), Experimentierkammer, Nuklidkarte.

ZWECK DES VERSUCHES

Etwa die Hälfte der natürlichen Strahlenbelastung der Bevölkerung geht auf die Inhalation von Radionukliden mit der Atemluft zurück [11]. Soweit es sich dabei um Alpha-Strahler handelt, können sie mit dem Alpha-Detektor erfaßt werden. Es handelt sich im wesentlichen um Radon 222 und seine Folgeprodukte, also Nukilde der Uran-Radium-Reihe (vgl. 5.3.1). In diesem Versuch werden sie anhand ihrer Strahlungsenergie identifiziert.

VERSUCHSAUFBAU

Der elektrische Anschluß erfolgt gemäß Bild 22/23. Um die geringe Aktivität der Luft meßbar zu machen, müssen deren Inhaltsstoffe konzentriert werden. Zu diesem Zweck wird eine größere Menge Luft durch ein Filter gesaugt. Die Mündung eines Staubsaugerschlauches wird mit einer Universalklemme auf einer optischen Bank befestigt; als Filter wird ein Papiertaschentuch mittels Gummiring über die Mündung gespannt. Der Alpha-Detektor wird in einem zweiten Reiter auf die entsprechende Höhe justiert (Bild 57). Wahlweise kann der Staubsaugerschlauch auch an eine Filterhalterung angeschlossen werden, der Filtereinsatz (in glaslosem Diarähmchen gerahmtes Filterpapier) wird dann später in der Experimentierkammer ausgewertet (Bild 58). In diesem Falle befindet sich der Detektor in der Experimentierkammer und ist vor Licht geschützt, während im ersten Fall die Messung in abgedunkeltem Raum erfolgen muß.

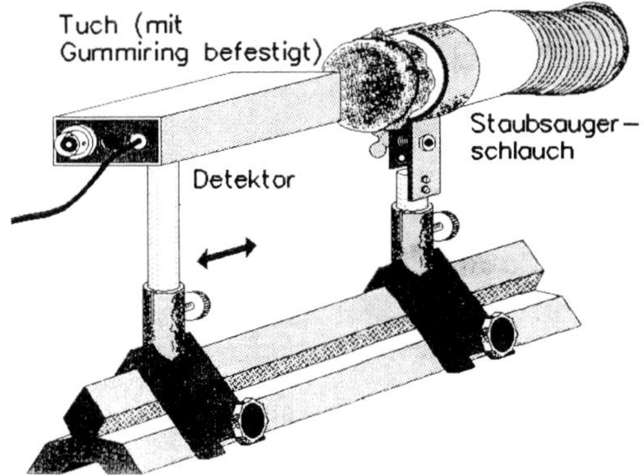

Bild 57 : Aufbau mit Papiertuch auf Optischer Bank

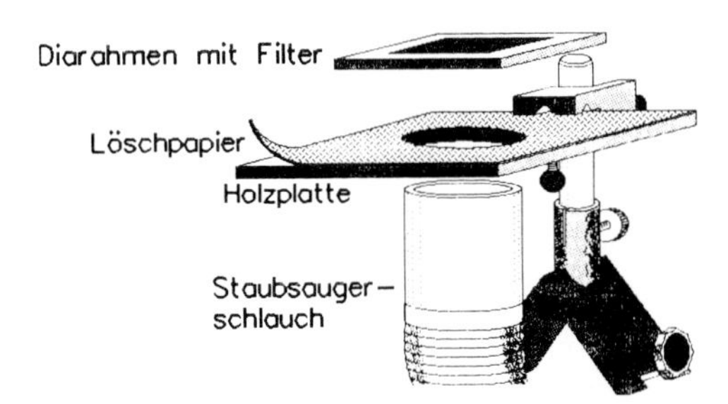

Bild 58 : Filterhalterung für Filter in Diarähmchen

VERSUCHSDURCHFÜHRUNG

Zunächst ist eine Kalibrierung vorzunehmen vgl 5.1). Der Detektor ist in die Experimentierkammer eingesetzt bzw. wird auf der optischen Bank von der Schlauchmündung abgerückt, um den Luftstrom nicht zu behindern.

Variante für eine Unterrichtsstunde: Es wird mindestens eine halbe Stunde lang Luft durch das Filter gesaugt. Es empfiehlt sich daher (und wegen der Geräuschentwicklung des Staubsaugers), dies außerhalb des Unterrichts zu bewerkstelligen (z.B. durch Aufbau im Sammlungsraum und Einschalten in der Pause vor der vorhergehenden Stunde).

Nach dem Abschalten des Saugers muß unverzüglich mit der Messung begonnen werden. Der Detektor wird an das Filterpapier herangeschoben, bzw. der Filtereinsatz wird in die Experimentierkammer eingesetzt und diese mit dem Deckel verschlossen. Als Lichtschutz genügt loses Auflegen des Deckels. Man beachte, daß die dem Luftstrom zugewandte Seite zum Detektor weisen muß: Wurde anstelle des Staubsaugers ein Gebläse benutzt, so ist das Filter umzudrehen! Die Messung wird gestartet und dauert 20 Minuten. Eine längere Meßdauer ist wenig sinnvoll, da die im Filter eingefangenen radioaktiven Stoffe nun mit der ihnen eigenen Halbwertszeit zerfallen (Größenordnung 30 Minuten), so daß sich bei längeren Meßzeiten nur der Nulleffekt durchsetzt.

Variante als Langzeitversuch: Die einmalige Messung von 20 Minuten Dauer erlaubt keine gute Auflösung der Spektrallinien, da die Zählraten klein sind und zudem die Halbwertszeit des Polonium 218 nur 3,05 Minuten beträgt, so daß sein Beitrag bereits innerhalb von 20 Minuten im Nulleffekt untergeht. Viel bessere Ergebnisse erhält man durch wiederholtes Aufnehmen einer Messung von 3 Minuten Dauer. Da dazu jedesmal wieder über längere Zeit Luft durch das Filter gesaugt werden muß, kann dies jedoch nicht im Unterricht erfolgen. Die erste Messung wird wie oben gestartet (jedoch mit 3 Minuten Meßdauer), jede weitere Messung wird dann zur bereits vorhandenen addiert.

Ohne Mehraufwand kann dann aber auch eine komplette Meßreihe im Zeittakt von 3 Minuten aufgenommen werden, um die aufgenommenen Spektrallinien auch bezüglich der Halbwertszeit zu selektieren. Man führt z.B. 7 Messungen im Abstand von 3 Minuten durch, wobei bei einer Meßdauer von 2½ Minuten jeweils 30 Sekunden zum Ablegen der Messung verbleiben (Dateinamen z.B. "LUFT_03A", "LUFT_06A", ...). Dies wird mehrmals wiederholt ("LUFT_03B", ...), die zum gleichen Zeitpunkt gehörigen Messungen werden am Schluß jeweils addiert. Der Bedienungsaufwand reduziert sich erheblich bei einem Programm mit Meßreihen-Option.

Wenn mit der Filterhalterung gearbeitet wird, kann man im Wechsel einen Filtereinsatz in der Experimentierkammer ausmessen, während der andere dem Luftstrom ausgesetzt wird. Da die Dauer einer Meßreihe 7·3 Minuten = 21 Minuten beträgt, hat inzwischen der andere Filtereinsatz schon fast wieder die Expositionsdauer erreicht.

Auswertung

Die Auswertung erfolgt am einfachsten durch Vergleich mit einem am Spinthariskop gewonnenen Kalibrierspektrum. Das in der Unterrichtsstunde gewonnene Spektrum zeigt bei seiner geringen Auflösung nur eine breite Linie, deren Oberkante (wegen der Eigenabsorption ist die Oberkante entscheidend, vgl. 5.2.7) in etwa mit der 7,7 MeV-Linie des Radium-Spektrums übereinstimmt (Bild 59).

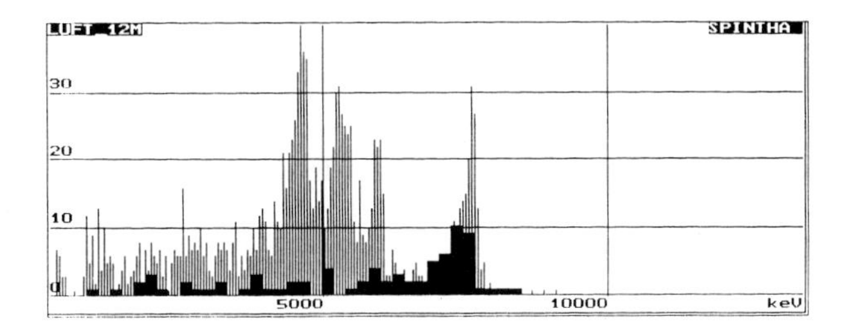

Bild 59 : Luftaktivität (20 Min) im Vergleich zum Ra-Spektrum

Hiernach ist das Nuklid Polonium 214 als Urheber dieser Linie zu vermuten. Die im Langzeitversuch gewonnene Meßreihe bestätigt dies, indem sie in jeder Messung diese Linie aufweist, in der Messung aus den ersten drei Minuten jedoch zusätzlich eine Linie, die mit der 6-MeV-Linie des Radiumspektrums korrespondiert, d.h. mit der Linie des Polonium 218 (Bild 60).

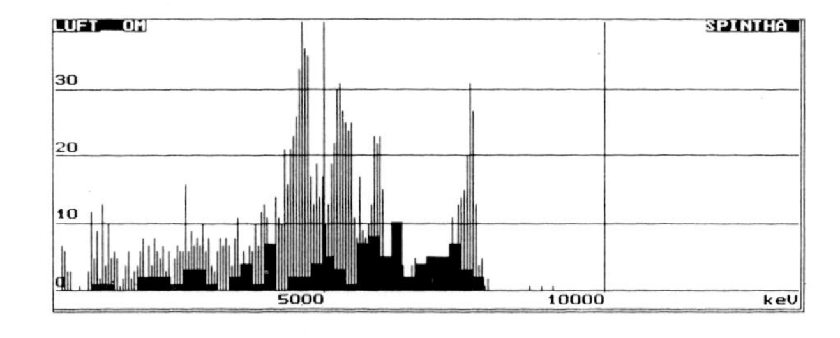

Bild 60 : Luftaktivität (3 Min) im Vergleich zum Ra-Spektrum

In den Meßbeispielen ist zur Erhöhung der Linienintensität die Auflösung reduziert worden.

Betrachtet man in der Nuklidkarte die Uran-Radium-Reihe, so findet man dem Po 218 vorausgehend das radioaktive Edelgas Radon 222; dieses wird im Filter jedoch nicht festgehalten, seine Energie taucht im Spektrum daher nicht auf. Es ist jedoch der Urheber der nachgewiesenen Nuklide, denn die im Boden enthaltenen Spuren von Radium entwickeln ständig dieses Gas als Zerfallsprodukt, das dann aus dem Boden in die Luft übertritt. Hier zerfällt es weiter und bildet der Reihe nach die kurzlebigen Nuklide Po 218, Pb 214, Bi 214 und Po 214, welches dann zu Pb 210 zerfällt:

α		α		α		β		β		α		β
→	Rn222	→	Po218	→	Pb214	→	Bi214	→	Po214	→	Pb210	→
		3,8d		3,05m		27m		20m		164μs		

Pb 210 mit einer Halbwertszeit von 22,3 Jahren reichert sich in der Luft nicht an, da es wegen seiner langen Halbwertszeit durch Niederschläge ausgewaschen wird, ehe es eine nennenswerte Aktivität erreicht. Da das Radon als Gas das Filter ungehindert passiert, fängt der Versuch nur die Nuklide Po 218, Pb 214, Bi 214 und Po 214 ein. Pb 214 und Bi 214 sind β-Strahler, werden vom Detektor also nicht erfaßt. Die Strahlung von Po 218 und Po 214 wurde nachgewiesen. Damit ist festgestellt, daß die Radioaktivität der Luft im wesentlichen durch Radon 222 und seine Folgeprodukte bis hin zum Polonium 214 verursacht wird.

Theorie

Die Dichte von Radon beträgt 9,73 g/l gegenüber 1,29 g/l für Luft. Radon sammelt sich daher in Bodennähe und reichert sich insbesondere in schlecht gelüfteten Kellerräumen an. Es erreicht seine Sättigungskonzentration nach einer durch seine Halbwertszeit bestimmten Exponentialfunktion (Die Produktionsrate kann wegen der langen Halbwertszeit des Radium von 1600 a als konstant angesehen werden). Dann gilt (vgl. 5.3.4)

$$n(t) = n(\infty)\cdot(1 - e^{-\lambda t}) \ ,$$

wenn $n(\infty)$ die Sättigungskonzentration ist. Da die Halbwertszeit des Rn 222 bei 3,8 Tagen liegt, hat sich ca. 4 Tage nach dem letzten gründlichen Lüften wieder 50% der Sättigungskonzentration aufgebaut, nach einer Woche ca. 75% usw.

Die Folgeprodukte bis hin zum Polonium 214 haben erheblich kürzere Halbwertszeiten, d.h. wenn das Radon in Sättigung vorliegt, finden wir auch seine kurzlebigen Folgeprodukte im radioaktiven Gleichgewicht vor.

Die Nuklide reichern sich nun im Filter wiederum nach einem entsprechenden Exponentialgesetz an, d.h. nach 30 Minuten Saugen liegen Po 218 und Po 214 praktisch in Sättigung vor, vom Pb 214 haben wir etwa die Hälfte der Sättigungskonzentration und vom Bi 214 mehr als die Hälfte angereichert. Um von allen Nukliden angenähert die Sättigungskonzentration zu erreichen, müßte man mindestens 2 Stunden filtern. Das Gleichgewicht wird zerstört, sowie der Staubsauger bzw. das Gebläse abgeschaltet wird, denn die Muttersubstanz Radon ist nicht mit im Filter gefangen worden. Daher zerfallen nun die verbliebenen Nuklide mit der für sie gültigen Halbwertszeit, wobei aber Pb 214 und insbesondere Bi 214 und Po 214 erst verzögert abgereichert werden, da sie zunächst noch aus ihrem Vorgänger nachgebildet werden. So verschwindet die Linie des Po 218 tatsächlich innerhalb weniger Minuten aus dem Spektrum, während sich die Linie des Po 214 trotz seiner extrem kurzen Halbwertszeit noch über lange Zeit hält. Ihr allmähliches Verschwinden könnte man durch eine Langzeit-Meßreihe im Zeittakt von etwa 20 Minuten verfolgen.

ANMERKUNG

Eine quantitative Auswertung ist bei diesem Versuch nicht möglich, da dazu die Ansprechwahrscheinlichkeit des Detektors bekannt sein müßte. Diese wäre mittels eines Kalibriernormals oder durch eine kalibrierte Vergleichsmessung bestimmbar.

Nun ist die Anfertigung eines Alpha-Kalibriernormals wegen der Eigenabsorption schwierig. Laut KLEMM [12] bietet die Physikalisch-Technische Bundesanstalt in Braunschweig für interessierte Bürger Radon-Messungen (mittels eines zur Auswertung einzusendenden Aktivkohle-Absorbers) an. Meine Anfrage dort blieb leider unbeantwortet. Somit konnte ich keinen brauchbaren Versuch zur Radon-Aktivitätsbestimmung mittels α-Strahlung entwickeln.

Bei Gamma-Strahlung besteht das Problem der Eigenabsorption jedoch nicht. Daher kann ein Präparat bekannter Aktivität als Kalibriernormal dienen. Ein Versuch zur quantitativen Radon-Messung anhand der Gamma-Strahlung wird unter 6.4.5 beschrieben.

6 Versuche mit Gammastrahlung

6.1 Energiekalibrierung für Gammastrahlung

GERÄTE: Szintillationszähler für Gammastrahlung, Photomultiplier mit Verstärker, Hochspannungsnetzgerät, Interface, Präparate Am 241, Präparat Co 60, Cs 137 oder Na 22, Stativmaterial bzw. Optische Bank mit Reitern, Nuklidkarte.

ZWECK DES VERSUCHES

Für die meisten Versuche ist eine absolute Energiekalibrierung erforderlich. Das VKA-Programm beziffert die Abszissenachse zunächst mit Kanälen. Wenn die registrierten Gammaquanten ihre gesamte Energie im Szintillator abgeben, besteht aber zwischen Impulshöhe (=Kanalnummer) und Teilchenenergie im Idealfall eine Proportionalität (nicht nur, wie beim Alphadetektor, ein linearer Zusammenhang, da im Gegensatz zu dort keine Ansprechschwelle zu berücksichtigen ist).

Dieser Versuch dient zur Festlegung einer absoluten Energieskala vor Beginn des Hauptversuches. Ein Weiterverwenden für spätere Versuche ist jedoch kaum möglich, da der Verstärkungsfaktor des Photomultipliers von seiner kaum mit der erforderlichen Genauigkeit reproduzierbaren Betriebsspannung abhängt. Die Kalibrierung ist daher nach jeder Inbetriebnahme erneut vorzunehmen, soweit der Versuch eine absolute Energiekalibrierung erfordert. Da sie kaum Zeit erfordert, ist dies jedoch kein Problem.

VERSUCHSAUFBAU

Der elektrische Anschluß erfolgt gemäß Bild 24/25. Der Detektor wird auf das Präparat gerichtet, wobei die Geometrie des Aufbaus unkritisch ist, da Gammastrahlung eine unbegrenzte Reichweite hat. Trotzdem sollte man Streuung der Gammastrahlung, die das Spektrum verfälscht, vermeiden, also auf direkte Sicht zwischen Präparat und Detektor achten. Der Abstand zwischen Detektor und Präparat richtet sich nach der Aktivität des Präparats. Bei zu kleinem Abstand wird der Detektor übersteuert und liefert ein verzerrtes Spektrum.

VERSUCHSDURCHFÜHRUNG

Niederenergetischer Bereich bis ca. 100 keV: Als Kalibrierpräparat für den niederenergetischen Bereich wird Am 241 verwendet, das laut Nuklidkarte eine Gammalinie bei 60 keV aufweist. Am Interface wird der Verstärkungsbereich "x10" gewählt. Eine Aufnahme wird gestartet. Verstärkungsfaktor und ggf. Hochspannung werden so eingestellt, daß die Linie im Spektrum bei ca. 2/3 der Abszissenachse liegt. Ist die richtige Einstellung gefunden, so wird mit ihr nochmals eine Neuaufnahme durchgeführt. Die Verstärkung und die Hochspannung dürfen danach bis zum Ende der Versuchsreihe nicht mehr verändert werden.

Die 60-keV-Linie zeichnet sich im Spektrum signifikant ab und dient nun zur Kalibrierung. Dazu wählt man die Kalibrieroption, gibt als ersten Fixpunkt die Gammalinie ein, und ersetzt die Kanalnummer durch den Energiewert 60. Da das Programm eine Zweipunktkalibrierung verlangt, wählt man als zweiten Fixpunkt den Koordinatenursprung und gibt 0 als Energiewert an. Das Kalibrierspektrum kann, falls es nicht mehr benötigt wird, nun gelöscht werden.

Hinweis: Wegen der kleinen Signalhöhen bei der 60 keV-Strahlung des Am 241 und der dadurch erforderlichen hohen Verstärkung wirkt sich ein Nullpunktsfehler des Verstärkers (im Interface oder im Detektor) sofort nachteilig auf die Kalibriergenauigkeit aus. Eine echte Zweipunktkalibrierung ist daher zu bevorzugen. Man kann sie sich für diesen Energiebereich etwa mit Hilfe der charakteristischen Röntgenstrahlung (Röntgenfluoreszenz) verschaffen (vgl. 6.3.1).

Hochenergetischer Bereich bis ca. 2000 keV: Als Kalibrierpräparat für den hochenergetischen Bereich wird eines der Präparate

- Kobalt 60 (1173 keV und 1333 keV) ,
- Caesium 137 (664 keV) ,
- Natrium 22 (511 keV)

verwendet (Um der Messung Aussagekraft zu verleihen, wählt man natürlich ein anderes Präparat zum Kalibrieren als im Hauptversuch).

Am Interface wird der Verstärkungsbereich "x1" gewählt, ansonsten wird vorgegangen wie oben für den niederenergetischen Bereich. Die Verstärkung und die Hochspannung dürfen auch hier bis zum Ende der Versuchsreihe nicht mehr verändert werden. Im Falle von Co 60 stehen zwei Spektrallinien zur Verfügung, für eine Zweipunktkalibrierung liegen sie jedoch zu nahe beieinander, weshalb man auch hier nur eine der Linien als Fixpunkt benutzen sollte, als zweiter Fixpunkt dient 0. Bei den hohen Energien ist dies unproblematisch.

6.2 Wechselwirkung von Strahlung und Materie

6.2.1 Exponentialgesetz

GERÄTE: Szintillationszähler für Gammastrahlung, Photomultiplier mit Verstärker, Hochspannungsnetzgerät, Interface, Präparat Am 241, Kollimator, Satz Aluminiumabsorber, Stativmaterial bzw. Optische Bank mit Reitern.

ZWECK DES VERSUCHES

Während Alpha- und Betastrahlung eine definierte Reichweite besitzen, die durch die komplette Energieabgabe des primären Teilchens an die durchlaufene Materie gegeben ist, ist die Reichweite von Gammastrahlung unbegrenzt, wobei jedoch die Strahlungsintensität exponentiell abnimmt. Anstelle einer Reichweite kann eine Halbwertsschichtdicke definiert werden, nach der die Intensität auf die Hälfte des ursprünglichen Wertes abgenommen hat. In diesem Versuch wird die Intensitätsabnahme der 60 keV-Strahlung des Am 241 in Abhängigkeit von der Schichtdicke (Aluminium) untersucht.

VERSUCHSAUFBAU

Der elektrische Anschluß erfolgt gemäß Bild 24/25. Das Präparat wird in einen Kollimator (Bleitubus) eingeschraubt. Der Gammadetektor wird am einfachsten senkrecht montiert, so daß er von oben auf das Präparat gerichtet ist. Die Absorberplatten werden dann einfach auf einen Stativring aufgelegt, der unmittelbar über der Mündung des Kollimators angeordnet wird (Bild 61). Der Abstand zwischen Detektor und Präparat beträgt etwa 25 cm. Alternativ kann der Aufbau auf einer Optischen Bank erfolgen (Bild 62).

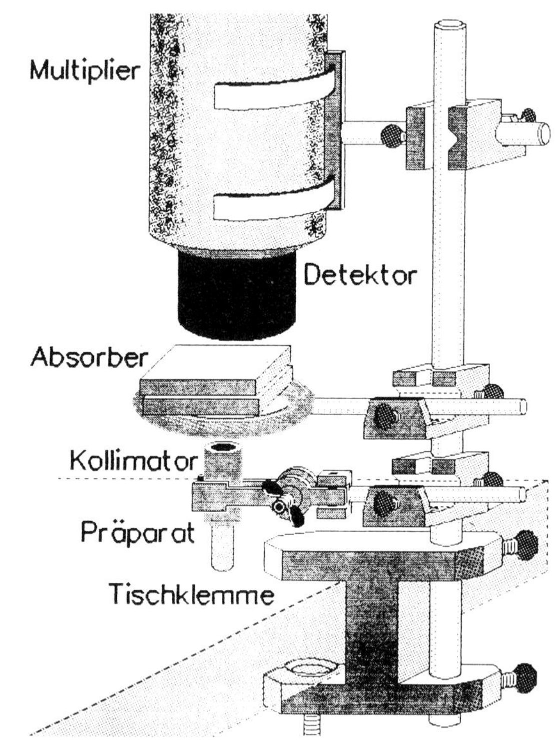

Bild 61 : Absorptionsversuch auf Stativ

VERSUCHSDURCHFÜHRUNG

Eine Kalibrierung ist nicht erforderlich. Es wird eine erste Messung ohne Absorber durchgeführt und abgelegt (Dateiname z.B. "ABS_AL_0"). Sodann werden bei gleicher Meßdauer weitere Messungen bei zunehmender Schichtdicke des Aluminiumabsorbers durchgeführt, die Schichtdicke wird notiert. Bei einer Programmversion, die es ermöglicht, zur Messung Parameter mit abzuspeichern, kann die Schichtdicke als Beiwert eingetragen werden. Die Messungen werden jeweils abgelegt. Schließlich wird eine Messung des Nulleffekts nach Entfernen des Präparates durchgeführt und ebenfalls abgelegt.

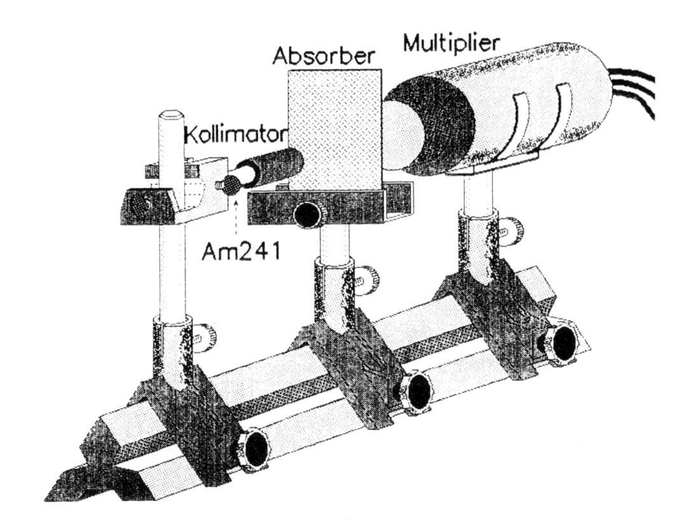

Bild 62 : Absorptionsversuch auf Optischer Bank

THEORIE

Während Alpha- und Beta-Teilchen längs ihrer Flugbahn Ionenpaare bilden und so allmählich ihre Energie verlieren, werden Gammaquanten aus dem Primärstrahl als Ganzes gestreut (Comptoneffekt) bzw. absorbiert (Photoeffekt bzw. Paarbildung. Die 60 keV-Strahlung des Am 241 ermöglicht keine Paarbildung, da die hierfür erforderliche Mindestenergie von $2mc^2$ = 1022 keV nicht erreicht wird).

Die Wahrscheinlichkeit dp, daß ein Quant innerhalb einer Strecke dx gestreut oder absorbiert und damit dem Primärstrahl entzogen wird, ist zu dx proportional. Die Intensität $I(x)$ des Strahls vermindert sich innerhalb von dx um dI, wobei $-dI = I \cdot dp$ und daher zu dx proportional ist. Der Proportionalitätsfaktor ist der Absorptionskoeffizient μ. Dann ist

$$dI = - \mu \, I \, dx \quad ,$$

$$\frac{dI}{I} = - \mu \, dx \quad ,$$

nach Integration also

$$\ln I(x) - \ln I(0) = - \mu x \quad ,$$

$$I(x) = I(0)\, e^{-\mu x} \quad ;$$

d.h. die Intensität nimmt exponentiell mit der Schichtdicke ab. Die Halbwertsschichtdicke x_H ist dann gegeben durch

$$I(x_H) = \frac{I(0)}{2} = I(0)\ e^{-\mu x_H} \quad ,$$

d.h.

$$x_H = \ln 2 / \mu \quad .$$

Auswertung

Anhand des ungestörten Spektrums wird die ursprüngliche Intensität $I(0)$ der 60-keV-Linie bestimmt. Dazu wird dieses Spektrum geladen und die Linienintensität durch Integration ausgemessen. Eine Programmversion mit entsprechender Option ist erforderlich.

Die Wahl der Grenzen für die Flächenbildung ist unkritisch, bei 256 Kanälen Auflösung z.B. 30 Kanäle links und rechts der Linienmitte (die Linienmitte wird definiert als Mitte zwischen den beiden Punkten der Linienflanken, an denen die halbe Maximalintensität herrscht). Die so festgelegten Grenzen müssen aber bei der Auswertung der übrigen Spektren ebenfalls eingehalten werden. Qualitativ kann man das Abklingen der Strahlungsintensität mit zunehmender Schichtdicke bereits in der Spektralliniendarstellung (Vergleichsmodus) erkennen.

Nacheinander werden nun die übrigen Spektren geladen und ebenso ausgemessen. Die Linienstärken $I(x)$ werden zusammen mit den Absorberschichtdicken x in einer Tabelle notiert. Schließlich wird der Nulleffekt n im gleichen Energiebereich ausgewertet. Dieser Wert muß von den notierten Linienstärken jeweils noch subtrahiert werden.

Da man einen exponentiellen Zusammenhang erwartet, bildet man den Logarithmus der um den Nulleffekt korrigierten Linienstärke, um zu einem linearen Zusammenhang zu kommen.

Die Tabelle gibt ein Meßbeispiel:

60 keV-Gamma-Strahlung in Aluminium
Nulleffekt n = 307 Impulse

x/mm	Linienstärke I(x)	I(x)-n	ln(I(x)-n)
0,0	3123	2816	7,9431
8,2	1907	1600	7,3778
16,4	1108	801	6,6859
24,6	715	408	6,0113
32,8	478	171	5,1417
41,0	382	75	4,3175

Durch die Punkte $y = \ln(I(x)\text{-}n)$ über x = Schichtdicke/mm wird eine Ausgleichsgerade gelegt. Im obigen Meßbeispiel ergibt sich nach der Methode der kleinsten Fehlerquadrate die Geradengleichung

$$y = -\,0{,}08894\,x + 8{,}07006\ ,$$

d.h. $\mu = 0{,}08894$/mm, und damit die Halbwertsschichtdicke $x_H = \ln(2)/\mu = 7{,}79$mm. Man kann nun die Kurve

$$I(x) = I(0)\,e^{-0{,}08894\,x} \qquad (\text{ mit } I(0) = e^{8{,}07006} = 3197\ )$$

durch die Meßpunkte zeichnen und sich von der Übereinstimmung überzeugen (Bild 63). Man erkennt auch, wie die Intensität innerhalb von rund 8 mm Absorber auf etwa die Hälfte abnimmt.

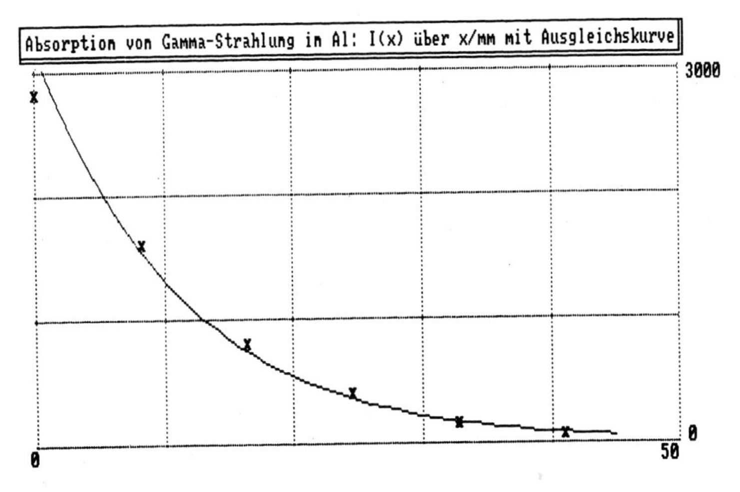

Bild 63 : Absorption von Gammastrahlung in Aluminium

6.2.2 Abstandsgesetz

GERÄTE: Szintillationszähler für Gammastrahlung, Photomultiplier mit Verstärker, Hochspannungsnetzgerät, Interface, Präparat Am 241, Kollimator, Meßlatte 1 m, Optische Bank mit Reitern.

ZWECK DES VERSUCHES

Da die Reichweite von Gammastrahlung unbegrenzt und die Absorption in einigen Dezimetern Luft vernachlässigbar ist, breitet sich die Strahlung im Raum nach den Gesetzen der Optik aus. Demnach ist eine Abhängigkeit der Strahlungsintensität vom Abstand nach einem $1/r^2$- Gesetz zu erwarten, sowie die Quelle als punktförmig angesehen werden kann.

In diesem Versuch wird durch Messung der Intensität in verschiedenen Abständen das $1/r^2$-Gesetz bestätigt. Gleichzeitig wird damit eine der Grundregeln des Strahlenschutzes begründet: Großer Abstand sorgt für kleine Strahlenbelastung.

VERSUCHSAUFBAU

Der elektrische Anschluß erfolgt gemäß Bild 24/25. Der Detektor und das Präparat werden mit Reitern auf einer langen optischen Bank so montiert, daß man den Abstand variieren und auf der Meßlatte ablesen kann. Der Mindestabstand beträgt 50 cm, um die Quelle näherungsweise als punktförmig annehmen zu können.

VERSUCHSDURCHFÜHRUNG

Eine Kalibrierung ist nicht erforderlich. Es werden 6 Messungen durchgeführt, beginnend bei 50 cm, wobei der Abstand von einer Messung zur nächsten um jeweils 10 bis 15 cm vergrößert wird. Die Anzahl der registrierten Impulse ist ein Maß für die empfangene Strahlungsintensität, wenn alle Messungen gleich lange (z.B. 60 s) dauern. Die Messungen werden abgelegt. In einer Programmversion, die einen Parameter mit der Messung abzuspeichern gestattet, ist als Parameter der Abstand einzutragen.

Als siebente Messung wird nach Entfernen des Präparates der Nulleffekt gemessen. Dieser ist erheblich und darf bei einer quantitativen Auswertung nicht vernachlässigt werden.

THEORIE

Sei A die Aktivität des Präparates, so bedeutet das, daß die Gesamtintensität der vom Präparat in den Raumwinkel 4π abgegebenen Strahlung $I = A$ ist. Die empfindliche

Fläche F des Detektors im Abstand r vom Präparat erfüllt vom Präparat aus gesehen den Raumwinkel $\Omega = F/r^2$. Damit entfällt auf den Detektor der Anteil

$$f = \frac{\Omega}{4\pi} = \frac{F}{4\pi r^2} ,$$

also würde bei 100%iger Ansprechwahrscheinlichkeit die Intensität

$$I(r) = f \cdot A = \frac{F A}{4\pi r^2}$$

gemessen werden. f nennt man hierbei den Geometriefaktor. Die Intensität der Strahlung nimmt also mit $1/r^2$ ab. In der Praxis addiert sich zur vom Präparat herrührenden Strahlung der Nulleffekt I_0, der nicht von r abhängt; außerdem hat der Detektor eine Ansprechwahrscheinlichkeit $\epsilon < 1$. Gemessen wird daher

$$I_{mess}(r) = \epsilon \cdot I(r) + I_0 = \epsilon \cdot \frac{F A}{4\pi r^2} + I_0 .$$

Um das $1/r^2$-Gesetz zu bestätigen, muß also der Nulleffekt auf jeden Fall subtrahiert werden, denn dann wird

$$I_{mess}(r) - I_0 = \epsilon \cdot \frac{F A}{4\pi r^2} ,$$

was wieder proportional zu $1/r^2$ ist. Die Kenntnis von ϵ ist dabei nicht erforderlich.

AUSWERTUNG

Es wird zunächst die Nullrate bestimmt. Dazu integriert man mit einfach das gesamte gemessene Spektrum von Kanal 0 bis Kanal 255. Die Impulsrate oder -zahl wird notiert. Dann lädt man der Reihe nach die anderen Messungen und verfährt mit ihnen genauso. Die Impulsraten und die zugehörigen Abstände werden ebenfalls in einer Tabelle notiert.

Es ist nun von jedem Wert die Nullrate zu subtrahieren. Um einen linearen Zusammenhang zu erhalten, bildet man in der Tabelle außerdem $1/r^2$. Da Zählraten immer einer statistischen Streuung unterliegen, ist in der Tabelle außerdem noch die Streuung berechnet. Nach den Gesetzen der Statistik ist die Streuung in diesem Falle $s = \sqrt{I(r)}$. Sie wird in der Tabelle ebenfalls berechnet und zum Zeichnen der Fehlerbalken in der Graphik verwendet.

Mit einer Programmoption zur Subtraktion von Messungen kann man auch von jedem gemessenen Spektrum das Spektrum des Nulleffekts subtrahieren und erhält direkt ein bereinigtes Spektrum zur Auswertung. Diese Spektren können dann auch im Vergleichsmodus des Programms gegenübergestellt werden.

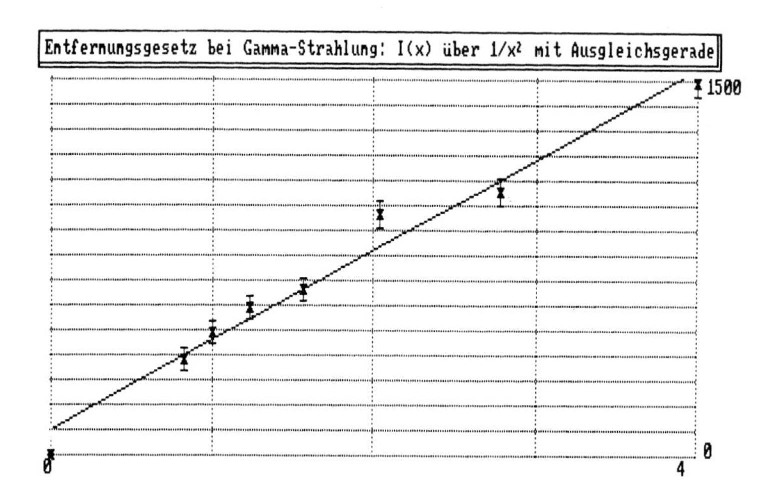

Bild 64 : Entfernungsgesetz bei Gammastrahlung

Die graphische Darstellung von I über $1/r^2$ zum nachstehenden Meßbeispiel (Bild 64) bestätigt im Rahmen der statistischen Streuung das quadratische Abstandsgesetz zufriedenstellend.

Nulleffekt: 1564 Impulse/60 Sekunden

r/m	1/r²	I(r)	I(r)-Io	√I(r)
0,5	4,00	3059	1495	55,31
0,6	2,78	2615	1051	51,14
0,7	2,04	2530	966	50,30
0,8	1,56	2228	664	47,20
0,9	1,23	2158	594	46,45
1,0	1,00	2055	491	45,33
1,1	0,83	1950	386	44,16
	(0,00)		(0)	

6.2.3 Comptoneffekt

Geräte: Szintillationszähler für Gammastrahlung, Photomultiplier mit Verstärker, Hochspannungsnetzgerät, Interface, Präparat Am 241, Kollimator, Streukörper (Aluminium, Holz, PVC), Stativmaterial bzw. Optische Bank mit Reitern.

Zweck des Versuches

Der Comptoneffekt ist die Streuung von Gammastrahlung an Elektronen, wobei ein Elektron einen Teil der Energie und des Impulses eines Gammaquants übernimmt, welches mit verminderter Energie und unter einem gewissen Streuwinkel aus dem Prozeß hervorgeht. Dem Comptoneffekt kommt eine historische Bedeutung in der Geschichte der Quantenphysik zu, da sich an ihm erweist, daß Energie- und Impulssatz im atomaren Einzelprozeß (und nicht nur im statistischen Mittel) erfüllt sind, wenn man die elektromagnetische Strahlung als aus Quanten der Energie $W = hf = hc/\lambda$ bestehend auffaßt.

In diesem Versuch wird die Energieänderung ΔW der an Elektronen gestreuten Gammaquanten von Am 241 gemessen und auf Verträglichkeit mit dem Energiesatz untersucht. Er ergänzt damit (aber ersetzt nicht!) den Versuch zum Nachweis der Wellenlängen- bzw. Frequenzänderung Δf von Gammastrahlung durch Streuung, z.B. durch Vergleich des Absorptionsverhaltens der gestreuten und ungestreuten Strahlung [13]. Erst durch Verbindung beider Versuche bestätigt sich der Zusammenhang $W = hf$ in der Form $\Delta W = h{\cdot}\Delta f$ zwischen Energie des einzelnen Quants und Frequenz der gesamten Strahlung (Ein einzelnes Quant hat ebensowenig eine Frequenz wie z.B. ein einzelnes Atom eine Halbwertszeit hat!).

Versuchsaufbau

Der elektrische Anschluß erfolgt gemäß Bild 24/25. Zur Messung der direkten Strahlung und zur Energiekalibrierung wird der Detektor direkt auf das Präparat gerichtet. Zur Messung der Streustrahlung wird der Gammadetektor auf den Streukörper gerichtet.

Das Americium-Präparat mit Kollimator strahlt ca. 60° versetzt auf den Streukörper ein, so daß unter einem Streuwinkel von ca. 180°-60° = 120° beobachtet wird (wegen der Ausdehnung des Detektors allerdings mit einer erheblichen Winkelunschärfe). Bild 65 zeigt den Versuchsaufbau in einer Version, in der der Detektor senkrecht nach unten gerichtet ist, so daß der Streukörper einfach auf einen Tisch aufgelegt werden kann. Der Aufbau auf einer Optischen Bank ist möglich, wenn das Präparat auf einem Schwenkarm montiert werden kann. Der Streukörper wird für die Messung auf ca. 1cm an den Detektor herangeschoben. Das Präparat wird zuvor so herumgeschwenkt, daß es sich neben dem Detektor befindet und einen Winkel von 60° mit dessen Achse bildet. Damit keine direkte Strahlung in den Detektor gelangt, ist wie in Bild 65 ein Kollimator (Bleitubus) erforderlich.

VERSUCHSDURCHFÜHRUNG

Es wird zunächst eine Messung der direkten Strahlung des Am 241 durchgeführt. Die Energieskala wird wie in 6.1 kalibriert (Fixpunkte 60 keV und 0 keV). Die Messung wird abgelegt.

Mit dem obigen Versuchsaufbau wird dann die Streustrahlung an den verschiedenen Streukörpern unter 120° gemessen und ebenfalls abgelegt.

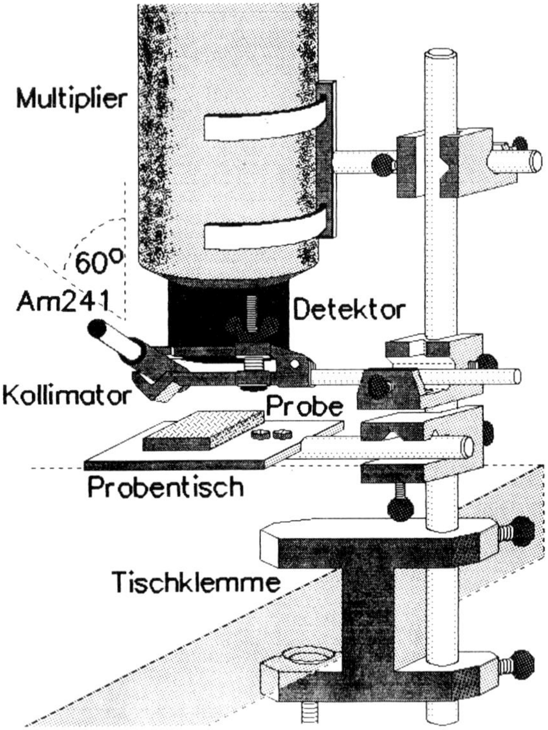

THEORIE

Es sei W die Energie des Quants vor der Streuung, W' die Energie nach der Streuung. Das Elektron wird zu Beginn als ruhend angenommen, seine Energie nach der Streuung ist (relativistisch) $mc^2 \cdot (\gamma - 1)$ mit dem Lorentzfaktor $\gamma = 1/\sqrt{1 - u^2/c^2}$. Dann gilt der Energiesatz

$$mc^2 \cdot (\gamma - 1) = W - W' \quad .$$

Bild 65 : Aufbau zum Comptoneffekt mit Stativmaterial

Ferner ist $k = W/c$ der Impuls der Quants vor der Streuung, $k' = W'/c$ nach der Streuung, und $p' = mu \cdot \gamma$ der Impuls des Elektrons mit der Geschwindigkeit u. Es gilt der Impulssatz

$$\boldsymbol{k} = \boldsymbol{k'} + \boldsymbol{p'} \quad ,$$

d.h. unter Anwendung des Cosinussatzes auf das aus den drei Impulsen gebildete Vektordreieck

$$\boldsymbol{p}'^2 = \boldsymbol{k}^2 + \boldsymbol{k}'^2 - 2 \; |\boldsymbol{k}| \; |\boldsymbol{k}'| \; \cos\Theta \; ,$$

wenn Θ der Winkel ist, unter dem das Gammaquant gestreut wird. Wegen $k{\cdot}c = W$ und $k'{\cdot}c = W'$ folgt:

$$p'^2 \cdot c^2 = k^2{\cdot}c^2 + k'^2{\cdot}c^2 - 2 \; |k{\cdot}c| \; |k'{\cdot}c| \; \cos\Theta \; ,$$

$$(mu\gamma)^2 \cdot c^2 = W^2 + W'^2 - 2\; W{\cdot}W' \cdot \cos\Theta$$

Andererseits ergibt Quadrieren des Energiesatzes:

$$(mc^2)^2 \cdot (\gamma - 1)^2 = W^2 + W'^2 - 2\; W{\cdot}W'$$

Subtraktion der beiden Gleichungen liefert

$$\begin{aligned} 2\; W\, W'(1-\cos\Theta) &= m^2u^2\gamma^2c^2 - m^2c^4\,(\gamma^2 - 2\gamma + 1) \\ &= m^2c^2\gamma^2(u^2 - c^2) + 2m^2c^4\gamma - m^2c^4 \\ &= m^2c^2\gamma^2(u^2/c^2 - 1)c^2 + 2m^2c^4\gamma - m^2c^4 \\ &= -m^2\,c^4 + 2m^2c^4\gamma - m^2c^4 \\ &= 2m^2c^4(\gamma - 1) \; , \end{aligned}$$

$$\frac{W \cdot W'}{mc^2}(1-\cos\Theta) = mc^2(\gamma - 1) = W - W'$$

Dies ist der Energieverlust des einlaufenden Gamma-Quants, und damit die Energieaufnahme des Elektrons. Für die Energie des Quants nach der Streuung folgt dann wegen

$$W = W' + \frac{W \cdot W'}{mc^2}(1-\cos\Theta) = W' \cdot \left(1 + \frac{W}{mc^2}(1 - \cos\Theta) \right)$$

schließlich

$$W' = \frac{W}{1 + (1-\cos\Theta)\; W/mc^2}$$

Dieses Ergebnis ist unabhängig von einer Welleninterpretation allein unter Annahme eines elastischen Stoßes relativistischer Teilchen gewonnen worden, und genau dieser Zusammenhang wird mit dem vorliegenden Versuch verfiziert.

HINWEIS

Zur Welleninterpretation gelangt man von hier wie folgt: Wegen

$$\frac{W \cdot W'}{mc^2}(1\text{-}\cos\Theta) = W - W'$$

ist

$$\frac{1}{mc^2}(1\text{-}\cos\Theta) = \left(\frac{1}{W} - \frac{1}{W'}\right),$$

also

$$\frac{1}{m \cdot c}(1\text{-}\cos\Theta) = \left(\frac{c}{W} - \frac{c}{W'}\right) = \frac{1}{k} - \frac{1}{k'}$$

Im Wellenbild gedeutet, entspricht dem Impuls k die Wellenzahl $k = h/\lambda$, d.h. es wird dann

$$\frac{h}{m \cdot c}(1\text{-}\cos\Theta) = \frac{h}{k} - \frac{h}{k'} = \lambda - \lambda' = \Delta\lambda$$

die Wellenlängenänderung der Strahlung (Der Ausdruck h/mc hat die Dimension einer Länge und wird als die Compton-Wellenlänge bezeichnet). Diese hängt nur vom Streuwinkel ab. Sie ist 0 beim Streuwinkel 0° und maximal beim Streuwinkel 180°. Dieser Zusammenhang muß aber in einem gesonderten Experiment nachgewiesen werden, bei dem - z.B. über das Absorptionsverhalten - die Wellenlänge der Strahlung gemessen wird.

AUSWERTUNG

Das Spektrum der direkten Strahlung wird geladen. Es wird mit dem Streuspektrum überlagert. Die Lage der verschobenen Gammalinie wird im Abtastmodus mit dem Cursor ausgemessen. Man bemerkt dabei, daß die Lage der Linie im Streuspektrum vom Material nicht abhängt. Bei den verwendeten Streukörpern handelt es sich um Stoffe mit kleiner Ordnungszahl:

Aluminium $Z = 13$,
Holz (im wesentlichen Kohlenstoff $Z = 6$, Wasserstoff $Z = 1$, Sauerstoff $Z = 8$),
PVC (Kohlenstoff $Z = 6$, Wasserstoff $Z = 1$, Chlor $Z = 17$).

Die Bindungsenergie der Elektronen ist klein gegen die Energie der Primärstrahlung, es handelt sich also um eine vom Stoff unabhängige Streuung an quasi freien Elektronen.

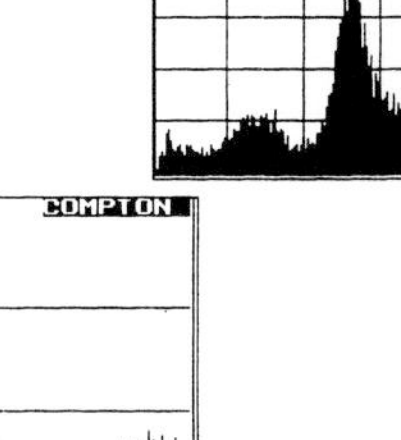

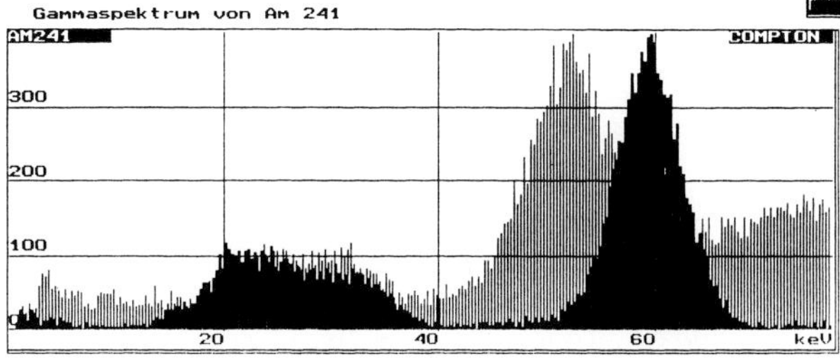

Bild 66 : Comptonstreuung an Aluminium

Am Meßbeispiel (Bild 66) liest man für die Streustrahlung eine Energie von ca. 52 keV ab. Aus der Theorie ergibt sich

$$\frac{W}{mc^2} = \frac{60\ \text{keV}}{511\ \text{keV}} = 0{,}1174\ ; \qquad W' = \frac{60\ \text{keV}}{1+0{,}1174\cdot(1-\cos 120°)} = 51\ \text{keV}\ ,$$

in guter Übereinstimmung mit dem Meßergebnis. Damit ist bestätigt, daß bei der Streuung von Gammaquanten an Elektronen die Gesetze des elastischen Stoßes für Energie und Impuls erfüllt sind.

ANMERKUNGEN

HILSCHER [14] weist auf die didaktischen Schwierigkeiten hin, die sich bei der Demonstration des Comptoneffekts im Unterricht ergeben. Da man hierzu ein Gamma-Spektrum aufnehmen muß, dieses aber von seinem Entstehungsmechanismus her bereits die Kenntnis des Compton-Effekts voraussetzt, um die Photolinie vom Compton-Kontinuum und der Rückstreulinie zu trennen, gerät man in einen logischen Zirkel. Im Falle des Am 241 hat man es allerdings von vornherein mit einer sehr niederenergetischen Strahlung zu tun (Bild 67).

Es handelt sich um eine praktisch monochromatische Strahlung von 60 keV. Für die Compton-Kante berechnet sich nun bei 60 keV zu:

$$E_C = \frac{2\cdot 60/511}{1 + 2\cdot 60/511}\cdot 60\ \text{keV} = 11{,}4\ \text{keV}$$

Damit ist sie so niederenergetisch, daß das Compton-Kontinuum bei der Messung praktisch nicht in Erscheinung tritt. Gleichzeitig ist bei dieser kleinen Energie der Wirkungsquerschnitt für den Photoeffekt so groß, daß auch die gestreute Strahlung vernachlässigbar ist, die Rückstreulinie also ebenfalls keine Rolle spielt.

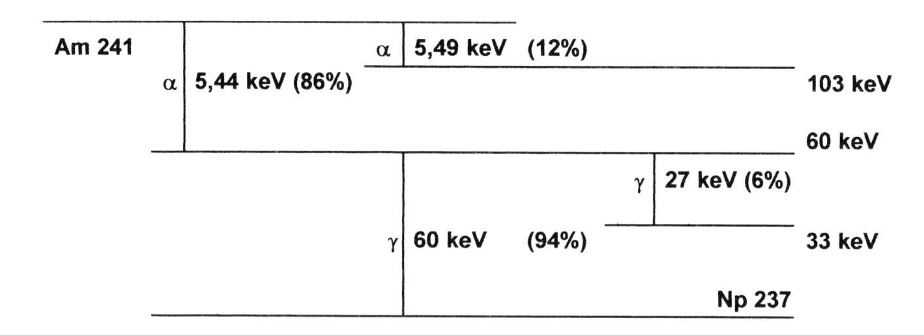

Bild 67 : Termschema des Am241-Zerfalls

Man kann das Spektrum des Am 241 also diskutieren, ohne bereits auf den Compton-Effekt Bezug nehmen zu müssen. Gleichzeitig läßt sich die niederenergetische Strahlung des Am 241 mit einem einfachen Bleitubus kollimieren, so daß aufwendige Abschirmungen entfallen: Die Halbwertsdicke in Blei beträgt für 60 keV-Strahlung nur 0,23 mm). Der Versuch mit der Strahlung von Am 241 ermöglicht also die Demonstration des "reinen" Phänomens ohne störende Begleiteffekte.

Wegen der geringen Energie der Am 241-Strahlung ist es möglich, den Stoßprozeß nichtrelativistisch zu rechnen, was in Kursen, in denen die Relativitätstheorie noch nicht behandelt wurde, eine weitere didaktische Schwierigkeit zu vermeiden hilft. Es bietet sich sogar die Möglichkeit an, die Auswertung so vorzunehmen, daß die EINSTEINsche Beziehung $W = mc^2$ für Lichtquanten an diesem Versuch *demonstriert* wird, vgl. 6.5.1.

6.2.4 Messung eines Wirkungsquerschnitts

GERÄTE: Szintillationszähler für Gammastrahlung, Photomultiplier mit Verstärker, Hochspannungsnetzgerät, Interface, Präparat Am 241, Kollimator, Satz Aluminiumabsorber, Satz Kupferabsorber, ggf. weitere Absorber, Stativmaterial bzw. Optische Bank mit Reitern.

ZWECK DES VERSUCHES

Ein zentraler Begriff der Kernphysik ist der Wirkungsquerschnitt oder Streuquerschnitt. Er wird immer benötigt, wenn beim Bestrahlen eines Targets mit kernphysikalischen Geschossen (Elementarteilchen, Kerne, Quanten) mit einer gewissen Wahrscheinlichkeit eine Reaktion stattfindet. Der Wirkungsquerschnitt stellt eine symbolische Fläche dar, die von dem Geschoß getroffen werden muß, um mit dem Target in Wechselwirkung zu treten, diese hat aber normalerweise mit dem geometrischen Querschnitt nichts zu tun.

VERSUCHSAUFBAU UND VERSUCHSDURCHFÜHRUNG

In diesem Versuch wird der Wirkungsquerschnitt von Aluminiumatomen und Kupferatomen für die Wechselwirkung (Absorption oder Streuung) von Gammaquanten bestimmt. Der Versuch stellt eine Erweiterung von Versuch 6.2.2 dar, der Versuchsaufbau entspricht dem in 6.2.2 beschriebenen. Bei der Versuchsdurchführung wird zusätzlich zur Meßreihe am Aluminiumabsorber eine weitere Meßreihe an Kupfer und ggf. weiterem Absorbermaterial durchgeführt. Die Meßwerte aus Versuch 6.2.2 können verwendet werden.

THEORIE

Während Alpha- und Beta-Teilchen längs ihrer Flugbahn Ionenpaare bilden und so allmählich ihre Energie verlieren, werden Gammaquanten aus dem Primärstrahl als Ganzes gestreut (Comptoneffekt) bzw. absorbiert (Photoeffekt bzw. Paarbildung. Die 60 keV-Strahlung des Am 241 ermöglicht keine Paarbildung, da sie die hierfür nötige Mindestenergie von $2mc^2 = 1022$ keV unterschreitet).

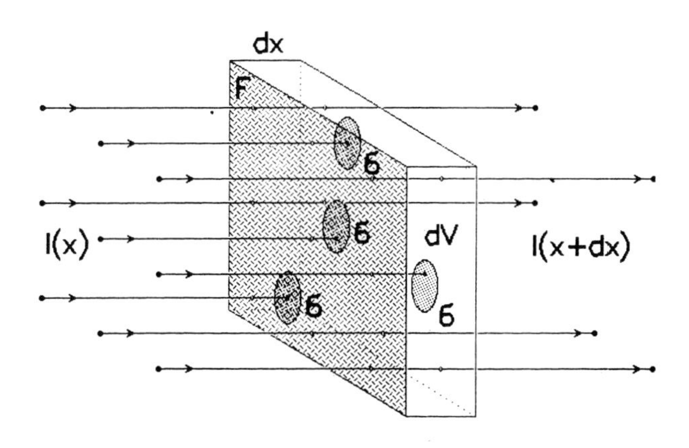

Bild 68 : Zur Definition des Wirkungsquerschnitts

Die Wahrscheinlichkeit, daß ein auf die Fläche F einfallendes Quant innerhalb der Strecke dx absorbiert oder gestreut wird (vgl. 6.2.1), wird durch den Wirkungsquerschnitt σ ausgedrückt: Befindet sich im Volumen $dV = F \cdot dx$ eine Anzahl dn Atome, so wird jedem Atom eine Scheibe der Größe σ zugeordnet, bei deren Treffen das Quant absorbiert oder gestreut wird. Damit ist die Wahrscheinlichkeit dp, daß eine solche Reaktion stattfindet, gleich dem Verhältnis der Reaktionsfläche $\sigma \cdot dn$ zur Gesamtfläche F (Es wird vorausgesetzt, dn sei so klein, daß sich nicht ein Atom hinter dem anderen "verstecken" kann):

$$dp = \sigma \cdot dn/F$$

(Bild 68). Trifft eine Strahlung der Intensität $I(x)$ auf die Fläche, so wird also nach Durchlaufen von dx nur noch die Intensität

$$I(x+dx) = I(x)+dI = (1-dp) \cdot I(x)$$

vorhanden sein, da der Anteil dp der einlaufenden Quanten absorbiert oder gestreut wurde. Somit ist die Intensitätsänderung

$$dI = I(x) \cdot dp = I(x) \cdot \frac{\sigma \cdot dn}{F} = I(x) \cdot \frac{\sigma \cdot dn \cdot dx}{F \cdot dx} = I(x) \cdot \frac{\sigma \cdot dn}{dV} \cdot dx \; .$$

In 1 Mol des Targetmaterial befinden sich N_A Atome (Avogadro-Konstante) mit der Gesamtmasse $m = A \cdot 1\,\mathrm{g}$, wenn A die Atommassenzahl ist. Bei der Dichte ρ füllt 1 Mol das Volumen $V = m/\rho$, d.h. die Anzahldichte ist

$$\frac{dn}{dV} = \frac{n}{V} = \frac{N_A \cdot \rho}{A \cdot 1\mathrm{g}} \; .$$

Damit wird

$$- dI = I(x) \cdot \sigma \cdot \frac{N_A \cdot \rho}{A \cdot 1\mathrm{g}} \cdot dx \quad ,$$

also

$$\frac{dI}{I} = - \sigma \cdot \frac{N_A \cdot \rho}{A \cdot 1\mathrm{g}} \cdot dx \; ;$$

nach Integration folglich

$$I(x) = I(0) \cdot e^{- \sigma \frac{N_A \cdot \rho}{A \cdot 1\mathrm{g}} \cdot x}$$

Vergleich mit dem in 6.2.2 hergeleiteten Exponentialgesetz liefert zwischen dem Absorptionskoeffizienten μ und dem Wirkungsquerschnitt σ den Zusammenhang

$$\mu = \sigma \cdot \frac{N_A \cdot \rho}{A \cdot 1\mathrm{g}} \qquad \text{bzw.} \qquad \sigma = \frac{\mu \cdot A \cdot 1\mathrm{g}}{N_A \cdot \rho}$$

AUSWERTUNG

Anhand des ungestörten Spektrums wird wie in 6.2.2 die ursprüngliche Intensität der 60 keV-Linie bestimmt. Die übrigen Spektren und der Nulleffekt werden ebenfalls wie bei 6.2.2 ausgewertet. Man logarithmiert die um den Nulleffekt korrigierte Linienstärke, um zu einem linearen Zusammenhang zu kommen.

Unter Verwendung des Meßbeispiels aus 6.2.1 ergibt sich μ = 0,08894/mm = 0,8894/cm. Mit $A = 27$, $\rho = 2{,}7\ \mathrm{g/cm^3}$ (Aluminium) sowie $N_A = 6{,}023 \cdot 10^{23}$/mol folgt

$$\sigma = \frac{\mu \cdot A}{N_A \cdot \rho} = \frac{0{,}8894/\mathrm{cm} \cdot 27\ \mathrm{g}}{6{,}023 \cdot 10^{23} \cdot 2{,}7\ \mathrm{g/cm^3}} = 1{,}48 \cdot 10^{-23}\ \mathrm{cm^2}\ .$$

für den Wirkungsquerschnitt eines Atoms, Gamma-Strahlung von 60 keV zu absorbieren oder zu streuen. Die übliche Maßeinheit für atomare Wirkungsquerschnitte ist

$$1\ \mathrm{barn} = 10^{-24}\ \mathrm{cm^2}$$

Demnach ist obiger Wirkungsquerschnitt σ = 14,8 barn.

Durch Vergleich mit den quantenmechanisch berechneten Querschnitten für die hier in Frage kommenden Wechselwirkungsprozesse kann die Güte der Messung abgeschätzt werden. Für den Photoeffekt bei genügend hohen Energien gilt die Näherungsformel [1]

$$\sigma_{Photo} = Z^5 \cdot \left(\frac{mc^2}{hf}\right)^{7/2} \cdot 1{,}068 \cdot 10^{-8}\ \mathrm{barn}\ .$$

Darin ist Z die Ordnungszahl, mc^2 = 511 keV die Ruheenergie des Elektrons und hf die Quantenenergie. Mit wachsender Ordnungszahl Z steigt der Wirkungsquerschnitt für den Photoeffekt also dramatisch (mit der 5. Potenz von Z) an.

Beim Comptoneffekt ist der Wirkungsquerschnitt für ein einzelnes Elektron von Z unabhängig, für ein ganzes Atom mit Z Elektronen also zu Z proportional. Die Abhängigkeit von der Quantenenergie ist kompliziert (Formel von KLEIN und NISHINA, z.B. [1]), für 60 keV gilt

$$\sigma_{Compton} \approx Z \cdot 0{,}97\ \mathrm{barn}\ .$$

Damit folgt für Z = 13 (Aluminium) und hf = 60 keV:

$$\sigma_{Photo} \approx 13^5 \cdot (511/60)^{7/2} \cdot 1{,}068 \cdot 10^{-8}\,\text{barn} = 7{,}15\,\text{barn}\ ,$$

$$\sigma_{Compton} \approx 13 \cdot 0{,}97\,\text{barn} = 12{,}61\,\text{barn}\ ,$$

$$\sigma_{Total} = \sigma_{Photo} + \sigma_{Compton} = 19{,}76\,\text{barn}\ .$$

Der oben gemessene Wert von 14,8 barn weicht davon um 25 % ab, was im Hinblick auf die Einfachheit des Versuchs ein gutes Ergebnis darstellt.

Die entsprechende Messung für Kupfer ($Z = 29$) liefert einen wesentlich größeren Wirkungsquerschnitt, da dieser mit der Ordnungszahl rapide ansteigt.

6.2.5 Interpretation von Gamma-Spektren

GERÄTE: Szintillationszähler für Gammastrahlung, Photomultiplier mit Verstärker, Hochspannungsnetzgerät, Interface, Präparate Co 60 oder Cs 137, Stativmaterial bzw. Optische Bank mit Reitern, Nuklidkarte.

ZWECK DES VERSUCHES

Bei den bisherigen Versuchen mit der Gamma-Strahlung des Am 241 hatten wir es praktisch mit einer monochromatischen Strahlung von 60 keV zu tun. Das liegt daran, daß diese vergleichsweise niederenergetische Strahlung praktisch keinen Sekundärprozessen unterworfen ist, die das Spektrum verfälschen. Bei höherer Strahlungsenergie tritt im Spektrum neben der primären Energielinie regelmäßig eine gestreute Strahlung auf, deren Verhalten man kennen muß, um sie vom primären Spektrum zu trennen. Diese Streustrahlung besteht in der Hauptsache aus folgenden Komponenten:

- einer Hintergrundstrahlung im Energiebereich von 100 bis 200 keV,
- einer im Detektor einmal Compton-gestreuten Primärstrahlung,
- einer im Präparat einmal Compton-gestreuten Primärstrahlung.

In diesem Versuch werden diese drei Komponenten und ihre Gesetzmäßigkeit untersucht. Der Versuch bildet damit die Grundlage zur Interpretation aller hochenergetischen Gamma-Spektren für die Folgeversuche.

VERSUCHSAUFBAU

Der elektrische Anschluß erfolgt gemäß Bild 24/25. Die geometrische Anordnung ist unkritsch; der Abstand zwischen Präparat und Detektor richtet sich nach der Präparatstärke; für schulübliche Präparate (z.B. Caesium/Barium-Isotopengenerator) liegt er bei ca. 40 cm.

Versuchsdurchführung

Zunächst ist eine Energiekalibrierung durchzuführen, als Kalibrierpräparat eignet sich z.B. Na 22 (511 keV). Als zweiter Fixpunkt kann der Nullpunkt gewählt werden.

Nach der Kalibrierung wird ein Energiespektrum des Caesium-Präparats aufgenommen und abgelegt (Dateiname nach gewähltem Präparat, z.B. "CS137"). Die Meßdauer beträgt etwa 3 Minuten. Das Präparat wird nun entfernt. Dann wird eine Messung der Untergrundstrahlung bei gleicher Meßdauer vorgenommen und wiederum abgelegt (Dateiname z.B. "UNTERGRD").

Theorie

Die Untergrundstrahlung entsteht durch vielfache Comptonstreuung der natürlichen und künstlichen Gammastrahlung der Umgebung, wodurch sich die Quantenenergie in den niederenergetischen Bereich um 100 keV herum verschiebt, um dann durch den Photoeffekt absorbiert zu werden. Der Wirkungsquerschnitt für den Photoeffekt steigt bei kleinen Energien rasch an (vgl. 6.2.4: die Quantenenergie steht im Nenner mit einem Exponenten 7/2), daher findet man bei den Energien unter 100 keV kaum noch Untergrundstrahlung. Die Verschiebung der Quantenenergie durch Vielfachstreuung wird in 6.2.6 genauer untersucht.

Die zu untersuchende Primärstrahlung kann im Detektor vollständig durch einen einzelnen Photoeffekt absorbiert werden. Das Photoelektron, das anhand seiner Sekundärionisationen registriert wird, trägt dann die volle Quantenenergie. Dies ergibt im Spektrum eine Linie (Photolinie) mit der richtigen Energie der Primärstrahlung. Das Primärquant kann aber auch an einem Elektron gestreut werden. In diesem Falle trägt das Elektron nur einen Teil der Primärenergie davon. Wie in 6.2.3 bzw. 2.2.3 ausgeführt, hat das gestreute Quant - abhängig vom Streuwinkel Θ - noch die Energie

$$W' = \frac{W}{1 + (1-\cos\Theta)\, hf/mc^2} ,$$

mc^2 ist die Ruheenergie des Elektrons (511 keV). Das Elektron trägt dann die restliche Energie

$$W - W' = W\left(1 - \frac{1}{1 + (1-\cos\Theta)\, W/mc^2}\right) = W \frac{(1-\cos\Theta)\, W/mc^2}{1 + (1-\cos\Theta)\, W/mc^2} = E_e$$

davon. Diese liegt zwischen 0 für $\Theta = 0°$ und

$$E_{max} = W \frac{2\ W/mc^2}{1 + 2\ W/mc^2}$$

für $\Theta = 180°$. Da die Elektronenenergie registriert wird, ergibt sich ein Kontinuum (Compton-Kontinuum) im Bereich von 0 bis zu dieser Maximalenergie (Compton-Kante).

Bereits im Präparat gestreute Strahlung verfehlt den Detektor normalerweise. Da die üblichen Präparate auf der Austrittsseite nur eine dünne Schutzfolie besitzen, erfolgt die Streuung vor allem im rückwärtigen Teil des Präparats. Nur Strahlung, die hier unter etwa 180° gestreut wird, erreicht dennoch den Detektor. Ihre Energie ist nach obiger Formel

$$W' = \frac{W}{1 + 2\ W/mc^2} ,$$

sie ergibt eine weitere scharfe Linie im Spektrum (Rückstreulinie). Im Falle von Cs 137 mit $hf = 662$ keV errechnet sich für die Compton-Kante

$$E_{max} = 662 \text{ keV} \frac{2 \cdot 662/511}{1 + 2 \cdot 662/511} = 478 \text{ keV}$$

und für die Rückstreulinie

$$W' = \frac{662 \text{ keV}}{1 + 2 \cdot 662/511} = 184 \text{ keV} \; (= 662 \text{ keV} - 478 \text{ keV}) .$$

Treten mehrere primäre Energien auf, so überlagern sich deren Spektren zum Gesamtspektrum.

Auswertung

Der Nuklidkarte ist zu entnehmen, daß Cs 137 ein reiner β-Strahler ist, der zu Ba 137 zerfällt. Es sind zwei β-Maximalenergien angegeben, da ein Teil der Atome (93,5 %) in das angeregte Isomer Ba 137 m zerfällt, wie in Bild 69 gezeigt.

Ba 137m geht unter Aussendung der restlichen 1176 keV - 514 keV = 662 keV in Form von Gammastrahlung in den Grundzustand über. Diese Strahlung messen wir im Versuch. Die Primärstrahlung ist also monochromatisch.

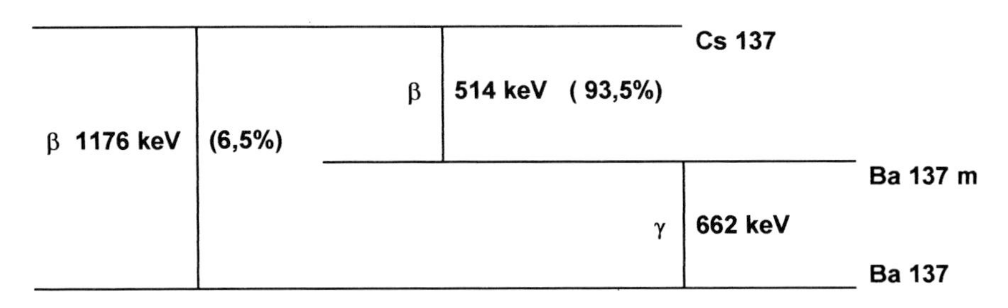

Bild 69 : Zerfallsschema von Cs 137

Das gemessene Energiespektrum wird geladen, die erwartete Linie bei 662 keV ist deutlich zu sehen und kann im Abtastmodus ausgemessen werden. Daneben findet sich ein zu den kleineren Energien hin anwachsendes Kontinuum, das zu einem großen Teil auf den Strahlungsuntergrund zurückgeht. Dieser muß nun durch Subtrahieren der gesonderten Untergrundmessung eliminiert werden, wozu eine Programmversion mit entsprechender Option erforderlich ist. Bild 70 gibt ein Meßbeispiel.

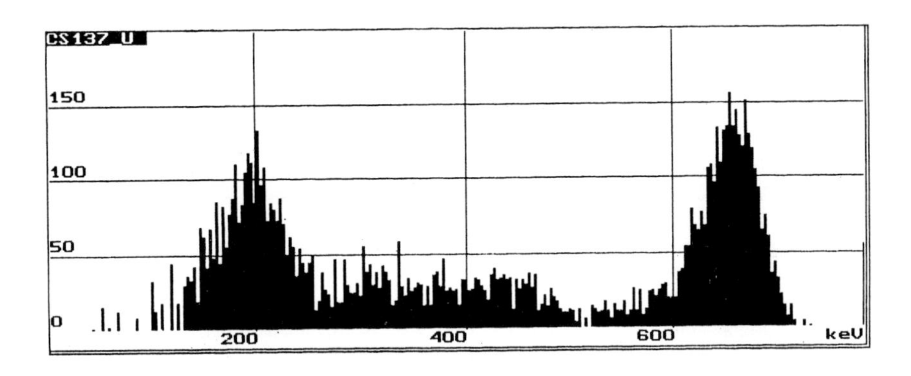

Bild 70 : Gammaspektrum von Cs 137 ohne Untergrund

In diesem ist nun auch die Rückstreulinie bei ca. 200 keV und das Compton-Kontinuum, das sich bis ca. 500 keV erstreckt, zu erkennen.

Hinweis

Im Anschluß kann eine Auswertung des Spektrums von Kobalt 60 versucht werden. Der Versuch wird wie oben durchgeführt. Co 60 ist insofern besonders interessant, als zwei primäre Linien auftreten, so daß die Analyse des Spektrums nicht trivial ist (Eine physikalische Deutung dieses Spektrums erfolgt in 6.3.3).

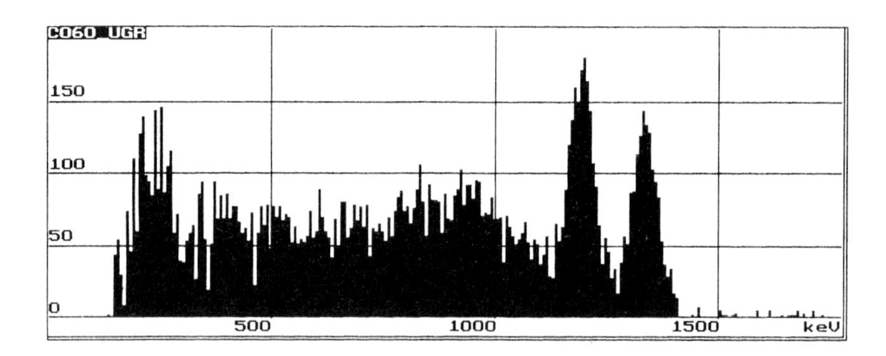

Bild 71 : Gammaspektrum von Co 60 ohne Untergrund

Die beiden hochenergetischen Linien liegen bei 1173 keV und 1333 keV. Die Linie mit der höchsten Energie muß eine Photolinie sein. Zu ihr gehört eine Rückstreulinie mit der Energie 214 keV. Bei dieser Energie liegt die Linie ganz links im Spektrum. Folglich ist auch die Linie bei 1173 keV eine Photolinie. Die zugehörige Energie der Rückstreulinie errechnet sich entsprechend zu 210 keV. Sie ist von 214 keV nicht zu trennen, d.h. die Linie links im Spektrum ist als die Überlagerung der beiden Rückstreulinien zu deuten. Zu der niederenergetischeren Photolinie gehört ein Comptonkontinuum mit einer Kante bei 1173 keV - 210 keV = 963 keV, zur hochenergetischeren entsprechend ein Kontinuum mit einer Kante bei 1333 keV - 214 keV = 1119 keV. Das im Spektrum sichtbare Kontinuum ist als die Überlagerung dieser beiden Kontinua zu deuten, wobei die Kante bei 963 keV sich abzeichnet, während die Kante bei 1119 keV durch die Linie bei 1173 keV überdeckt wird. Es ist aber zu erkennen, daß das Kontinuum rechts von der Linie praktisch verschwunden ist, d.h. seine Kante muß unter der Linie 1173 keV lokalisiert sein. Man kann sich das Spektrum in Bild 71 also aus den beiden Gammaspektren einer 1173 keV-Primärstrahlung und einer 1333 keV-Primärstrahlung zusammengesetzt denken.

6.2.6 Energieverlust von Gammastrahlung durch Vielfachstreuung

GERÄTE: Szintillationszähler für Gammastrahlung, Photomultiplier mit Verstärker, Hochspannungsnetzgerät, Interface, Präparat Cs 137 (z.B. Isotopengenerator), Satz Bleiabsorber (Abstufung ca. 5 mm), Stativmaterial bzw. Optische Bank mit Reitern.

ZWECK DES VERSUCHES

In 6.2.5 wurde darauf hingewiesen, daß der Strahlungsuntergrund durch Vielfachstreuung der Gamma-Strahlung aus Quellen der Umgebung (z.B. Radium 226, Kalium 40) entsteht. In diesem Versuch wird gezeigt, wie sich durch eine wachsende Zahl von Streuprozessen die primäre Energie zu kleineren Energien hin verschiebt und um 100 keV häuft.

VERSUCHSAUFBAU

Der elektrische Anschluß erfolgt gemäß Bild 24/25. Der Detektor wird am einfachsten von oben aus ca. 5 cm Abstand auf das Präparat gerichtet, die Bleiabsorber werden dann auf einem Stativring unmittelbar oberhalb des Präparates aufgeschichtet. Der Versuchsaufbau entspricht damit dem bei 6.2.1 abgebildeten. Um sich nicht um den natürlichen Strahlungsuntergrund kümmern zu müssen, wird ein möglichst kleiner Präparatabstand gewählt, auch wenn die Schärfe des Spektrums hierunter wegen Übersteuerung des Detektors leidet.

VERSUCHSDURCHFÜHRUNG

Eine Kalibrierung ist nicht unbedingt erforderlich, da es bei diesem Versuch nur auf die relative Energieänderung ankommt. Zunächst wird eine Messung der direkten Strahlung des Präparates durchgeführt und abgelegt. Sodann werden der Reihe nach 1, 2, 3,... Bleiplatten zwischen Präparat und Detektor als Streukörper eingefügt und jeweils neue Aufnahmen durchgeführt, die man ebenfalls ablegt. Wenn das Programm das Mitspeichern eines Parameters ermöglicht, wird hier die Schichtdicke notiert. Man führt insgesamt 7 Aufnahmen von je 6 Sekunden Dauer durch.

AUSWERTUNG

Man bemerkt, wie sich die zunächst scharfe Linie bei 662 keV mit wachsender Bleischicht zunächst allmählich auf die ganze Abszissenachse verteilt, um dann im Bereich 100 bis 200 keV ein neues Maximum herauszubilden. Wählt man die Option zur Gegenüberstellung mehrerer Spektren, so können diese direkt verglichen werden (Bild 72).

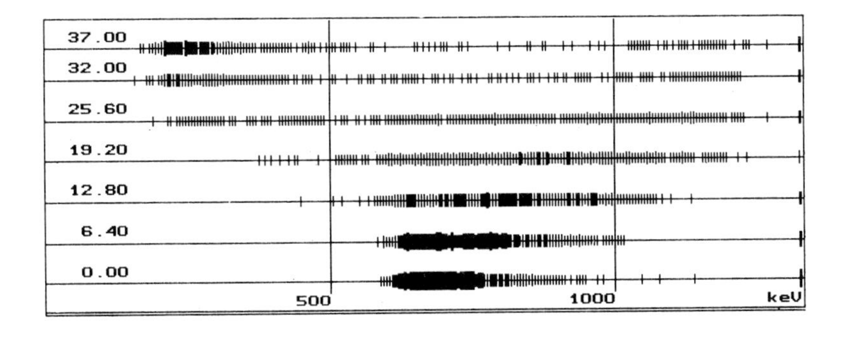

Bild 72 : Energieverschiebung zum niederenergetischen Bereich

Mit zunehmender Schichtdicke gelangen nur noch mehrfach Compton-gestreute Gammaquanten in den Detektor, wobei jede Streuung mit einem Energieverlust verbunden ist. Die niederenergetischen Quanten werden dann durch den Photoeffekt vollständig absorbiert und scheiden aus der meßbaren Strahlung aus.

6.3 Aufbau der Materie

6.3.1 Röntgenfluoreszenz und MOSELEYsches Gesetz

GERÄTE: Szintillationszähler für Gammastrahlung, Photomultiplier mit Verstärker, Hochspannungsnetzgerät, Interface, Präparat Am 241, Kollimator, Satz Streukörper (Molybdän, Silber, Zinn, Barium o.ä.), Stativmaterial bzw. Optische Bank mit Reitern.

ZWECK DES VERSUCHES

Während bei Materialien mit niedriger Ordnungszahl Z die Elektronen so schwach gebunden sind, daß sie im Vergleich zur 60 keV-Strahlung des Americium 241 als quasi-frei angesehen werden können, kommt bei mittleren Ordnungszahlen die Bindungsenergie der innersten Elektronen (K-Schale) in die Größenordnung der Gamma-Energie. Hierdurch gewinnt der Photoeffekt gegenüber dem Comptoneffekt an Bedeutung (der Wirkungsquerschnitt für den Comptoneffekt ist zur Ordnungszahl Z, der für den Photoeffekt zu Z^5 proportional, vgl. 6.2.4).

Ein aus der K-Schale entferntes Elektron wird alsbald durch ein äußeres Elektron ersetzt, das in die Lücke springt und seinen Energieüberschuß als Gammastrahlung (Röntgenstrahlung) abgibt. Eine solche durch Bestrahlung angeregte Lichtaussendung nennt man - wie beim sichtbaren Licht - Fluoreszenz. Die Energie dieser Fluoreszenzstrahlung ist durch die Energieniveaus innerhalb des Atoms bestimmt. Sie ist daher nicht von der eingestrahlten Energie abhängig, sondern typisch für das jeweils bestrahlte Atom. Aus historischen Gründen unterschiedet man zwischen Röntgenstrahlung (die ihren Ursprung in der Atomhülle hat) und Gammastrahlung (die aus dem Atomkern abgegeben wird), obwohl sie physikalisch identisch sind.

In diesem Versuch wird die Röntgen-Fluoreszenz verschiedener Materialien durch Bestrahlung mit der 60 keV-Strahlung des Am 241 angeregt und in Abhängigkeit von der Ordnungszahl beobachtet.

VERSUCHSAUFBAU

Der elektrische Anschluß erfolgt gemäß Bild 24/25. Der Detektor wird am einfachsten von oben auf einen Stativtisch gerichtet, auf dem dann der jeweilige Streukörper plaziert werden kann. Das Americium-Präparat mit Kollimator bestrahlt die

Materialprobe von oben unter einem Winkel von ca. 60° gegen die Detektorachse. Die Proben werden auf den Stativtisch gelegt. Der Versuchsaufbau entspricht damit dem bei 6.2.3 abgebildeten. Proben in Form von Salzen oder Lösungen werden in PVC-Küvetten eingeschlossen.

VERSUCHSDURCHFÜHRUNG

Zunächst ist eine Energiekalibrierung vorzunehmen (vgl. 6.1; Fixpunkte 60 keV und 0 keV). Bei einer Einpunktkalibrierung mit Am 241 gelten allerdings die dort genannten Einschränkungen, und eine Zweipunktkalibrierung mittels Röntgenfluoreszenz scheidet aus, da diese im vorliegenden Versuch gerade untersucht werden soll. Die Kalibriermessung am Am 241 ist zugleich die erste Messung der Meßreihe, sie wird daher abgespeichert.

Mit dem oben beschriebenen Versuchsaufbau wird dann für die einzelnen Materialproben das Fluoreszenzspektrum aufgenommen und abgelegt. Wenn das Programm das Abspeichern eines Parameters ermöglicht, wird hier die Ordnungszahl Z eingetragen. Um einen etwaigen Einfluß der Kunststoffküvetten auszuschließen, wird zusätzlich eine Blindmessung mit einer leeren Küvette durchgeführt.

THEORIE

Für die Energieniveaus eines wasserstoffähnlichen Systems mit einem Elektron gilt die Beziehung [15]

$$E_n = \frac{m Z^2 e^4}{8 \epsilon_0^2 h^2} \frac{1}{n^2} = Z^2 R \frac{1}{n^2}$$

mit

$$R = \frac{m e^4}{8 \epsilon_0^2 h^2} = 13{,}6 \text{ eV} \qquad \text{(Rydbergenergie)} ,$$

wobei die Kernmitbewegung vernachlässigt ist.

Die untersuchten Atome höherer Ordnungszahlen sind Mehrelektronensysteme, jedoch rührt die Röntgenfluoreszenz im wesentlichen vom K_α-Übergang (ein L-Elektron springt in die freigewordene Stelle der K-Schale) her. Der Einfluß der äußeren Elektronen kann hierbei vernachlässigt werden, da ihre Bindungsenergien erheblich kleiner sind. Berücksichtigt man, daß vor dem Übergang die K-Schale noch mit einem Elektron besetzt ist, das L-Elektron also eine effektiv um eine Einheit abgeschirmte Kernladung Z-1 bemerkt, so kann man die obige Formel für die Energieniveaus in der Form

$$E_n = (Z\text{-}1)^2 R \frac{1}{n^2}$$

verwenden. Für den Übergang von L ($n = 2$) nach K ($n = 1$) folgt dann

$$hf = E_1 - E_2 = (Z\text{-}1)^2 R\,(1 - \tfrac{1}{4}) = \tfrac{3}{4} R\,(Z\text{-}1)^2 \quad .$$

Dies ist das MOSELEYsche Gesetz der Röntgenspektren. Seine historische Bedeutung besteht darin, daß es die Bestimmung unbekannter Ordnungszahlen ermöglichte. Das periodische System der Elemente, das von MENDELEJEW und MEYER zunächst nach dem Atomgewicht geordnet worden war, konnte hierdurch an einigen Stellen korrigiert werden, an denen die Ordnung nach dem Gewicht zu Widersprüchlichkeiten beim chemischen Verhalten geführt hatte, z.B. bei Tellur und Jod. Hier konnte nun die Kernladung als der eigentlich gültige Ordnungsparameter identifiziert werden (VAN DEN BROEK).

AUSWERTUNG

Zunächst wird die Blindmessung ausgewertet. Man überzeugt sich sofort davon, daß bei der leeren Küvette keine charakteristische Fluoreszenz auftritt. PVC (Polyvinylchlorid) ist ein Kettenmolekül nach Bild 73.

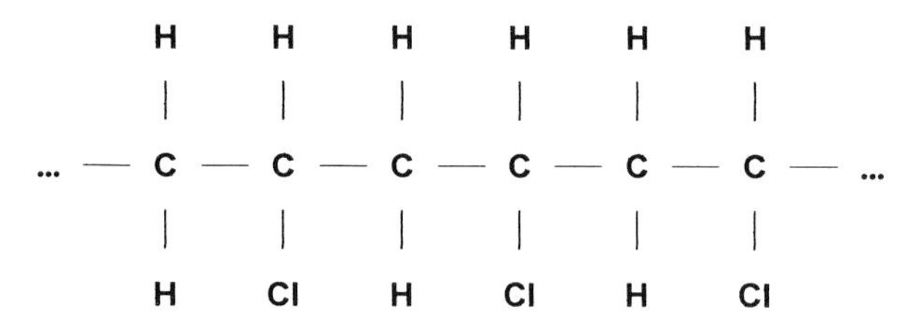

Bild 73 : Chemische Struktur von PVC

Es besteht demnach aus Atomen der Ordnungszahlen 1 (H), 6 (C) und 17 (Cl). Bei diesen kleinen Ordnungszahlen überwiegt die Comptonstreuung gegenüber dem Photoeffekt, so daß keine Fluoreszenz auftritt (vgl. 6.2.4). Die Blindmessung kann nun verworfen werden.

Die verbleibenden Messungen kann man am einfachsten im Vergleichsmodus gegenüberstellen. Man erkennt, wie sich die Fluoreszenzlinie mit wachsender Ordnungszahl Z systematisch zu den höheren Energien hin verschiebt. Um die Lage der Linien direkt in der Spektralliniendarstellung auszumessen, kann der Abtastmodus benutzt werden. Daraufhin erscheint ein Cursor im Bild, mit dem man die Linien anfahren und ihre Energie ablesen kann. Die Lage der Linie in Abhängigkeit von Z wird in einer Tabelle notiert.

Die Darstellung legt einen quadratischen Zusammenhang nicht unbedingt nahe, die Linien könnten ebensogut auf einer Geraden liegen. Stellt man die Lage der Linien aber in einem Koordinatensystem dar, das auch $Z = 0$ enthält, so erkennt man, daß durch den Nullpunkt und die Spektrallinien am besten eine nach rechts geöffnete Parabel gelegt werden kann, d.h. die Energie $W = hf$ ist etwa proportional zu Z^2, was sich mit dem MOSELEYschen Gesetz gut verträgt. Hier ist eine Programmversion nützlich, die nicht nur die Abspeicherung eines Parameters (in diesem Falle Z) ermöglicht, sondern im Vergleichsmodus auch die Position der Spektren proportional zu diesem Parameter ausrichtet. Das anfänglich gemessene Am241-Spektrum kann dann mit dem Parameter 0 versehen als Bezugspunkt dienen (Bild 74).

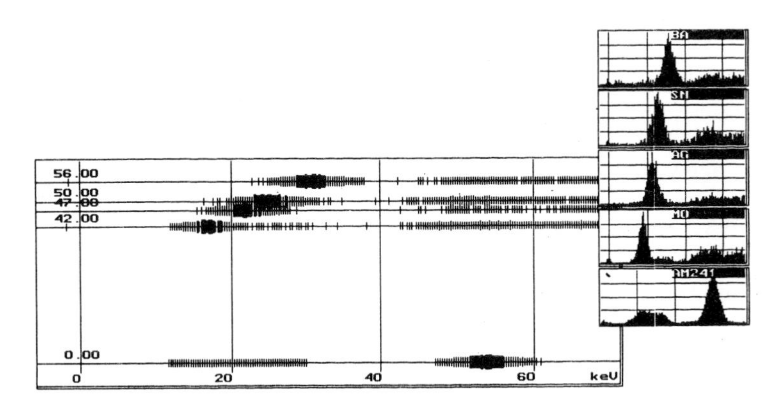

Bild 74 : Fluoreszenzspektren bei verschiedener Ordnungszahl im Vergleich zum Primärspektrum von Am 241

Einen linearen Zusammenhang erhält man, wenn man die Energie hf gegen $(Z\text{-}1)^2$ aufträgt, daher wird in der nachfolgenden Tabelle, die ein Meßbeispiel angibt, auch $(Z\text{-}1)^2$ berechnet.

Element	Ordnungszahl Z	$(Z-1)^2$	hf/keV
Mo	42	1681	21,1
Ag	47	2116	26,1
Sn	50	2401	29,8
Ba	56	3025	35,3

Durch die Punkte $x = (Z\text{-}1)^2$ und $y = hf/\text{keV}$ wird nach der Methode der kleinsten Fehlerquadrate die Ausgleichsgerade gelegt. Im Beispiel ergibt sich

$$y = 0{,}010594 \cdot x + 3{,}647262 \text{ keV} \quad .$$

Es ist nahezu eine Ursprungsgerade, d.h. der Zusammenhang

$$W \sim (Z\text{-}1)^2$$

ist damit gut bestätigt. Der Proportionalitätsfaktor müßte der Theorie zufolge $\frac{3}{4}R$ sein, damit wird $\frac{3}{4}R = 0{,}010594$ keV, also $R = 0{,}0141$ keV = 14,1 eV. Die Abweichung von rund 3,7 % gegenüber R=13,6 eV ist vor allem eine Folge der problematischen Kalibrierung.

6.3.2 Röntgenfluoreszenzanalyse

GERÄTE: Szintillationszähler für Gammastrahlung, Photomultiplier mit Verstärker, Hochspannungsnetzgerät, Interface, Präparat Am 241, Kollimator, Zirkonfolie, Silberjodid, ggf. weitere Proben, Stativmaterial bzw. Optische Bank mit Reitern, Periodensystem.

ZWECK DES VERSUCHES

Wie in 6.3.1 ausgeführt, konnten mit Hilfe des MOSELEYschen Gesetzes Elemente nach ihrer Kernladungszahl geordnet werden (was der Grund für die Bezeichnung "Ordnungszahl" ist). Anhand der Energie der Röntgenfluoreszenzstrahlung eines unbekannten Elementes kann seine Ordnungszahl bestimmt werden.

Die charakteristische Röntgenfluoreszenz der Atome rührt vom Energieniveau der innersten Elektronenschale (K-Schale) her, während die chemischen Eigenschaften und die chemische Bindung durch die außenliegenden Valenzelektronen bestimmt werden. Die K-Schale wird (außer beim Wasserstoff) von chemischen Reaktionen nicht berührt. Ein Atom läßt sich also auch innerhalb einer chemischen Verbindung anhand seiner Röntgenfluoreszenz identifizieren. Damit ist die Röntgenfluoreszenz auch ein Hilfsmittel zur chemischen Analyse.

In diesem Versuch wird die Ordnungszahlbestimmung am Element Zirkon nachvollzogen (Eine Zirkonfolie findet sich in den meisten Schulsammlungen als Monochromator unter dem Zubehör zum Röntgengerät). Ferner werden chemische Elemente in Verbindungen bzw. Legierungen anhand ihrer charakteristischen Röntgenfluoreszenz nachgewiesen und identifiziert.

VERSUCHSAUFBAU

Der elektrische Anschluß erfolgt gemäß Bild 24/25. Der Detektor wird auf die Materialprobe gerichtet, das Am-Präparat mit Kollimator bestrahlt die Materialprobe unter einem Winkel von ca. 60° gegen die Detektorachse (siehe 6.3.1).

VERSUCHSDURCHFÜHRUNG

Zunächst ist eine Energiekalibrierung vorzunehmen. Hierzu kann nunmehr die Röntgenfluoreszenz an Barium und Molybdän für eine Zweipunktkalibrierung verwendet werden. Dazu wird das Spektrum der Röntgenfluoreszenz an Ba und Mo wie in 6.3.1 aufgenommen. Die korrekten Energien errechnen sich nach dem MOSELEYschen Gesetz:

Molybdän : $W = 0{,}75 \cdot R \cdot (Z-1)^2 = 0{,}75 \cdot 13{,}6 \cdot (42-1)^2\ \text{eV} = 17{,}1\ \text{keV}$;
Barium : $W = 0{,}75 \cdot R \cdot (Z-1)^2 = 0{,}75 \cdot 13{,}6 \cdot (56-1)^2\ \text{eV} = 30{,}9\ \text{keV}$.

Um die Kalibrierung durchzuführen, ist es zweckmäßig, beide Fluoreszenzspektren in einem Bild zu haben. Dazu können die beiden Aufnahmen von einem Programm mit entsprechender Option addiert werden. Im Hauptversuch wird dann die Röntgenfluoreszenz an der betreffenden Probe (Zirkonfolie, Silberjodid, ...) gemessen. Die Messung wird abgelegt.

AUSWERTUNG

Die Lage der Fluoreszenzlinie im Spektrum wird im Abtastmodus ausgemessen. Für Zirkon ergibt sich z.B. $W = 15{,}6$ keV. Mit Hilfe des MOSELEYschen Gesetzes

$$W = hf = \tfrac{3}{4} R\,(Z-1)^2$$

errechnet man

$$Z = \sqrt{\frac{4\,W}{3\,R}} + 1 = \sqrt{\frac{4 \cdot 15600\ \text{eV}}{3 \cdot 13{,}6\ \text{eV}}} + 1 \approx 40{,}1 \quad .$$

Danach hat Zirkon die Ordnungszahl $Z = 40$. Ein Blick auf das Periodensystem bestätigt das Ergebnis.

Die Spektren der anderen Proben können entweder durch Ausmessen der Fluoreszenzlinie und Berechnung der Ordnungszahl Z nach dem MOSELEYschen Gesetz wie in oben ausgewertet werden, oder durch Vergleich mit schon vorhandenen

Spektren bekannter Substanzen. Bild 75 zeigt das Fluoreszenzspektrum von Silberjodid (AgJ). Es enthält die Linien a) 21,6 keV und b) 27,9 keV.

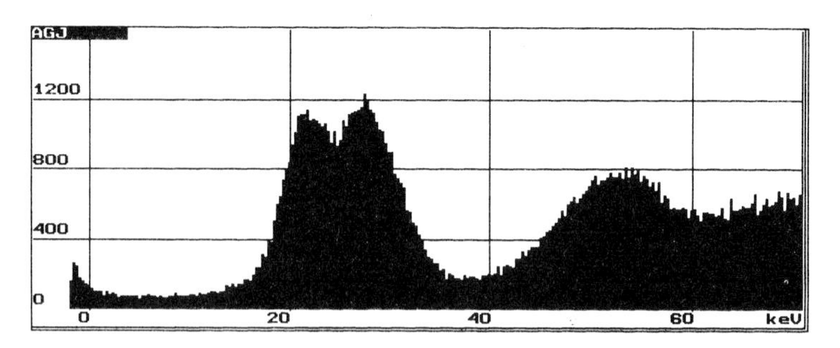

Bild 75 : Röntgenfluoreszenz von Silberjodid

Damit errechnet nach dem MOSELEYschen Gesetz: a) $Z = 47{,}02 \approx 47$ (Silber) und b) $Z = 53{,}30 \approx 53$ (Jod). Die vorgelegte Substanz enthält Silber und Jod. Zum gleichen Ergebnis kommt man, indem man das Spektrum mit einer Aufnahme an Silber und einer Aufnahme an Jod überlagert.

Im allgemeinen kann die genaue Zusammensetzung nicht identifiziert werden, da gerade die häufigsten in Verbindungen auftretenden Elemente (Wasserstoff, Kohlenstoff, Stickstoff, Sauerstoff, Schwefel usw.) im Bereich niedriger Ordnungszahlen liegen und daher nicht erfaßt werden.

Weitere Materialproben sollten Elemente aus dem mit diesem Versuch erfaßbaren Bereich von Ordnungszahlen $Z = 34$ bis $Z = 67$ enthalten. Unter $Z = 34$ überwiegt der Comptoneffekt so stark, daß die Fluoreszenz im Spektrum nicht mehr zu finden ist. Die Fluoreszenz von Elementen ab $Z = 68$ läßt sich mit der 60 keV-Strahlung des Am 241 nicht mehr anregen: $R \cdot (68\text{-}1)^2 = 13{,}6\ \text{eV} \cdot 67^2 = 61050\ \text{eV}$.

HINWEIS

Vorschläge für weitere Untersuchungen an leicht beschaffbaren Proben wären:

- Nachweis von Elementen in Salzen, z.B. Silbernitrat, Kaliumjodid;
- Nachweis von Zinn in Weichlot ("Lötzinn") oder Zinngeschirr;
- Nachweis von Cadmium in einem Neutronenabsorber (ein Cadmiumzylinder zur Neutronenabsorption befindet sich im Zubehör zur Neutronenquelle);
- Nachweis von Selen in einer Selen-Photozelle aus der Sammlung;
- Nachweis von Cer und Lanthan in Feuerzeug-Zündsteinen (Hinweis: Lanthan und Cer sind im Periodensystem benachbart, $Z = 57$ und $Z = 58$, bei der hier verfügbaren Auflösung lassen diese Linien sich nicht trennen).

6.3.3 Schalenstruktur der Atomkerne

GERÄTE: Szintillationszähler für Gammastrahlung, Photomultiplier mit Verstärker, Hochspannungsnetzgerät, Interface, Präparat Co 60, Stativmaterial bzw. Optische Bank mit Reitern, Nuklidkarte.

ZWECK DES VERSUCHES

Im Gefolge von Alpha- und Beta-Zerfällen tritt regelmäßig noch eine Gammastrahlung diskreter Energie auf. Dies weist darauf hin, daß der Kern des Zerfallsproduktes sich zunächst in einem angeregten Zustand befindet, aus dem er durch Energieabgabe in den Grundzustand übergeht. Im Falle von Kobalt 60 erfolgt dieser Übergang in zwei Stufen, wodurch es besonders deutlich wird, daß es sich hier um diskrete Anregungsniveaus handelt, vergleichbar denen der Atomhülle. Historisch führte dies zum Schalenmodell des Atomkerns, in dem die Nukleonen - durch Quantenzahlen beschrieben - auf bestimmten Schalen diskreter Anregungsenergie angeordnet sind, zwischen denen sie durch Energieaufnahme bzw. Abgabe wechseln können, soweit das Pauli-Prinzip dies zuläßt; also eine völlige Analogie zur Elektronenhülle. In diesem Versuch wird das Gamma-Spektrum von Kobalt 60 aufgenommen und entsprechend interpretiert.

VERSUCHSAUFBAU

Der elektrische Anschluß erfolgt gemäß Bild 24/25. Der Detektor wird aus ca. 30 cm Abstand auf das Kobalt-Präparat gerichtet; die geometrische Anordnung ist unkritisch.

VERSUCHSDURCHFÜHRUNG

Es wird zunächst eine Kalibrierung durchgeführt. Als Kalibrierpräparat kann Cs 137 (662 keV) oder Na 22 (511 keV) verwendet werden. Als zweiter Bezugspunkt dient der Nullpunkt. Dabei ist aber beachten, daß die zu messende Strahlung bei ca. 1500 keV liegt, die Verstärkung am Peakdetektor-Interface ist also so weit zu reduzieren, daß die Kalibrierlinie auf etwa 1/3 der Abszissenachse zu liegen kommt. Sodann wird eine Aufnahme des Energiespektrums von Kobalt 60 geführt und abgelegt. Eine Subtraktion des Strahlungsuntergrundes ist nicht erforderlich.

AUSWERTUNG

Es zeichnen sich im Spektrum zwei signifikante Linien ab, deren Energien man im Abtastmodus zu ca. 1180 keV und 1330 keV bestimmt. Aus der Nuklidkarte entnimmt man, daß Co 60 ein β-Strahler mit den Maximalenergien 0,3 MeV und

1,5 MeV der β-Spektren ist, und daß Gamma-Energien von 1173 keV und 1333 keV auftreten. Diese sind im Versuch gemessen worden. Die Erklärung liefert das Zerfallsschema in Bild 76.

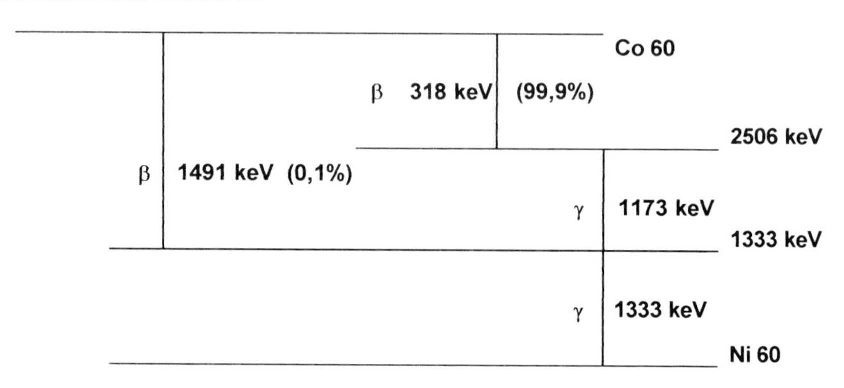

Bild 76 : Zerfallsschema von Co 60

Hiernach besitzt das Zerfallsprodukt Nickel 60 zwei Anregungszustände in den Abständen 1333 keV und 1173 keV. Der β-Zerfall mit 318 keV Maximalenergie führt in den oberen Anregungszustand, der β-Zerfall mit 1491 keV Maximalenergie in den unteren. Der obere Anregungszustand des Nickel geht unter Aussendung von 1173 keV Gammastrahlung in den unteren über. Die Energiebilanz 1491 keV - 318 keV = 1173 keV stimmt. Vom unteren Anregungszustand geht Nickel unter Aussendung von 1333 keV Gammastrahlung in den Grundzustand über.

Damit wird deutlich, daß ein Atomkern sich nur in diskreten Anregungszuständen befinden kann, und daß er beim Übergang von einem zum anderen Zustand die Differenzenergie in Form eines Gammaquants abgibt, genau wie die Elektronenhülle des Atoms. Im Anschluß lassen sich etwa die Magischen Nukleonenzahlen in Analogie zu den Edelgaskonfigurationen der Atomhülle diskutieren.

6.3.4 Elektron-Positron-Vernichtung, Masse des Elektrons

GERÄTE: Szintillationszähler für Gammastrahlung, Photomultiplier mit Verstärker, Hochspannungsnetzgerät, Interface, Präparat Na 22, Stativmaterial bzw. Optische Bank mit Reitern, Nuklidkarte.

ZWECK DES VERSUCHES

Natrium 22 zerfällt durch β^+-Zerfall in Neon 22. Das ausgesandte Positron ist das Antiteilchen des Elektrons, seine Lebensdauer in gewöhnlicher Materie

(Koino-Materie, von griechisch κοινὸζ = gewöhnlich) ist daher begrenzt, da es innerhalb kürzester Zeit auf ein Elektron trifft und mit diesem zu zwei Gammaquanten zerstrahlt. Dabei wird die Ruheenergie $2mc^2$ der beiden Teilchen vollständig in Strahlungsenergie umgewandelt. In diesem Versuch wird die Gammastrahlung aus diesem Prozeß gemessen, aus der Strahlungsenergie kann man auf die Elektronenmasse zurückschließen.

VERSUCHSAUFBAU

Der elektrische Anschluß erfolgt gemäß Bild 24/25. Der Detektor wird aus ca. 5 cm Abstand auf das Präparat gerichtet; die geometrische Anordnung ist unkritisch.

VERSUCHSDURCHFÜHRUNG

Es wird zunächst eine Kalibrierung durchgeführt. Als Kalibrierpräparat kann Cs 137 (662 keV) oder Co 60 (1173 keV, 1333 keV) verwendet werden. Es ist zweckmäßig, die Kalibrierung so vorzunehmen, daß noch Energien bis ca. 1500 keV erfaßt werden können. Als zweiter Bezugspunkt dient der Nullpunkt. Sodann wird eine Aufnahme des Energiespektrums von Natrium 22 durchgeführt und abgelegt.

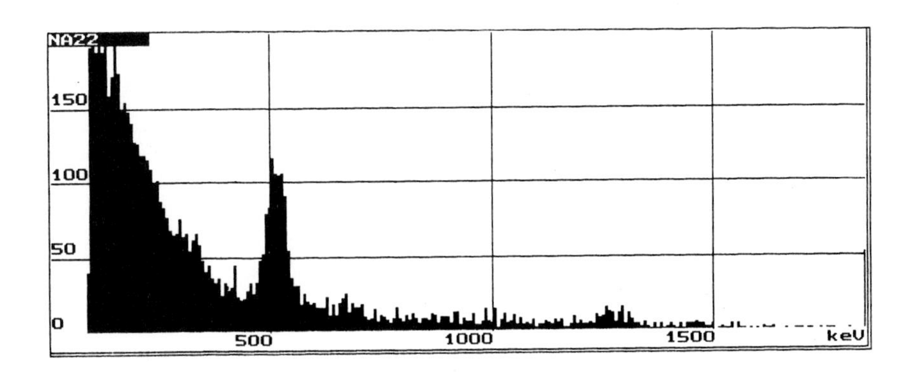

Bild 77 : Gammaspektrum von Natrium 22

AUSWERTUNG

Ausmessen des Spektrums im Abtastmodus ergibt eine scharfe Linie bei 511 keV. Dies ist die Elektron-Positron-Vernichtungsstrahlung. Da Elektron und Positron zu zwei Gammaquanten zerstrahlen, von denen jedes 511 keV Energie besitzt, und da Elektron und Positron als Teilchen und Antiteilchen die gleiche Ruhmasse besitzen müssen, folgt $2mc^2 = 2{\cdot}511$ keV, d.h. $mc^2 = 511$ keV, also

$$m = \frac{511\ \text{keV}}{c^2} = \frac{511000 \cdot 1{,}6 \cdot 10^{-19}\ \text{J}}{(3 \cdot 10^8\ \text{m/s})^2} = 9{,}1 \cdot 10^{-31}\ \text{kg}.$$

Die Übertragung der Gesamtenergie von 1022 keV auf ein einzelnes Gammaquant ist wegen des Satzes von der Erhaltung des Impulses nicht möglich. Umgekehrt kann man bei vorgegebener Elektronenmasse mit diesem Versuch die EINSTEINsche Masse-Energie-Äquivalenz bestätigen.

Genauere Betrachtung des Spektrums (Bild 77) zeigt eine weitere Linie bei ca. 1300 keV. Aus der Nuklidkarte ist zu entnehmen, daß zwei β-Spektren mit ca. 0,5 MeV und ca. 1,8 MeV Maximalenergie auftreten, außerdem eine Gammalinie bei 1275 keV. Dies ist die beobachtete Linie. Die Erklärung liefert das Zerfallsschema in Bild 78.

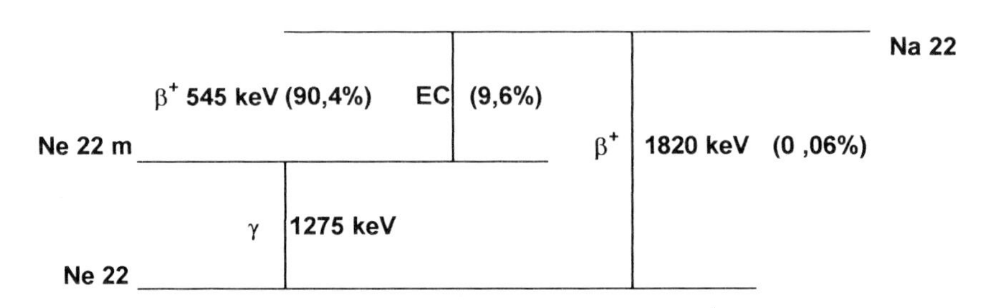

Bild 78 : Zerfallsschema von Natrium 22

Danach zerfällt Na 22 in der Hauptsache in den angeregten Zustand Ne 22m, der erst durch 1275 keV Gammastrahlung in den Grundzustand übergeht. Zu einem kleinen Teil erfolgt die Umwandlung auch durch Elektroneneinfang (EC = electron capture). Der direkte Übergang in den Grundzustand (1820 keV) ist so selten, daß er im Spektrum mit unseren Mitteln nicht nachzuweisen ist.

Die Vernichtungsstrahlung von 511 keV hängt nicht von der ursprünglichen kinetischen Energie des Positrons ab. Die 545 keV kinetische Energie verliert das Positron durch Ionisationsprozesse in der Materie, bevor es mit einem Elektron zerstrahlt.

6.3.5 Isomerie, Halbwertszeit eines angeregten Kernzustandes

GERÄTE: Szintillationszähler für Gammastrahlung, Photomultiplier mit Verstärker, Hochspannungsnetzgerät, Interface, Caesium/Barium-Isotopengenerator mit Zubehör, Eluationslösung, Reagenzgläser, Reagenzglasständer, Stativmaterial bzw. Optische Bank mit Reitern, Nuklidkarte.

ZWECK DES VERSUCHES

Beim β-Zerfall von Cs 137 entsteht das Isomer Ba 137 m, das unter Aussendung von 662 keV Gamma-Strahlung mit 2,55 min Halbwertszeit in den Grundzustand übergeht (vgl. 6.2.5). In diesem Versuch wird aus dem Abklingen der Strahlung die Halbwertszeit bestimmt.

VERSUCHSAUFBAU

Der elektrische Anschluß erfolgt gemäß Bild 24/25. Ein Reagenzglashalter wird so vor dem Detektor montiert, daß sich das Präparat nach Einspannen des Glases in ca. 10 cm Abstand vom Detektor befindet. In einem Reagenzglasständer werden 2 Gläser bereitgestellt. In das eine Glas läßt man das Eluat tropfen, auf dem anderen kann der Isotopengenerator abgestellt werden. Der Abstand zwischen Detektor und Isotopengenerator sollte mindestens 2 m betragen, damit die Messung nicht durch die Ausstrahlung des Generators gestört wird (Bild 79).

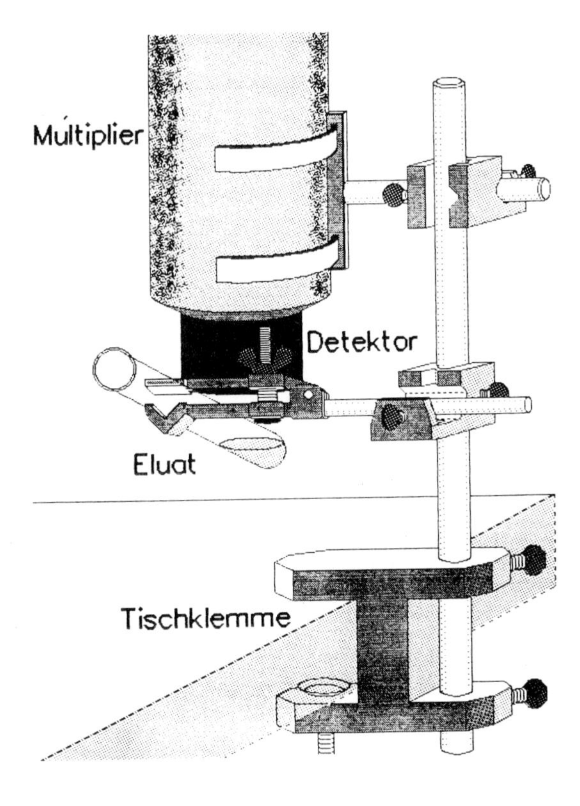

Bild 79 : Aufbau zur Messung am Eluat des Isotopengenerators

VERSUCHSDURCHFÜHRUNG

Es wird zunächst eine Kalibrierung durchgeführt. Als Kalibrierpräparat kann Na 22 (511 keV) oder Co 60 (1173 keV, 1333 keV) verwendet werden. Als zweiter Bezugspunkt dient der Nullpunkt.

Der Isotopengenerator wird mit 5 ml Lösung nach Vorschrift eluiert, anschließend werden die Anschlußstutzen des Generators wieder mit ihren Schutzkappen verschlossen. Das Reagenzglas mit dem Eluat wird in den Halter vor dem Detektor eingesetzt. Unmittelbar darauf werden im Abstand von 2 Minuten 6 Messungen hintereinander durchgeführt und abgelegt. Die Meßdauer muß jedesmal gleich sein, z.B. 100 Sekunden; die restlichen 20 Sekunden verbleiben zum Ablegen der Messungen. Ein Programm mit automatischer Meßreihendurchführung ist hier sehr hilfreich.

Das Reagenzglas mit dem Präparat wird entfernt. Sodann wird eine weitere Messung von 100 Sekunden Dauer zur Bestimmung der Nullrate durchgeführt und abgelegt.

AUSWERTUNG

Zunächst ist von allen Messungen die Nullrate zu subtrahieren, was ein Programm mit entsprechender Option erfordert. Dazu wird jede der Messungen geladen und um die Nullrate vermindert. Man kann allerdings auch die Nullrate im Bereich der 662 keV-Linie separat integrieren und anschließend von den Intensitätswerten subtra-hieren.

Wenn alle Messungen um die Nullrate vermindert worden sind, kann die Messung der Nullrate verworfen werden. Es wird nun an der ersten Messung die Intensität der 662 keV-Linie bestimmt. Dazu wird eine Programmversion mit Integrationsoption benötigt. Man legt eine Integrationsgrenze zwischen der Linie und der Compton-Kante fest und eine zweite oberhalb der Linie. Diese Integrationsgrenzen müssen dann bei allen folgenden Auswertungen ebenfalls eingehalten werden, wozu man sie daher am besten notiert.

Die Impulsrate wird zusammen mit dem Startzeitpunkt des Meßintervalls notiert. Mit allen anderen Messungen wird entsprechend verfahren. Bei einem Programm mit entsprechender Option sollte der Startzeitpunkt als Parameter in die Datei eingetragen werden. Die Tabelle gibt ein Meßbeispiel.

t(Start)/min	0	2	4	6	8	10
I in Imp/s	31,009	20,313	12,808	7,748	4,783	3,043

Die graphische Darstellung (Bild 80) läßt auf eine Exponentialfunktion schließen. Man logarithmiert also die Impulsraten, um zu einem linearen Zusammenhang zu kommen, und bestimmt dann nach der Methode der kleinsten Fehlerquadrate die Ausgleichsgerade. Im Meßbeispiel folgt hierfür

$$y = -0{,}23498\, t + 3{,}46173\ .$$

Bildet man hieraus wieder die Exponentialfunktion, so wird

$$I(t) = e^{3{,}46173} \cdot e^{-0{,}23498\, t/\text{min}} = 31{,}87 \cdot e^{-0{,}23498\, t/\text{min}}$$

Diese Kurve ist in Bild 80 über die Meßpunkte gelegt und bestätigt, daß es sich um einen exponentiellen Abfall handelt. Die Zerfallskonstante beträgt 0,23498/min, was einer Halbwertszeit von 2,95 min entspricht (15,7 % Abweichung gegenüber dem aus der Nuklidkarte zu entnehmenden Wert von 2,55 min).

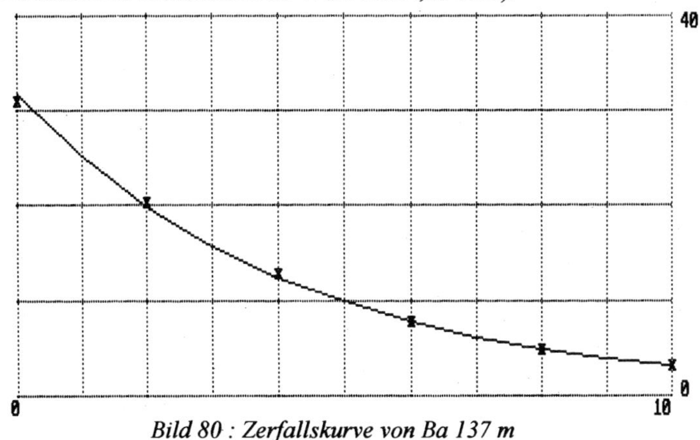

Bild 80 : Zerfallskurve von Ba 137 m

Der Versuch zeigt, daß ein Kern sich in einem relativ langlebigen angeregten Zustand (Isomer) befinden kann, und daß für den Übergang in den Grundzustand wie beim radioaktiven Zerfall ein exponentielles Gesetz gilt. Mathematisch ist dies so zu deuten, daß für jeden Kern pro Zeiteinheit eine bestimmte Wahrscheinlichkeit besteht, in den Grundzustand überzugehen.

6.4 Radioaktivität in der Umwelt

6.4.1 Nachweis der Thorium-Folgeprodukte in einer Auerglühstrumpf

GERÄTE: Szintillationszähler für Gammastrahlung, Photomultiplier mit Verstärker, Hochspannungsnetzgerät, Interface, Thorium-Präparat in Flasche, Stativmaterial bzw. Optische Bank mit Reitern, Gasglühstrumpf, Nuklidkarte.

ZWECK DES VERSUCHES

Dieser Versuch dient zwei Zielen. Zum einen wurde in 5.3.2 bereits versucht, die Nuklide der Thorium-Reihe anhand ihrer α-Strahlung zu identifizieren. Da α-Strahler in unmittelbare Nähe des Detektors gebracht werden müssen, konnten nur das aus dem Thoriumpräparat austretenden Rn 220 und seine α-strahlenden Folgeprodukte Po 216, Bi 212 und Po 212 nachgewiesen werden. Anhand der Gammastrahlung können in diesem Versuch weitere Nuklide der Thorium-Reihe identifiziert werden, da Gammastrahlung in der Ummantelung des Präparates kaum absorbiert wird und die austretende Strahlung auch keinem Energieverlust unterliegt.

Zum anderen läßt sich durch Vergleich des Gammaspektrums eines Thoriumpräparates mit dem an einem Gasglühstrumpf aufgenommenen die Thoriumreihe anhand der charakteristischen Gammalinien geradezu wie durch einen "Fingerabdruck" nachweisen. Dies stellt gegenüber dem entsprechenden Versuch mit α-Strahlung (vgl. 5.4.1) eine erhebliche Verbesserung dar.

Versuchsaufbau

Der elektrische Anschluß erfolgt gemäß Bild 24/25. Der Detektor wird aus ca. 40 cm Abstand auf das Thoriumpräparat gerichtet, die geometrische Anordnung ist unkritisch. Für die Untersuchung des Glühstrumpfes wird er unmittelbar an den Glühstrumpf gebracht, ohne ihn jedoch zu berühren (andernfalls könnte der Detektor mit Spuren radioaktiver Substanz kontaminiert werden). Wegen des Durchdringungsvermögens der Gammastrahlung kann man den Glühstrumpf auch in einer Kunststofftüte verpacken. Man legt ihn dann z.B. auf einen Stativtisch und führt den Detektor von oben heran.

Versuchsdurchführung

Es wird zunächst eine Kalibrierung durchgeführt. Als Kalibrierpräparat kann Na 22 (511 keV), Cs 137 (662 keV) oder Co 60 (1173 keV, 1333 keV) verwendet werden. Als zweiter Bezugspunkt dient der Nullpunkt. Der Meßbereich muß bis ca. 1000 keV reichen, d.h. bei Verwendung von Na 22 oder Cs 137 muß die Kalibrierlinie etwa in der Mitte der Abszissenachse liegen.

Das Thoriumpräparat wird nun an den Detektor angenähert, eine Aufnahme wird durchgeführt und abgelegt. Die Aufnahme am Glühstrumpf wird entsprechend durchgeführt. Die Meßdauer beträgt ca. 10 min und sollte danach bemessen werden, daß die Spektren sich nachher gut vergleichen lassen.

Auswertung

Das Spektrum wird abgetastet, die auftretenden Linien werden notiert. Im Meßbeispiel (Bild 81) findet man folgende Linien:

```
   (1)       (2)       (3)       (4)       (5)       (6)       (7)
220keV - 340keV - 510keV - 570keV - 730keV - 910keV - 970keV.
```

Die niederenergetischen Linien sitzen dabei auf den Compton-Kontinua der höherenergetischen Linien auf, so daß die Auflösung nicht ganz einfach ist, ggf. ist das Bild noch einmal größer zu skalieren (Bild 82), wenn das Programm dies zuläßt.

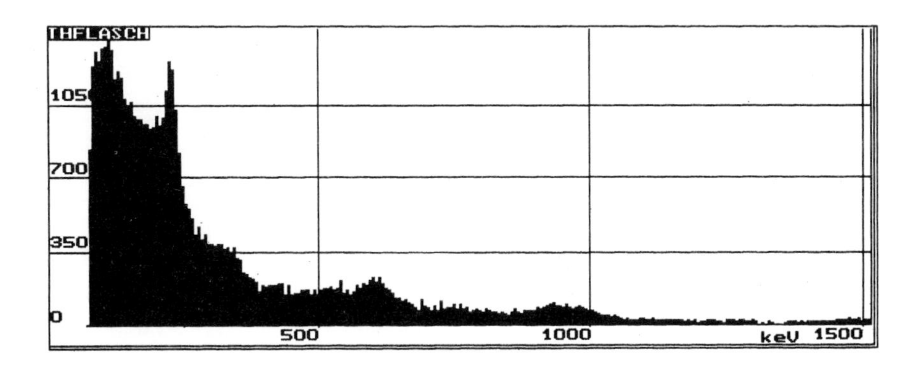

Bild 81 : Gammaspektrum eines Thorium-Präparats

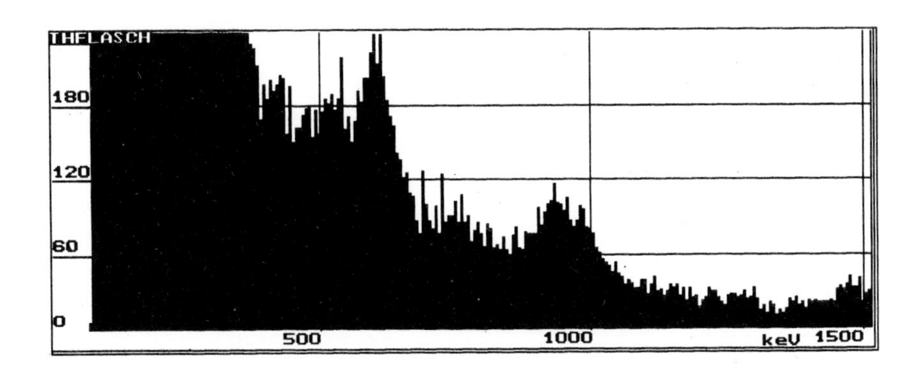

Bild 82 : Wie Bild 81, jedoch 5-fach überhöht

Anhand der Nuklidkarte findet man in der Thorium-Reihe folgende Gamma-Emissionen, die den beobachteten Linien in der angegebenen Weise zugeordnet werden können:

Nuklid	Zerfallsart	Gamma-Energien	Zuordnung
Th 232	α		
Ra 228	β		
Ac 228	β	340, 910, 970 keV	2, 6, 7
Th 228	α	220 keV	1
Ra 224	α	240 keV	1
Rn 220	α		
Po 216	α		
Pb 212	β	240, 300 keV	1, 2
Bi 212	β	730, 1620 keV	5, -
↙ ↘	α		
| Po 212	α	570, 2610 keV	4, -
Tl 208 |	β	510, 580, 2610 keV	3, 4, -
↘ ↙			
Pb 208	stabil		

Tabelle 8 : Gamma-Energien in der Thorium-Zerfallsreihe

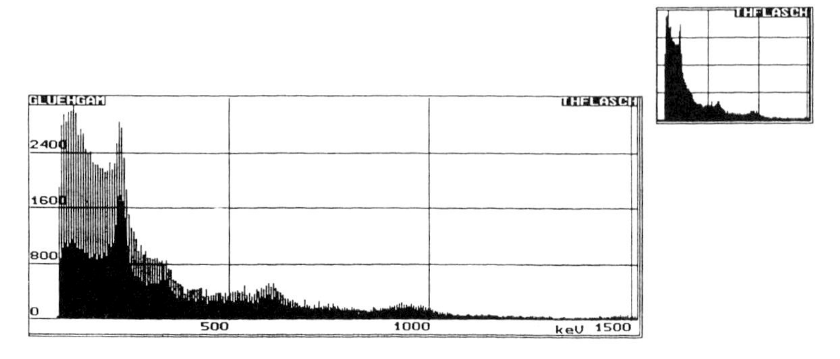

Bild 83 : Thoriumlinien im Glühstrumpf-Spektrum

Damit sind sieben Nuklide der Thoriumreihe in der Strahlung des Präparats nachgewiesen (die hochenergetischen Linien 1620 keV und 2610 keV lagen außerhalb des Meßbereichs).

Zur Auswertung des Glühstrumpf-Spektrums legt man das Spektrum des Thorium-Präparats am einfachsten im Überlagerungsmodus unter das am Glühstrumpf gemessene Spektrum. Durch entsprechend gewählte Meßdauer oder nachträgliche Skalierung sollte dafür gesorgt werden, daß die Spektren sich in der Höhe etwa wie 2:1 verhalten, damit beide bei der Überlagerung gut sichtbar sind.

Die augenfällige Übereinstimmung aller Linien überzeugt auch ohne Ausmessen der Energien davon, daß es sich beide Male um die gleiche Substanz handelt (Bild 83).

6.4.2 Natürliche Strahlenbelastung durch Kalium 40

GERÄTE: Szintillationszähler für Gammastrahlung, Photomultiplier mit Verstärker, Hochspannungsnetzgerät, Interface, Kaliumsulfat (oder anderes Kaliumsalz), Stativmaterial, Nuklidkarte.

ZWECK DES VERSUCHES

Das natürliche Isotopengemisch von Kalium enthält neben K 39 und K 41 auch 0,012 % des radioaktiven Isotops K 40. Kalium gehört mit einem Anteil von 2,4 % zu den 10 häufigsten Elementen der Erdkruste und wird von vielen Pflanzen (z.B. Kartoffeln, Bohnen) angereichert [16]. Der menschliche Körper enthält 0,2 Gewichtsprozent Kalium. Die Strahlung des K 40 gehört damit zur natürlichen Radioaktivität der Umwelt und macht etwa 1/8 der gesamten natürlichen Strahlenbelastung aus [17]. In diesem Versuch wird die Strahlung des K 40 in einem Kaliumsalz nachgewiesen.

VERSUCHSAUFBAU

Der elektrische Anschluß erfolgt gemäß Bild 24/25. Der Aufbau erfolgt so, daß der Detektor von oben in das Vorratsgefäß mit dem Kaliumsalz gerichtet wird. Zweckmäßigerweise wird dazu das Gefäß auf einen Stativtisch gestellt und von unten an den Detektor geschoben.

VERSUCHSDURCHFÜHRUNG

Es wird zunächst eine Kalibrierung durchgeführt. Als Kalibrierpräparat kann Na 22 (511 keV), Cs 137 (662 keV) oder Co 60 (1173 keV, 1333 keV) verwendet werden. Als zweiter Bezugspunkt dient der Nullpunkt. Die Verstärkung am Interface ist so zu wählen, daß der Meßbereich bis über 1500 keV reicht.

Der Detektor wird nun von oben in das geöffnete Vorratsgefäß (ca. 1 kg) mit dem Kaliumsalz gerichtet. Eine Aufnahme wird durchgeführt und abgelegt. Bei 1 kg Kaliumsulfat beträgt die Aufnahmedauer ca. 5 bis 10 Minuten.

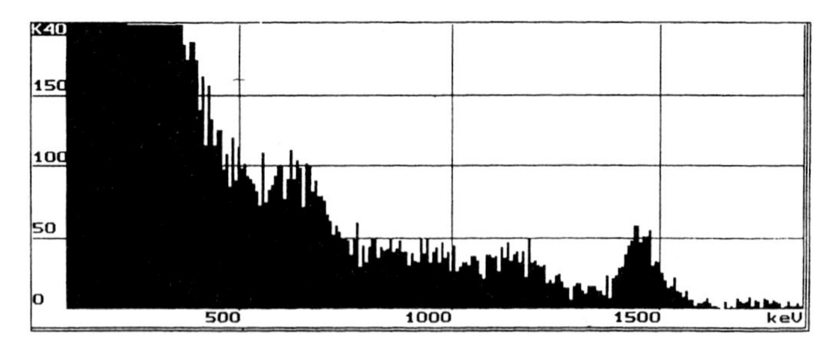

Bild 84 : Gammaspektrum von Kalium 40

AUSWERTUNG

Neben dem üblichen Gamma-Untergrund zeichnet sich eine deutliche Linie bei 1460 keV ab, begleitet von ihrem Compton-Kontinuum, das bis 1240 keV reicht (Bild 84). Aus der Nuklidkarte ist zu entnehmen, daß K 40 sowohl als β-Strahler zu Ca 40 als auch durch K-Einfang zu Ar 40 zerfallen kann. Das Zerfallsschema (Bild 85) erläutert dies.

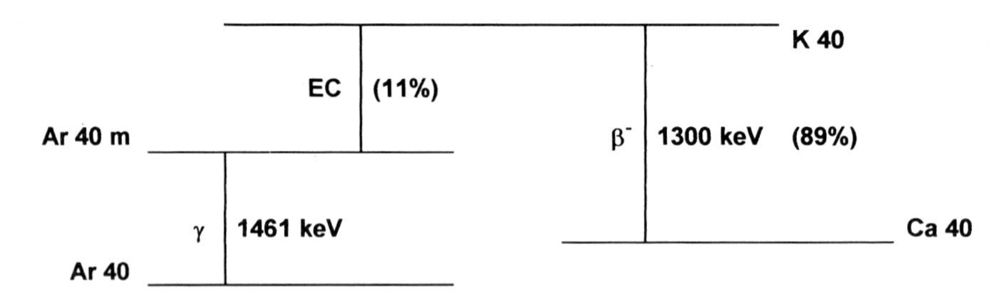

Bild 85 : Zerfallsschema von Kalium 40

Die Umwandlung zu Ar 40 führt in einen angeregten Kernzustand, der unter Aussendung von 1461 keV Gammastrahlung in den Grundzustand übergeht. Diese Strahlung wird im Versuch beobachtet.

Im Anschluß kann z.B. die Aktivität des K 40 im menschlichen Körper berechnet werden. Ausgehend von 75 kg Körpermasse erhalten wir bei 0,2 % Kaliumanteil im Körper und 0,012 % Kalium-40-Anteil im natürlichen Isotopengemisch einen Gehalt an Kalium 40 von

$$75\,\text{kg} \cdot \frac{0{,}2}{100} \cdot \frac{0{,}012}{100} = 0{,}000018\,\text{kg} = 0{,}018\,\text{g}\ .$$

Die Halbwertszeit von K 40 entnimmt man aus der Nuklidkarte zu

$$t_H = 1{,}27 \cdot 10^9\ \text{a} \approx 4 \cdot 10^{16}\ \text{s}\ .$$

Damit ist die Zerfallskonstante

$$\lambda = \ln(2)/t_H = 1{,}73 \cdot 10^{-17}\ \text{s}^{-1}\ .$$

Die Atommassenzahl von K 40 ist 40, d.h. $6 \cdot 10^{23}$ Atome K 40 wiegen 40g. Die oben berechneten 0,018 g entsprechen somit $n = 2{,}7 \cdot 10^{20}$ Atomen. Die Aktivität ergibt sich dann nach den Gesetzen des radioaktiven Zerfalls zu

$$A = -\frac{dn}{dt} = n \cdot \lambda = 2{,}7 \cdot 10^{20} \cdot 1{,}73 \cdot 10^{-17}\ \text{s}^{-1} = 4670\ \text{Bq}\ .$$

Ergänzend kann man die wichtigsten anderen Quellen natürlicher radioaktiver Belastung ansprechen (Tabelle 9, Aktivitäten bezogen auf 75 kg).

<table>
<tr><th colspan="2">Quelle</th><th>Aktivität</th><th>effektive Dosisleistung</th></tr>
<tr><td rowspan="6">inkorporierte Isotope</td><td>K 40</td><td>4500 Bq</td><td rowspan="5">0,3 mSv/a</td></tr>
<tr><td>C 14</td><td>3800 Bq</td></tr>
<tr><td>Rb 87</td><td>650 Bq</td></tr>
<tr><td>Pb 210, Bi 210, Po 210</td><td>60 Bq</td></tr>
<tr><td>H 3, Be 7</td><td>50 Bq</td></tr>
<tr><td>Rn und Folgeprodukte</td><td>45 Bq</td><td>1,3 mSv/a</td></tr>
<tr><td rowspan="2">externe Strahlung</td><td>terrestrische Strahlung</td><td></td><td>0,5 mSv/a</td></tr>
<tr><td>kosmische Strahlung</td><td></td><td>0,3 mSv/a</td></tr>
</table>

Tabelle 9 : Natürliche Strahlenbelastung (nach [17])

Bezogen auf die Aktivität ist K 40 also weitaus der stärkste Strahler. Die Strahlenbelastung wird jedoch nach der effektiven Dosis (Qualitätsfaktor mal Energie pro Masse)

$$H = Q \cdot \frac{\Delta W}{\Delta m} \quad ,$$

gemessen in Sievert (Sv), bzw. nach der effektiven Dosisleistung $\Delta H/\Delta t$ berechnet. Nun sendet K 40 β- und γ-Strahlung mit Energien um 1500 keV aus, die Radon-Folgeprodukte jedoch α-Strahlung mit Energien um 5000 keV. Ferner liegt der Qualitätsfaktor Q für β- und γ-Strahlung bei 1, der für α-Strahlung dagegen bei 20 (wegen der kurzen Reichweite wird viel Energie in wenig Körpersubstanz deponiert, also ist die Schädigung größer). Dies hat insgesamt zur Folge, daß die Radon-Folgeprodukte zur Gesamtbelastung mit 1,3 mSv/a beitragen, K 40 dagegen nur mit 0,3 mSv/a (Millisievert pro Jahr; die übrigen Isotope der obigen Tabelle sind dagegen vernachlässigbar). Hinzu kommen 0,5 mSv/a an terrestrischer und 0,3 mSv/a an kosmischer Strahlung von außen. Die Gesamtbelastung durch natürliche Radioaktivität liegt also bei 2,4 mSv/a. Daran hat das K 40 einen Anteil von 0,3/2,4 = 12,5%, Radon und seine Folgeprodukte (vgl. 6.4.4) einen Anteil von 1,3/2,4 = 54% [17,18].

6.4.3 Nachweis von Caesium 137

GERÄTE: Szintillationszähler für Gammastrahlung, Photomultiplier mit Verstärker, Hochspannungsnetzgerät, Interface, getrocknete Pilze (oder andere Cs-haltige Nahrungsmittel), Stativmaterial, Nuklidkarte.

ZWECK DES VERSUCHES

Caesium 137 hat ca. 30 Jahre Halbwertszeit und gehört zu keiner natürlichen Zerfallsreihe. Es kommt daher in der ungestörten Natur nicht vor. Es ist jedoch ein Produkt der Uranspaltung und wird in Reaktoren und Kernwaffen erzeugt (in der "Karlsruher Nuklidkarte" ist die Häufigkeit der Uran-Spaltprodukte am unteren rechten Rand der Isobaren angegeben!). Bei dem Reaktorunfall 1986 in Tschernobyl wurde eine erhebliche Menge Cs 137 in die Atmosphäre freigesetzt und ist seitdem in den Nahrungskreislauf gelangt. Als Alkalimetall ist Caesium dem Kalium chemisch ähnlich und wird daher in Organismen angereichet, insbesondere in Wild und Pilzen. In diesem Versuch wird das Cs 137 anhand seiner Gammastrahlung in Pilzen nachgewiesen.

VERSUCHSAUFBAU

Der elektrische Anschluß erfolgt gemäß Bild 24/25. Der Aufbau erfolgt so, daß der Detektor von oben auf die Probe gerichtet wird. Zweckmäßigerweise wird dazu die Probe auf einen Stativtisch gelegt und von unten an den Detektor geschoben.

VERSUCHSDURCHFÜHRUNG

Es wird zunächst eine Kalibrierung durchgeführt. Als Kalibrierpräparat kann Na 22 (511 keV) oder Co 60 (1173 keV, 1333 keV) verwendet werden, empfehlenswert ist aber die Verwendung eines Caesium-Präparats (z.B. Caesium/Barium-Isotopengenerator), da hier die gleiche Linie auftritt und ein direkter Vergleich möglich ist. In diesem Falle kann sogar auf eine absolute Kalibrierung verzichtet werden. Der Detektor wird nun von oben auf die Probe gerichtet. Eine Aufnahme wird durchgeführt.

AUSWERTUNG

Neben dem üblichen Gamma-Untergrund zeichnet sich eine deutliche Linie bei 662 keV ab, die durch Vergleich mit dem Caesium-Spektrum oder anhand des Zerfallsschemas von Cs 137 (vgl. 6.2.5) als die charakteristische Gamma-Linie dieses Nuklids identifiziert wird (Bild 86).

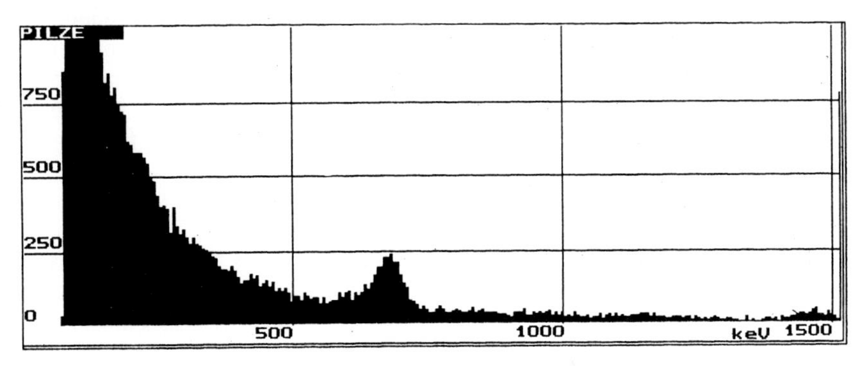

Bild 86 : Cs 137 in Pilzen

Mit 8 Bq/kg erreichte die Cs-Aktivität im menschlichen Körper unmittelbar nach dem Tschernobyl-Unfall nahezu wieder den Wert aus der Zeit der atmosphärischen Kernwaffentests in den 60er Jahren (10 Bq/kg), während sie davor auf unter 1 Bq/kg abgesunken war [17].

6.4.4 Radioaktivität der Luft

GERÄTE: Szintillationszähler für Gammastrahlung, Photomultiplier mit Verstärker, Hochspannungsnetzgerät, Interface, Staubsauger bzw. Gebläse, Stativmaterial bzw. Optische Bank mit Reitern, Universalklemme, Papiertaschentuch, Gummiring, Nuklidkarte.

ZWECK DES VERSUCHES

Wie schon in 5.4.2 ausgeführt, geht etwa die Hälfte der natürlichen Strahlenbelastung der Bevölkerung auf die Inhalation von Radionukliden mit der Atemluft zurück [11]. Die Identifikation anhand ihrer α-Strahlung ist mühsam, da der Detektor unmittelbar an die Filterprobe herangeführt werden muß. Die Erfassung der Gammastrahlung ist wegen deren großer Reichweite einfacher. Es handelt sich im wesentlichen um Radon 222 und seine Folgeprodukte, also Nukilde der Uran-Radium-Reihe (vgl. auch 5.3.1). In diesem Versuch geht es darum, sie anhand ihrer Gamma-Strahlungsenergie zu identifizieren. Eine quantitative Auswertung folgt in 6.4.5.

VERSUCHSAUFBAU

Der elektrische Anschluß erfolgt gemäß Bild 24/25. Um die geringe Aktivität der Luft meßbar zu machen, müssen deren Inhaltsstoffe konzentriert werden. Zu diesem Zweck wird eine größere Menge Luft durch ein Filter gesaugt. Die Mündung eines Staubsaugerschlauches wird mit einer Universalklemme z.B. auf einer Optischen Bank befestigt; als Filter wird ein Papiertaschentuch mittels Gummiring über die Mündung gespannt. Der Detektor wird in einem zweiten Reiter auf die entsprechende Höhe justiert und in ca. 5 cm Abstand von der Schlauchmündung fixiert.

VERSUCHSDURCHFÜHRUNG

Dieser Versuch dauert 3 Stunden, wobei 2 Stunden lang das Gebläse (Staubsauger) in Betrieb sein muß. Er kann daher nicht innerhalb des Unterrichts durchgeführt werden.

Zunächst ist eine Kalibrierung vorzunehmen und zu fixieren (vgl. 6.1). Als Kalibrierpräparat eignet sich Na 22 (511 keV) oder Cs 137 (622 keV). Sodann wird der Staubsauger in Betrieb gesetzt, um zunächst mindestens (!) eine Stunde lang Luft durch das Filter zu saugen. Die zu beobachteten Nuklide haben ca. 30 bzw. 20 Minuten Halbwertszeit und brauchen daher entsprechend lange, um sich in meßbarer Konzentration auf dem Filter anzureichern (vgl. 5.3.4). Bei weiterhin laufendem Gebläse wird dann die Messung gestartet. Der Detektor ist weit genug von der Schlauchmündung entfernt, um den Luftstrom nicht zu behindern, und die zu erfassende Gammastrahlung wird in 5 cm Luft nicht nennenswert absorbiert. Durch die Messung bei laufendem Gebläse bleibt die Gleichgewichtskonzentration der Radionuklide auf dem Filter erhalten, was eine maximale Zählrate garantiert. Nach Beendigung der Messung kann der Staubsauger ausgeschaltet werden. Die Messung wird abgelegt.

Staubsaugerschlauch und Filter werden vom Detektor entfernt. In einer zweiten Messung von gleicher Dauer wird nun die Nullrate bestimmt. Diese ist erheblich und überdeckt die unbereinigte Messung völlig. Wegen dieser hohen Nullrate sollte das Programm größere Ereigniszahlen pro Kanal erfassen können als die Grundversion. Auch die Messung der Nullrate wird abgelegt.

AUSWERTUNG

Die Messung der Luftaktivität wird geladen; die Nullrate wird von ihr subtrahiert. Dazu ist eine Programmversion mit entsprechender Option erforderlich. Das Differenzspektrum sollte noch geglättet bzw. in der Auflösung reduziert werden, um die Darstellung zu verbessern.

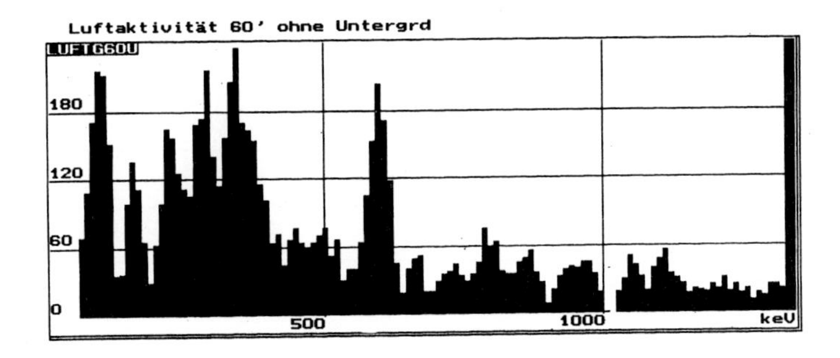

Bild 87 : Gamma-Luftaktivität

Im Meßbeispiel (Bild 87) sind folgende Linien zu identifizieren:

```
 (1)          (2)          (3)          (4)
610 keV  -  350 keV  -  300 keV  -  240 keV .
```

Die niederenergetischeren Linien sind nicht signifikant, es handelt sich um die Rückstreulinien der Energien (2) bis (4), die sich praktisch an der gleichen Stelle des Spektrums aufsummieren (ca. 130 keV). Man kann auch das Programm so verändern, daß niedrige Energien gleich ausgeblendet werden, dann muß man dies im Unterricht nicht problematisieren.

Betrachtet man in der Nuklidkarte die Uran-Radium-Reihe, so findet man dort das radioaktive Edelgas Radon 222. Es ist der Urheber der nachgewiesenen Nuklide, denn die im Boden enthaltenen Spuren von Radium entwickeln ständig Radon als Zerfallsprodukt, das dann aus dem Boden in die Luft übertritt. Hier zerfällt es weiter und bildet der Reihe nach die kurzlebigen Nuklide Po 218, Pb 214, Bi 214 und Po 214, welches dann zu Pb 210 zerfällt:

$$\xrightarrow{\alpha} \mathrm{Rn222} \xrightarrow[3{,}8d]{\alpha} \mathrm{Po218} \xrightarrow[3{,}05m]{\alpha} \mathrm{Pb214} \xrightarrow[27m]{\beta} \mathrm{Bi214} \xrightarrow[20m]{\beta} \mathrm{Po214} \xrightarrow[164\mu s]{\alpha} \mathrm{Pb210} \xrightarrow{\beta}$$

Pb 210 mit einer Halbwertszeit von 22,3 Jahren reichert sich in der Luft nicht an, da es wegen seiner langen Halbwertszeit durch Niederschläge ausgewaschen wird, ehe es eine nennenswerte Aktivität erreicht. Da das Radon als Gas das Filter ungehindert passiert, fängt der Versuch nur die Nuklide Po 218, Pb 214, Bi 214 und Po 214 ein. Anhand ihrer in der Nuklidkarte angegebenen Gamma-Energien lassen sie sich den gemessenen Linien gemäß Tabelle 10 zuordnen.

Nuklid	Zerfallsart	Gamma-Energien	Zuordnung
Rn 222	α		
Po 218	α		
Pb 214	β	240 keV, 300 keV, 350 keV	4, 3, 2
Bi 214	β	610 keV	1
Po 214	α		
Pb 210	β		

Tabelle 10 : Gamma-Energien der Rn 222 - Folgeprodukte

Ergänzend zu den in 5.4.2 nachgewiesenen Nukliden Po 218 und Po 214 sind damit zwei weitere Nuklide der Uran-Radium-Reihe in der Luft nachgewiesen, nämlich Pb 214 und Bi 214.

Damit ist festgestellt, daß die Radioaktivität der Luft im wesentlichen durch Radon 222 und seine Folgeprodukte bis hin zum Polonium 214 verursacht wird.

Hinweise

Zum Vergleich kann das Gamma-Spektrum eines Radium-Präparates aufgenommen werden. Sogar ohne Subtraktion des Untergrundes fällt sofort deutlich die 610 keV-Linie ins Auge. Durch Überlagerung der Spektren kann die Übereinstimmung gezeigt werden.

Wenn genügend Zeit zur Verfügung steht, kann versucht werden, das Abklingen der Pb 214-Strahlung (Halbwertszeit 26,8 min) und der Bi 214-Strahlung (Halbwertszeit 19,8 min, verzögert!) nach Abschalten des Gebläses in einer Meßreihe aufzunehmen. Dazu können etwa 6 Messungen im Abstand von je 15 Minuten durchgeführt werden. Der Nulleffekt ist in einer weiteren Messung gleicher Dauer zu ermitteln und jeweils zu subtrahieren.

6.4.5 Strahlenbelastung durch Radon und seine Folgeprodukte

GERÄTE: Szintillationszähler für Gammastrahlung, Photomultiplier mit Verstärker, Hochspannungsnetzgerät, Interface, Kalibriernormal (z.B. Caesium/Barium-Isotopengenerator), Staubsauger, Stativmaterial bzw. Optische Bank mit Reitern, Gasdurchflußzähler bzw. Stoppuhr und Kunststoffsack, Papiertaschentuch, Gummiring, Nuklidkarte.

ZWECK DES VERSUCHES

Radon 222 und seine kurzlebigen Folgeprodukte machen etwa die Hälfte der natürlichen Strahlenbelastung aus. Deren Höhe ist je nach Wohnort und Lebensgewohnheiten zum Teil nicht mehr vernachlässigbar. Dieser Versuch soll eine Vorstellung von der Größenordnung dieser Belastung geben. Sie kann im Anschluß im Vergleich zu anderen Risiken diskutiert werden.

VERSUCHSAUFBAU

Der elektrische Anschluß erfolgt gemäß Bild 24/25. Wie in 6.4.4 müssen die Inhaltsstoffe der Luft auf einem Filter konzentriert werden. Der Versuch wird daher ebenso aufgebaut wie dort.

VERSUCHSDURCHFÜHRUNG

Die Durchführung entspricht der Beschreibung in 6.4.4, die dort gewonnenen Aufnahmen können verwendet werden. Gegenüber dem Versuch mit α-Strahlung (5.4.2) kann bei laufendem Gebläse gemessen werden, d.h. die Gleichgewichtskonzentration auf dem Filter bleibt erhalten.

AUSWERTUNG

Die Messung der Luftaktivität wird geladen, die Nullrate wird von ihr subtrahiert (eine Programmversion mit dieser Option vorausgesetzt). Das Differenzspektrum sollte geglättet oder in der Auflösung reduziert werden, um die Darstellung zu verbessern. Ein Meßbeispiel wurde bei 6.4.4 gegeben.

Dort wurde auch die Linie bei 610 keV bereits als Strahlung des Bi 214 identifiziert. Da diese Linie am leichtesten zu isolieren ist, wird sie zur quantitativen Auswertung benutzt. Es muß nun die Intensität der Linie durch Integration bestimmt werden, d.h. die Liniengrenzen sind festzustellen und die in dieses Intervall fallenden Ereignisse zu summieren. Zusammen mit der Meßzeit ergibt sich dann die Intensität in Impulsen pro Sekunde (Meßbeispiel: 0,8 Imp/s).

Sodann muß berechnet werden, welcher Anteil der Filteraktivität vom Detektor erfaßt wird. Nimmt man zunächst eine 100%-ige Ansprechwahrscheinlichkeit an, so steht die gemessene Intensität I (bereits ohne den Nulleffekt) mit der Aktivität A der Probe im Zusammenhang

$$I = \frac{F\,A}{4\,\pi\,r^2} \quad ,$$

wie in 6.2.2 erläutert. Darin ist F die Detektorfläche und r der Abstand von der Probe. Meßbeispiel: $F = 16$ cm², $r = 5$ cm. Im Meßbeispiel ist $I = 0{,}8$ Imp/s, daher wird:

$$A = \frac{4\,\pi\,r^2\,I}{F} = 15{,}7\ \text{Bq}\ .$$

Die Formel gilt eigentlich nur für genügend große Abstände zwischen Detektor und Präparat, zur Gewinnung einer Größenordnung kann sie hier aber der Einfachheit halber verwendet werden.

Nun ist die Ansprechwahrscheinlichkeit jedoch nicht 100%. Den wahren Wert ermittelt man, indem man ein Präparat bekannter Stärke als Kalibriernormal verwendet. Der Cs/Ba-Isotopengenerator (oder ein anderes Caesium-Präparat) eignet sich besonders, weil auch seine Strahlungsenergie im gleichen Bereich liegt wie die auszuwertende Bi 214-Strahlung. Meßbeispiel: Der Cs/Ba-Isotopengenerator hat nach Herstellerangabe eine Aktivität von 333 kBq. Er wird aus 80 cm Entfernung beobachtet. Nach Abzug des Nulleffekts (Vorgehensweise wie in 6.4.4) ergibt sich für die Cs 137-Linie eine Intensität von 5,5 Imp/s. Danach wäre

$$A = \frac{4\,\pi\,r^2}{F} \cdot I = \frac{4\,\pi\,(80\ \text{cm})^2}{16\ \text{cm}^2} \cdot 5{,}5\ \text{s}^{-1} = 27646\ \text{Bq.}$$

Da in Wirklichkeit die Aktivität 333000 Bq beträgt, folgt für die Ansprechwahrscheinlichkeit:

$$w = \frac{27646}{333000} = 0{,}083\ .$$

Damit errechnet man die endgültige Aktivität der Probe zu

$$A' = \frac{A}{w} = \frac{15{,}7\ \text{Bq}}{0{,}083} = 189{,}\text{Bq.}$$

Da die Bi 214-Strahlung ausgewertet wird, erhält man so die auf dem Filter eingefangene Aktivität des Bi 214, im Beispiel 189 Bq. Diese stammt aus der Gleichgewichtskonzentration auf dem Filter, nicht aus der in Luft. Letztere muß über die durchgesaugte Luftmenge berechnet werden. D sei der Luftdurchsatz (in m^3/s), der z.B. mit einem Gasdurchflußzähler bestimmt werden kann. Wenn ein solcher nicht zur Verfügung steht, kann man sich behelfen, indem man die Zeit mißt, in dem der Staubsauger (durch das Filter hindurch!) einen Kunststoffsack bekannten Inhalts leerpumpt. Meßbeispiel: ein 80 Liter-Müllsack wurde innerhalb von 40 Sekunden geleert. Dies ergibt einen Durchsatz $D = 2$ l/s $= 0{,}002\ m^3/s$.

Man geht nun von einer konstanten Radonkonzentration N_0/V in der Luft aus, die durch Nachschub aus dem Erdboden aufrechterhalten wird. Dann bildet sich in der Luft ein radioaktives Gleichgewicht der kurzlebigen Zerfallsprodukte aus:

$$\frac{N_0\lambda_0}{V} = \frac{N_1\lambda_1}{V} = \frac{N_2\lambda_2}{V} = \frac{N_3\lambda_3}{V} = \frac{N_4\lambda_4}{V}$$

(Die Indizes stehen für: $0 \cong$ Ra222, $1 \cong$ Po218, $2 \cong$ Pb214, $3 \cong$ Bi214, $4 \cong$ Po214). Da das Radon das Filter ungehindert passiert, bildet sich im Filter ein anderes Gleichgewicht (die Anzahlen werden zur Unterscheidung mit kleinen n bezeichnet), bei dem die Po218-Menge dadurch bestimmt ist, daß der durch Zerfall verlorengehende Anteil durch den Luftstrom nachgeliefert wird (und nicht durch Zerfall von Radon):

$$dn_1 = -n_1\lambda_1 dt + \frac{N_1}{V}\,dV = -n_1\lambda_1 dt + \frac{N_1}{V}\,D\,dt = 0 \quad ,$$

also

$$n_1\lambda_1 = \frac{N_1}{V}\,D = \frac{N_0\lambda_0}{V\,\lambda_1}\,D \quad .$$

Die nachfolgenden Nuklide werden im Filter sowohl durch Zerfall des Vorgängernuklids als auch durch den Luftstrom nachgeliefert. Somit wird im Gleichgewicht:

$$dn_2 = -n_2\lambda_2 dt + n_1\lambda_1 dt + \frac{N_2}{V}\,D\,dt = 0 \quad ,$$

also

$$n_2\lambda_2 = n_1\lambda_1 + \frac{N_0\lambda_0}{V\,\lambda_2} D = \frac{N_0\lambda_0}{V\,\lambda_1} D + \frac{N_0\lambda_0}{V\,\lambda_2} D \; .$$

Ebenso folgt

$$n_3\lambda_3 = \frac{N_0\lambda_0}{V\,\lambda_1} D + \frac{N_0\lambda_0}{V\,\lambda_2} D + \frac{N_0\lambda_0}{V\,\lambda_3} D \; .$$

Um n_4 (Po 214) brauchen wir uns nicht mehr zu kümmern. Somit ist

$$n_3\lambda_3 = \frac{N_0}{V} \lambda_0 \, D \cdot \left(\frac{1}{\lambda_1} + \frac{1}{\lambda_2} + \frac{1}{\lambda_3} \right) \; .$$

Mit den Halbwertszeiten $t_i = \ln(2)/\lambda_i$ ausgedrückt, wäre entsprechend

$$n_3\lambda_3 = \frac{N_0}{V} \cdot D \cdot \frac{t_1 + t_2 + t_3}{t_0} \; .$$

Nun ist ja $n_3 \cdot \lambda_3 = -dn_3/dt$ gerade die gemessene Filteraktivität von Bi 214 (im Meßbeispiel 189 Bq). Somit wird

$$\frac{N_0}{V} = \frac{n_3\lambda_3}{D} \cdot \frac{t_0}{t_1 + t_2 + t_3}$$

die gesuchte Radonkonzentration in der Luft. Im Meßbeispiel ergibt sich

$$\frac{N_0}{V} = \frac{189 \text{ s}^{-1}}{2 \text{ l/s}} \cdot \frac{3{,}825 \text{ d}}{3{,}05\text{m} + 26{,}8\text{m} + 19{,}9\text{m}} = 10470 \text{ l}^{-1} = 10470000\text{m}^{-3} \; .$$

Üblicherweise wird allerdings nicht die absolute Zahl der Radonatome im Kubikmeter Luft angegeben, sondern die daraus resultierende Aktivität:

$$-\frac{dN/dt}{V} = \frac{N_0\lambda_0}{V} = 10470000\,\text{m}^{-3} \cdot 3{,}324 \cdot 10^{-6} \text{ s}^{-1} = 34{,}7 \text{ Bq/m}^3 \; .$$

Wenn das Rn 222 mit seinen Folgeprodukten Po 218 bis Po 214 im Gleichgewicht steht (weitere 4 Nuklide), ist die Gesamtaktivität das 5-fache hiervon.

Diskussion des Risikos

Radon und seine Folgeprodukte senden sowohl α-, als auch β- und γ-Strahlung aus. Die Reichweite von Alphastrahlung ist äußerst gering. Bei äußerer Einwirkung auf den Körper wird sie schon in der obersten Hautschicht vollständig absorbiert und stellt für tiefere Gewebeschichten keine Gefahr mehr dar. Umso gefährlicher ist die Inkorporation (im Falle von Radon: Inhalation) gerade von α-Strahlern: Die Energie der Strahlung konzentriert sich eben wegen der geringen Reichweite auf wenige Zellen und schädigt diese erheblich. Da die Strahlung im wesentlichen die Atemwege betrifft, erhöht sich hierdurch das Erkrankungsrisiko an Lungenkrebs.

Die Höhe des Risikos wird nach Daten des statistischen Bundesamtes [11] abgeschätzt, wie in Tabelle 11 dargestellt (gerundete Werte).

Radon	Männer			Frauen		
Bq/m^3	Gesamt	Nichtraucher	Raucher	Gesamt	Nichtraucherinnen	Raucherinnen
50	60	10	150	10	5	20
200	190	30	490	40	20	80
500	450	80	1140	100	50	190

Tabelle 11 : Todesfälle (Lungenkrebs) pro Jahr auf 1 Million Einwohner

Zum Vergleich können die Risiken für andere Todesursachen in Tabelle 12 betrachtet werden (gerundete Werte):

Todesursache	Männer	Frauen
elektrischer Schlag	5	5
Ertrinken	30	20
Arbeitsunfall	60	10
Autounfall	210	90
Unfälle gesamt	400	350
Lungenkrebs	900	200
Krebs insgesamt	2900	2600

Tabelle 12 : Todesfälle verschiedener Ursachen pro Jahr auf 1 Million Einwohner

Demnach ist bei 200 Bq/m^3 das Todesrisiko für Männer etwa vergleichbar mit dem Todesrisiko durch einen Autounfall. Die Aktivitätsangaben in Tabelle 11 beziehen sich auf die reine Radonaktivität ohne Folgeprodukte. Man beachte, daß es sich um Mittelwerte über die Gesamtbevölkerung (BRD) handelt, Unterschiede durch verschiedene Lebensgewohnheiten sind nicht berücksichtigt. Das wird etwa deutlich, wenn man die Statistik des Radon-Risikos nach Rauchern und Nichtrauchern aufschlüsselt, wie es in Tabelle 11 durchgeführt ist (die Werte beruhen auf der Annahme von 35 % Rauchern in der Gesamtbevölkerung [19]).

Der Vergleich zeigt, daß - unabhängig vom ohnehin durch das Rauchen gegebenen Lungenkrebsrisiko - das zusätzliche Risiko durch Radon für Raucher erheblich höher ist als für Nichtraucher. Eine durch Rauchen ohnehin geschädigte Lunge reagiert auf zusätzliche Belastung durch Strahlung besonders empfindlich ("Synergismus": Die Gesamtwirkung ist größer als die Summe der Einzelwirkungen). Ähnlich machen auch andere Einwirkungen eine Zelle strahlungsempfindlicher, z.B. Medikamente, Sauerstoff und auch männliche Hormone (weshalb das Risiko für Männer durchweg höher ist als für Frauen).

6.5 Relativitätstheorie

6.5.1 Masse-Energie-Äquivalenz

GERÄTE: Szintillationszähler für Gammastrahlung, Photomultiplier mit Verstärker, Hochspannungsnetzgerät, Interface, Präparat Am 241, Kollimator, Streukörper Aluminium, Stativmaterial bzw. Optische Bank mit Reitern.

ZWECK DES VERSUCHES

Die EINSTEINsche Masse-Energie-Beziehung gehört zu den grundlegenden Erkenntnissen der modernen Physik und bildet die Voraussetzung für die (terrestrische und stellare) Kernenergiegewinnung. An Schulexperimenten zur Demonstration dieser Zusammenhänge mangelt es hingegen. In diesem Versuch wird die Gültigkeit der EINSTEINschen Beziehung für Gamma-Quanten nachgewiesen. Dabei wird nicht explizit auf den Formalismus der Relativitätstheorie zurückgegriffen, obgleich sie implizit in die Voraussetzungen (Konstanz der Lichtgeschwindigkeit) eingeht. Als Quelle energiereicher Quanten dient Americium 241, untersucht wird die Energieänderung der Quanten bei der Comptonstreuung.

VERSUCHSAUFBAU

Der elektrische Anschluß erfolgt gemäß Bild 24/25. Zur Messung der direkten Strahlung und zur Energiekalibrierung wird der Detektor direkt auf das Präparat gerichtet. Zur Messung der Streustrahlung wird der Gamma-Detektor auf einen Aluminium-Streukörper gerichtet. Der Aufbau entspricht dem in 6.2.3 beschriebenen, jedoch wird das Americium-Präparat mit Kollimator so nahe wir möglich parallel zur Detektorachse angeordnet, um einen Streuwinkel nahe 180° zu erzielen.

VERSUCHSDURCHFÜHRUNG

Es wird zunächst eine Messung der direkten Strahlung des Am 241 durchgeführt. Die Energieskala wird wie in 6.1 kalibriert (Fixpunkte 60 keV und 0 keV). Die Messung wird abgelegt.

Mit dem oben beschriebenen Versuchsaufbau wird dann die Streustrahlung an Aluminium unter 180° gemessen und ebenfalls abgelegt.

THEORIE

Wie schon in 6.2.3 angedeutet, ist die 60 keV-Strahlung des Am 241 so niederenergetisch, daß der Stoßprozeß mit Elektronen noch nichtrelativistisch behandelt werden kann. Strebt man zudem einen Streuwinkel von 180° an, so handelt es sich um den Sonderfall des zentralen Stoßes, so daß die Rechnung auch für Schüler einfach nachvollziehbar ist.

Man betrachtet die Gamma-Quanten der primären Strahlung als Objekte der Masse m, die sich mit der Lichtgeschwindigkeit c bewegen. Es sei W ihre Energie und p ihr Impuls. Sie stoßen zentral auf Elektronen den Masse m_e, die als zunächst ruhend angesehen werden. Nach dem Stoß haben die Elektronen einen Impuls $p_e = m_e v$ und eine kinetische Energie $W_e = \frac{1}{2} m_e v^2$. Die gestreuten Quanten gehen aus dem Prozeß mit der verminderten Energie W' und dem Impuls p' hervor. Es gilt die Bilanz

$$W_e + W' = W$$

für die Energie, sowie

$$p_e + p' = p$$

für den Impuls. W und W' werden in dem Versuch direkt gemessen. Daher kann man aus den Meßdaten zunächst

$$W_e = \tfrac{1}{2} m_e v^2 = W - W'$$

und dann

$$p_e = m_e v = \sqrt{2 m_e W_e} = \sqrt{2 m_e (W - W')}$$

berechnen. Führt man nun als Voraussetzung die Konstanz der Lichtgeschwindigkeit ein, so können sich offenbar Energie und Impuls der Quanten nur dadurch ändern, daß die gestreuten Quanten gegenüber den primären eine veränderte Masse m' besitzen. Für die Impulsbilanz gilt dann

$$p_e + m\,c = - m'c \quad .$$

Das negative Vorzeichen rührt daher, daß die gestreuten Quanten sich in der entgegengesetzten Richtung bewegen. Hieraus erhält man nun

$$m + m' = \frac{p_e}{c}$$

für die Gesamtmasse der ungestreuten und der gestreuten Quanten. Da außerdem ihre Gesamtenergie $W + W'$ bekannt ist, kann das Verhältnis aus Energie und Masse gebildet werden. Bei Gültigkeit der EINSTEINschen Beziehung muß dann

$$\frac{W + W'}{m + m'} = \mathrm{c}^2$$

gelten.

AUSWERTUNG

Das Spektrum der direkten Strahlung wird geladen. Es wird mit dem Streuspektrum überlagert. Die Lage der verschobenen Gammalinie wird im Abtastmodus mit dem Cursor ausgemessen. Meßbeispiel:

```
Energie der ungestreuten Quanten : W  = 60 keV ,
Energie der gestreuten Quanten :   W´ = 49 keV .
```

Aus dem Meßergebnis errechnet man für den Elektronenimpuls

$$p_e = \sqrt{2\ m_e\ (W-W')} = \sqrt{2\cdot 9{,}1\cdot 10^{-31}\mathrm{kg}\ \cdot\ 11000\cdot 1{,}6\cdot 10^{-19}\mathrm{J}} = 5{,}66\cdot 10^{-23}\mathrm{kg}\frac{\mathrm{m}}{\mathrm{s}} \quad .$$

Hieraus erhält man

$$m + m' = \frac{p_e}{c} = 1{,}89\ \cdot\ 10^{-31}\ \mathrm{kg} \quad .$$

Nun ist außerdem

$$W + W' = 60\ \mathrm{keV} + 49\ \mathrm{keV} = 109000 \cdot 1{,}6 \cdot 10^{-19}\ \mathrm{J} = 1{,}744 \cdot 10^{-14}\ \mathrm{J} \ ,$$

und daher

$$\frac{W + W'}{m + m'} = 9{,}23 \cdot 10^{16} \, \frac{\text{m}^2}{\text{s}^2}$$

Man erkennt, daß das Verhältnis ein Geschwindigkeitsquadrat ist, die zugehörige Geschwindigkeit errechnet man zu

$$\sqrt{9{,}23 \cdot 10^{16} \, \frac{\text{m}^2}{\text{s}^2}} = 3{,}04 \cdot 10^8 \, \frac{\text{m}}{\text{s}} \approx c \quad ;$$

die Abweichung von der Lichtgeschwindigkeit beträgt ca. 1,3 %. Die Abweichung ist vor allem auf den apparativ bedingten Mangel zurückzuführen, daß der Streuwinkel von 180° nicht exakt zu realisieren ist.

Damit ist nachgewiesen, daß zwischen Masse und Energie der Quanten der Zusammenhang

$$W + W' = (m + m') \cdot c^2 = mc^2 + m'c^2$$

besteht. Dies ist am einfachsten so zu deuten, daß für jedes Quant einzeln

$$W = mc^2 \qquad \text{bzw.} \qquad W' = m'c^2$$

gilt. Damit ist die EINSTEINsche Beziehung an Gamma-Quanten nachgewiesen, ohne daß der Formalismus der Relativitätstheorie verwendet werden mußte.

Hinweis: Im Anschluß kann der in 6.3.4 beschriebene Versuch zur Elektron-Positron-Vernichtung gezeigt werden, mit dem der Nachweis gelingt, daß die entsprechende Beziehung auch für andere Materie als Quanten Gültigkeit besitzt.

6.5.2 Relativistische Massenzunahme

GERÄTE: Szintillationszähler für Gammastrahlung, Photomultiplier mit Verstärker, Hochspannungsnetzgerät, Interface, Präparate Cs 137 und Co 60, Stativmaterial bzw. Optische Bank mit Reitern, Nuklidkarte.

ZWECK DES VERSUCHES

Bei der Comptonstreuung hochenergetischer Gammastrahlung werden die Elektronen auf relativistische Geschwindigkeiten beschleunigt. Im Gamma-Spektrum eines solchen Präparats zeichnen sich sowohl die gestreuten und ungestreuten Quanten

(Rückstreupeak und Photolinie) als auch die Elektronen (Compton-Kante) ab. In diesem Versuch wird auf diesem Wege die Elektronenmasse in Abhängigkeit von der Geschwindigkeit untersucht.

VERSUCHSAUFBAU

Der elektrische Anschluß erfolgt gemäß Bild 24/25. Die geometrische Anordnung ist unkritisch; der Abstand zwischen Präparat und Detektor richtet sich nach der Präparatstärke; für schulübliche Präparate liegt er bei ca. 40 cm.

VERSUCHSDURCHFÜHRUNG

Zunächst ist eine Energiekalibrierung durchzuführen, als Kalibrierpräparat eignet sich z.B. Na 22 (511 keV). Als zweiter Fixpunkt kann der Nullpunkt gewählt werden.

Nach der Kalibrierung werden die Energiespektren des Caesium-Präparats und des Kobalt-Präparats aufgenommen und abgelegt (Dateiname nach gewähltem Präparat, z.B. "CS137", "CO60"). Die Meßdauer beträgt etwa 3 Minuten. Das Präparat wird nun entfernt. Dann wird eine Messung der Untergrundstrahlung bei gleicher Meßdauer vorgenommen und wiederum abgelegt (Dateiname z.B. "UNTERGRD"). Die Messungen aus 6.2.5 können verwendet werden.

THEORIE

Wie in 6.2.5 ausgeführt, enthält ein Gamma-Spektrum stets drei Komponenten, die die Energien der primären Strahlung (Photolinie), der Compton-gestreuten Strahlung (Rückstreupeak) und der Streuelektronen (Compton-Kontinuum) repräsentieren. Die relativistisch exakte Berechnung wurde in 6.2.3 dargestellt. Hier geht es jedoch darum, den relativistischen Effekt der Massenzunahme als experimentelles Phänomen darzustellen, ohne bereits auf die Theorie Rückgriff nehmen zu müssen.

In 6.5.1 wurde gezeigt, daß für die Gamma-Quanten der Energie W die Beziehung

$$W = mc^2$$

gilt, d.h. bei (durch Messung) gegebener Energie kann die Masse m eines Quants zu

$$m = W/c^2$$

berechnet werden. Aus den Massen m und m' der primären und gestreuten Quanten erhält man den Impuls p_e der Streuelektronen (vgl. 6.5.1) zu

$$p_e = (m + m')\cdot c \quad .$$

Mit dem Versuch zur Elektron-Positron-Vernichtung (6.3.4) war gezeigt worden, daß auch für Elektronen der Zusammenhang

$$W_e = m_e c^2$$

gilt. Die Gesamtenergie eines bewegten Elektrons setzt sich aus Ruheenergie W_0 und kinetischer Energie W_{kin} zusammen:

$$W_e = m_e c^2 = m_{e0} c^2 + W_{kin}$$

Die Masse des bewegten Elektrons folgt daher zu

$$m_e = m_{e0} + W_{kin}/c^2 \quad .$$

Da W_{kin} gemessen werden kann, läßt sich hieraus die zugehörige Elektronenmasse bestimmen. Zuvor wurde schon der Elektronenimpuls p_e aus den Quantenenergien berechnet, daher kann man nun auch die zugehörige Elektronengeschwindigkeit zu

$$v_e = \frac{p_e}{m_e}$$

ermitteln. Die Abhängigkeit der Masse von der Geschwindigkeit kann dann mit dem theoretischen Zusammenhang

$$m_e = \frac{m_{e0}}{\sqrt{1 - \left(\frac{v_e}{c}\right)^2}}$$

verglichen werden.

Auswertung

Die gemessenen Energiespektren werden geladen, der Strahlungsuntergrund muß durch Subtrahieren der gesonderten Untergrundmessung eliminiert werden, wozu eine Programmversion mit entsprechender Option erforderlich ist.

Die Energien W und W' der Quanten und W_e der Elektronen (Compton-Kante) werden im Abtastmodus bestimmt und notiert. Im Falle von Kobalt 60 hat man es mit zwei Photolinien zu tun, wobei die niederenergetischere die zur höherenergetischen Linie gehörige Comptonkante überdeckt. Daher kann nur die niederenergetischere Linie ausgewertet werden. Die Messung am Americium (vgl. 6.5.1) kann zusätzlich verwendet werden. Die folgende Tabelle gibt ein Meßbeispiel, das gleich im Hinblick auf Elektronenmasse und Geschwindigkeit ausgewertet ist.

Präparat	W	W´	W_e	m	m´	p_e	m_e	v_e
	keV	keV	keV	10^{-31}kg	10^{-31}kg	10^{-23}kgm/s	10^{-31}kg	10^{8}m/s
Am 241	60	49	11	1,07	0,871	5,813	9,30	0,625
Cs 137	670	190	480	11,91	3,378	45,863	17,63	2,601
Co 60	1180	210	970	20,98	3,733	74,133	26,34	2,814

Man erkennt, daß die Elektronenmasse mit zunehmender Geschwindigkeit zunimmt. Man kann m_e über v_e graphisch darstellen (Bild 88) und die theoretische Kurve zum Vergleich darüberlegen (durchgezogene Linie in Bild 88).

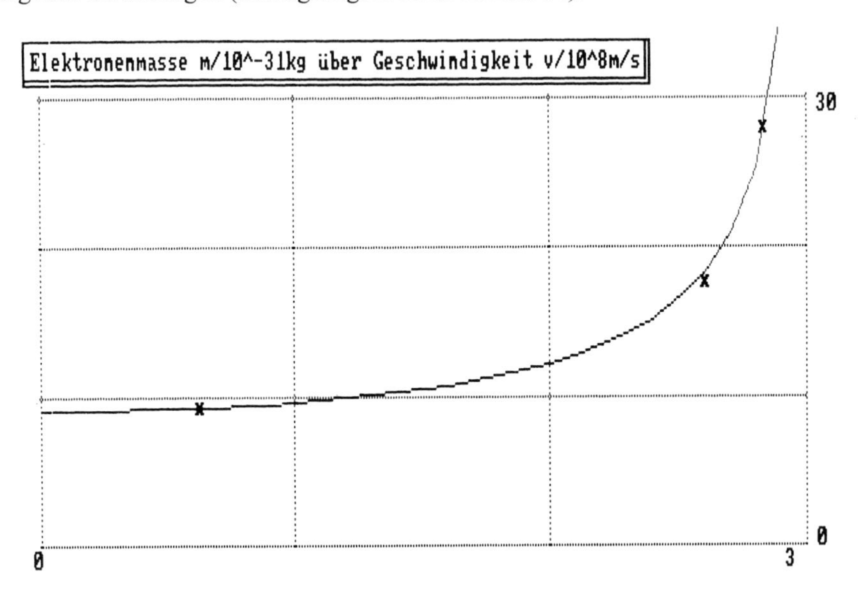

Bild 88 : Elektronenmasse in Abhängigkeit von der Geschwindigkeit

Hinweis: Es kann didaktisch sinnvoll sein, zur Berechnung der Elektronengeschwindigkeit in $v_e = p_e/m_e$ zunächst die Ruhmasse des Elektrons einzusetzen. Es ergibt sich dann eine Geschwindigkeit größer als c. Dies kann als Hinweis gedeutet werden, daß die Masse des Elektrons sich verändert hat, woraufhin die korrekte Masse dann in der oben dargestellten Weise berechnet werden kann.

Layouts, Stücklisten, Bestückungspläne

Selbstbau-Halbleiterdetektor

Platinen-Layout. Das Bild zeigt die Ansicht von der Bestückungsseite. Die Lötseite ist hierzu spiegelbildlich. Pin 1 der integrierten Schaltkreise ist markiert.

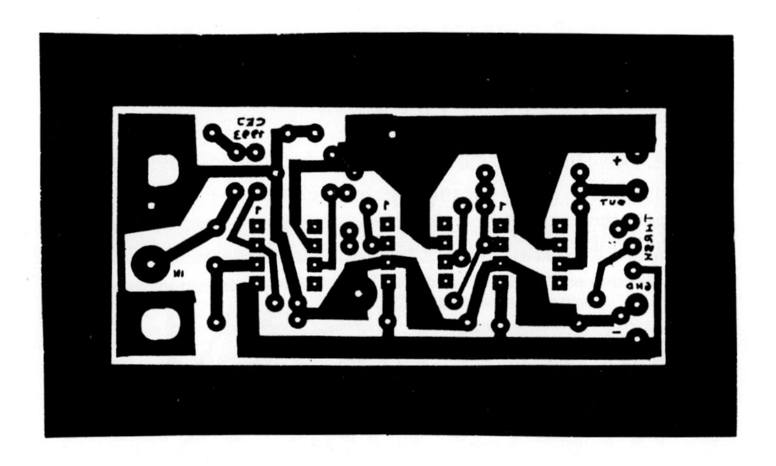

Stückliste

Widerstände:	270 Ω	Kondensatoren:	15 pF
(alle 1/4 Watt)	1 kΩ		1 nF
	5 kΩ lin (Spindeltrimmer)		10 nF
	10 kΩ		3 x 470 nF
	12 kΩ		2 x 1 µF
	15 kΩ		
	2 x 47 kΩ	Halbleiter:	3 x LF 356 (OP)
	82 kΩ		1 N 4148 (Diode)
	330 kΩ		BPX 61 (Photodiode)
	3,3 MΩ		
	47 MΩ	Sonstiges:	BNC-Einbaubuchse
			5-pol. DIN-Stecker weiblich

Bestückungsplan. Das Bild zeigt die Ansicht von der Bestückungsseite. Pin 1 der integrierten Schaltkreise befindet sich links neben der Gehäusekerbe.

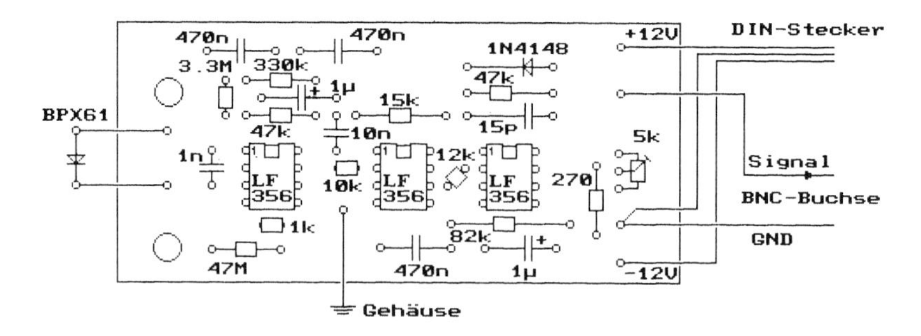

Peakdetektor-Interface

Platinen-Layout. Das Bild zeigt die Ansicht von der Bestückungsseite. Die Lötseite ist hierzu spiegelbildlich. Pin 1 der integrierten Schaltkreise ist markiert.

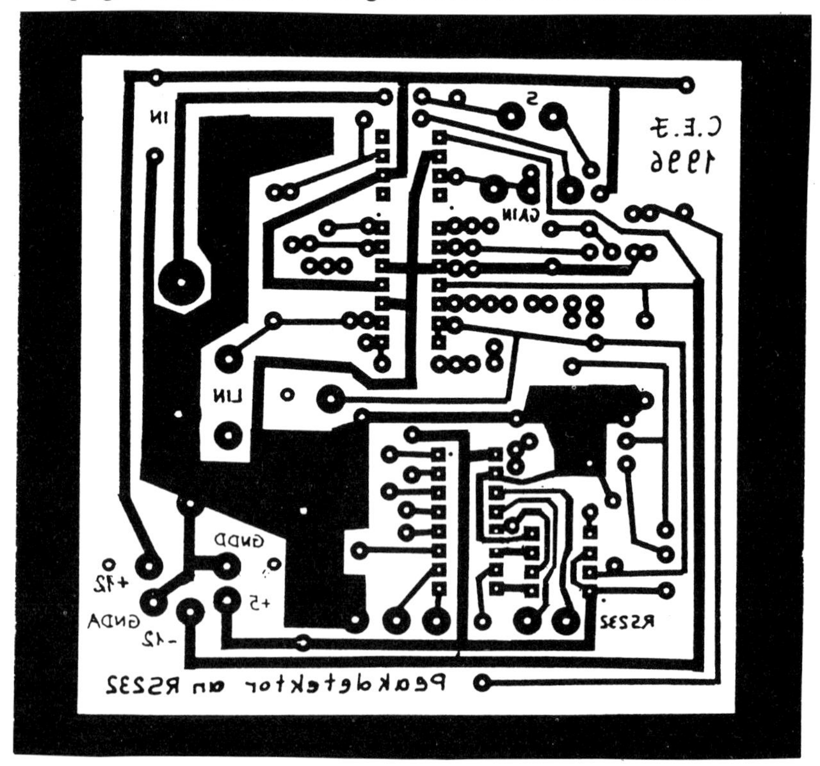

Stückliste

Widerstände: (alle 1/4 Watt)
- 3 x 100 Ω
- 1 kΩ
- 2 x 2,2 kΩ
- 3 x 4,7 kΩ
- 3 x 10 kΩ
- 3 x 22 kΩ
- 27 kΩ
- 75 kΩ
- 100 kΩ
- 100 kΩ lin. (Poti)
- 150 kΩ
- 330 kΩ
- 2,2 MΩ lin. (Trimmer)
- 10 MΩ

Kondensatoren:
- 47 pF
- 330 pF
- 2,2 nF
- 10 nF
- 100 nF
- 3 x 1 μF
- 4,7 μF
- 4 x 22 μF

Halbleiter:
- 3 x BC 547 (Transistor)
- LF 347 (4-fach OP)
- MAX 187 (ADW)
- LF 356 (OP)
- BZX 5,1 (Z-Diode)
- MAX 232 (Treiber)
- 5 x Schottkydiode oder 1 N 4148

Sonstiges:
- BNC-Einbaubuchse
- 5-pol. DIN-Einbaubuchse
- 25-pol. SUB-D-Stecker weiblich

Bestückungsplan. Das Bild zeigt die Ansicht von der Bestückungsseite. Pin 1 der integrierten Schaltkreise befindet sich links neben der Gehäusekerbe.

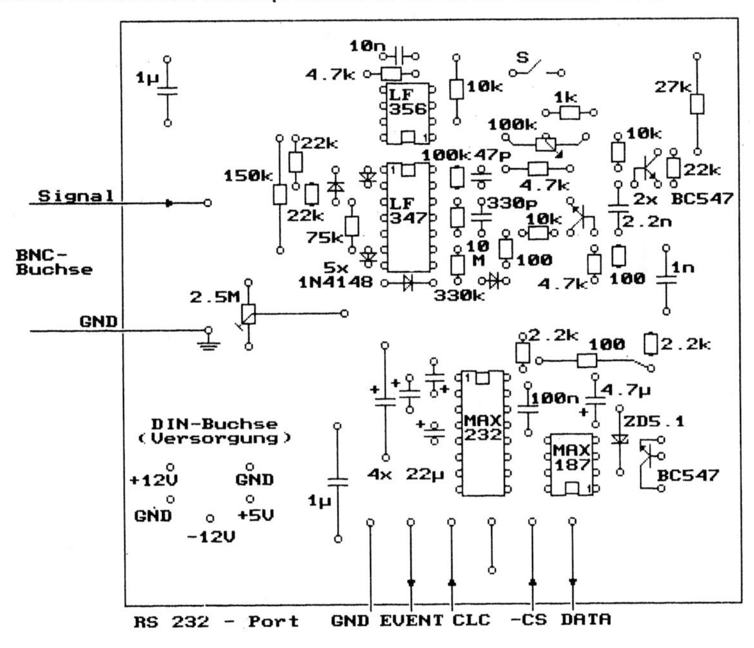

Literatur

[1] W.R.Leo, **Techniques for Nuclear an Particle Physics Experiments**, Berlin, Heidelberg 1967

[2] J.-C.Dousse, C.Rhême, **The Si Photodiode: An inexpensive though high-performing α detector**, Am.J.Phys. 51,5 (1983), S.452

[3] B.Bröcker, **dtv-Atlas Atomphysik**, München 1989

[4] **Datenblatt MAX 187**, MAXIM

[5] H.Feichtinger, **Arbeitsbuch Mikrocomputer**, München 1985

[6] U.Tietze, C.Schenk, **Halbleiter-Schaltungstechnik**, Berlin 1971

[7] P.Horowitz, W.Hill, **The Art of Electronics**, Cambridge 1989

[8] W.Finkelnburg, **Einführung in die Atomphysik**, Berlin, Heidelberg 1967

[9] A.Friedrich (Hg.), **Handbuch der experimentellen Schulphysik - Atomphysik**, Köln 1969

[10] I.Bronstein, K.Semendjajew, **Taschenbuch der Mathematik**, Zürich 1971

[11] W.Jacobi, **Radon: Ein altes Problem mit neuen Dimensionen**, GSF Mensch+Umwelt, 7.Ausgabe, Neuherberg 1991

[12] C.Klemm, **Radon in Wohnungen und Häusern**, GSF Mensch+Umwelt, 7.Ausgabe, Neuherberg 1991

[13] R.W.Pohl, **Optik und Atomphysik**, Berlin 1976

[14] H.Hilscher, **Quantitative Demonstration der Compton-Streuung im Physikunterricht**, PdN-Ph 4/36 (1987), S.32

[15] J.Grehn (Hg.), **Metzler Physik**, Stuttgart 1989

[16] H.Römpp, **Chemielexikon**, Stuttgart 1947

[17] M.Volkmer, **Radioaktivität und Strahlenschutz**, HEW, Hamburg 1991

[18] M.Volkmer, **Die natürliche Strahlenbelastung**, HEW, Hamburg 1989

[19] B.Harenberg (Hg.), **Aktuell '90 - Das Lexikon der Gegenwart**, Braunschweig 1989

Register

F

G

H

M

N

O

P

Q

R

S

T